Introdução histórica à
filosofia das ciências

SÉRIE ESTUDOS DE FILOSOFIA

Introdução histórica à
filosofia das ciências

2ª edição

Luiz Felipe Sigwalt de Miranda

Rua Clara Vendramin, 58 . Mossunguê
CEP 81200-170 . Curitiba . PR . Brasil
Fone: (41) 2106-4170
www.intersaberes.com
editora@intersaberes.com

Conselho editorial
Dr. Alexandre Coutinho Pagliarini
Drª. Elena Godoy
Dr. Neri dos Santos
Mª. Maria Lúcia Prado Sabatella

Editora-chefe
Lindsay Azambuja

Gerente editorial
Ariadne Nunes Wenger

Assistente editorial
Daniela Viroli Pereira Pinto

Edição de texto
Monique Francis Fagundes Gonçalves
Tiago Krelling Marinaska

Capa
Denis Kaio Tanaami (*design*)
Sílvio Gabriel Spannenberg (adaptação)
Everett Collection/Shutterstock (imagem)

Projeto gráfico
Bruno Palma e Silva

Diagramação
Regiane Rosa

Equipe de design
Sílvio Gabriel Spannenberg

Iconografia
Regina Claudia Cruz Prestes

Dados Internacionais de Catalogação na Publicação (CIP)
(Câmara Brasileira do Livro, SP, Brasil)

Miranda, Luiz Felipe Sigwalt de
    Introdução histórica à filosofia das ciências / Luiz
Felipe Sigwalt de Miranda. -- 2. ed. -- Curitiba, PR : Editora
Intersaberes, 2023. -- (Série estudos de filosofia)
    Bibliografia.
    ISBN 978-85-227-0661-7
    1. Ciência – Filosofia 2. Ciência – Filosofia – História
I. Título. II. Série.
23-152464   CDD-501

Índices para catálogo sistemático:
1. Ciência: Filosofia   501
2. Filosofia da ciência   501

Eliane de Freitas Leite – Bibliotecária – CRB 8/8415

1ª edição, 2016.
2ª edição, 2023.

Foi feito o depósito legal.

Informamos que é de inteira responsabilidade do autor a emissão de conceitos.

Nenhuma parte desta publicação poderá ser reproduzida por qualquer meio ou forma sem a prévia autorização da Editora InterSaberes.

A violação dos direitos autorais é crime estabelecido na Lei n. 9.610/1998 e punido pelo art. 184 do Código Penal.

sumário

dedicatória, ix
apresentação, xi
organização didático-pedagógica, xv

1

Filosofia e ciência, 20
    1.1 Introdução à filosofia, 22
    1.2 Um estudo sobre as características da ciência, 28
    1.3 Filosofia, ciência e filosofia das ciências, 32

 *Senso comum e conhecimento científico, 44*
    2.1 Senso comum, 46
    2.2 Senso comum *versus* conhecimento científico, 54

 *Concepções de ciência na história: idades Antiga e Medieval, 68*
    3.1 Idade Antiga (aproximadamente 4000 a.C-476 d.C), 70
    3.2 Idade Medieval (476-1453), 89

 *Concepções de ciência na história: idades Moderna e Contemporânea, 110*
    4.1 Idade Moderna (1453-1789), 112
    4.2 Idade Contemporânea (1789-dias atuais), 161

Ciências naturais versus ciências humanas, 186
    5.1 Círculo hermenêutico: breve introdução histórica, 188
    5.2 O círculo hermenêutico e a autonomia metodológica das ciências humanas, 191
    5.3 Hermenêutica nas ciências naturais, 193
    5.4 Problema da naturalização do círculo hermenêutico, 195

A prática da ciência e a razão, 208
    6.1 Um tema plural e uma escolha
    de abordagem, 210
    6.2 Ciência: conjecturas e refutações, 211

A ciência e o processo do pensar, 234
    7.1 Pensamento filosófico e espírito científico, 236
    7.2 Filosofia da ciência física
    e o racionalismo aplicado, 238
    7.3 O pensamento científico
    e a ruptura empírico-teórica, 240
    7.4 O método bachelardiano
    e a filosofia do não, 243

Técnica e razão, 252
    8.1 Três enfoques sobre a tecnologia
    como problema filosófico, 254
    8.2 Reflexões de Alberto Cupani, 272

Reflexão das ciências, 280
    9.1 *Science de la science* de Pierre Bourdieu:
    uma interrogação racionalista sobre a ciência, 282

considerações finais, 303
referências, 305
bibliografia comentada, 315
respostas, 321
sobre o autor, 323

dedicatória

Dedico este livro aos meus colegas Aline, Daniel, Max e Rafael, com os quais muito debati os temas contidos aqui e que, mesmo não sabendo, ajudaram-me na minha formação filosófica; à minha família, pois sem ela eu nada seria; à minha esposa Lílian, eterna luz da minha vida; e às minhas amadas filhas Luna e Luísa, que estão por vir.

apresentação

aro leitor, esta apresentação expressa de certa forma o meu início na filosofia. Vim das áreas técnica e científica (Engenharia Eletrônica e Física, respectivamente), mas, desde muito cedo, meu interesse, de fato, ligava-se também às questões de fundamento das ciências. E, é claro, nem a física e muito menos a engenharia poderiam fornecer-me algum caminho, pois o fundamento das ciências não é questão de estudo dessas áreas.

Mas só fui compreender isso mais tarde. Passei por dificuldades iniciais na tentativa de achar em alguns livros com os quais, por acaso, me deparava nas bibliotecas e livrarias com aquilo que procurava. Então, percebi que meu desejo de encontrar soluções ou respostas às minhas questões esbarravam na minha ignorância em me situar na diversidade de títulos com os quais me deparava. Esforcei-me, pois, em escrever um livro que fosse, ao mesmo tempo, uma introdução à filosofia das ciências e um guia inicial para interessados em se aprofundar no tema, tal como eu fui e ainda sou.

O tema do qual esta obra trata, a **filosofia das ciências**, é, de fato, muito relevante para a formação do estudante de Filosofia, pois se integra aos eixos tradicionais de estudo dessa disciplina, tais como ética, política, epistemologia, metafísica e história da filosofia. Contudo, o assunto aqui tratado também é relevante àquela pessoa de espírito inquiridor, não necessariamente estudante de filosofia, que, não satisfeita com explicações superficiais, procura de modo autônomo encontrar alento na diversidade, ainda não ordenada para si, da produção filosófica, esperando por respostas aos seus questionamentos.

Os capítulos deste livro foram divididos não somente em temas, mas também em formas de apresentação. Parti do pressuposto de que a filosofia se faz com base em problemas filosóficos e se apoia em sua própria história. Para expressar tal ordenamento, o Capítulo 1 apresenta a filosofia das ciências, começando por seus princípios e refletindo sobre como os problemas filosóficos são importantes para a constituição do trabalho do filósofo e do produto de seu trabalho: a filosofia; contudo, direcionando-a às ciências e à epistemologia.

O Capítulo 2 esclarece o que se espera de um conhecimento tido como *científico* em comparação ao saber comum, aqui associado ao senso comum.

Os Capítulos 3 e 4, por sua vez, apresentam historicamente a filosofia das ciências desde a Antiguidade até o período atual, levando em conta a importância da constituição histórica da filosofia. A forma de apresentação desses dois capítulos foi diferenciada, pois em ambos considerei alguns filósofos de cada período e certos problemas filosóficos que poderiam ser (e muitas vezes foram) compartilhados por seus sucessores.

Cada um dos cinco capítulos restantes foi direcionado a um filósofo específico (e a uma de suas obras): Rui Sampaio da Silva, Karl Popper, Gaston Bachelard, Alberto Cupani e Pierre Bourdieu. Alguns deles se dedicaram mais à filosofia da tecnologia, outros, à filosofia da sociologia, e outros ainda à epistemologia. Nem todos são tidos como filósofos das ciências, contudo, todos, sem exceção, tratam da filosofia das ciências (aqui entendo que há mais de uma ciência – por exemplo, ciências humanas e ciências naturais – e torna-se muito difícil encerrá-las em uma classificação geral e única chamada *filosofia da ciência*).

Esses últimos capítulos trazem também um modo particular de apresentação, pois os concebi numa forma muito semelhante a um fichamento (desconstrução ou análise de um texto) comentado. Muitas vezes, aprendemos, com esse exercício, que um texto filosófico apresenta "camadas", e que adentramos cada vez mais fundo nelas à medida que nos dedicamos mais arduamente à análise desse texto. Dessa maneira, nesses capítulos, você, leitor, será apresentado ao produto de um dos trabalhos de cada filósofo.

Boa leitura!

*organização
didático-pedagógica*

Esta *seção tem* a finalidade de apresentar os recursos de aprendizagem utilizados no decorrer da obra, de modo a evidenciar os aspectos didático-pedagógicos que nortearam o planejamento do material e como o aluno/leitor pode tirar o melhor proveito dos conteúdos para seu aprendizado.

Introdução do capítulo

Logo na abertura do capítulo, você é informado a respeito dos conteúdos que nele serão abordados, bem como dos objetivos que o autor pretende alcançar.

Síntese

Você conta, nesta seção, com um recurso que o instigará a fazer uma reflexão sobre os conteúdos estudados, de modo a contribuir para que as conclusões a que você chegou sejam reafirmadas ou redefinidas.

Atividades de autoavaliação

Com estas questões objetivas, você tem a oportunidade de verificar o grau de assimilação dos conceitos examinados, motivando-se a progredir em seus estudos e a se preparar para outras atividades avaliativas.

Atividades de aprendizagem

Aqui você dispõe de questões cujo objetivo é levá-lo a analisar criticamente determinado assunto e aproximar conhecimentos teóricos e práticos.

Bibliografia comentada

Nesta seção, você encontra comentários acerca de algumas obras de referência para o estudo dos temas examinados.

1

Filosofia e ciência

Neste capítulo, explicaremos o que é filosofia por meio de problemas filosóficos. Também abordaremos a ciência, esclarecendo suas principais características. Por fim, estudaremos um modo de compreender como filosofia e ciência se combinam em uma filosofia da ciência. Nossos objetivos principais são: apresentar definições de filosofia, discutir e explicitar as características de um conhecimento científico, construir uma imagem de ciência, consolidar e estabelecer uma abordagem histórica e um quadro geral e sucinto dos estudos da filosofia das ciências.

1.1
Introdução à filosofia

A *filosofia é,* por vezes, entendida como uma atividade arbitrária, ou seja, um campo do saber em que "tudo vale". Se levássemos a sério essa afirmação, então imperaria na filosofia a falta de consenso, mas não é o que acontece em todos os casos. Não é que não existam discordâncias na filosofia; elas ocorrem e nós as percebemos rapidamente, tão logo nos colocamos a estudá-la. Por exemplo: na epistemologia, ramo da filosofia que teoriza o conhecimento, existem duas correntes que defendem modos conflitantes para o acesso ao conhecimento: empirismo e racionalismo. A primeira defende o acesso ao conhecimento pela experiência; a segunda, pela razão. Apesar de serem conflitantes, ambas coexistem na filosofia e ainda não há razões suficientes para se adotar absolutamente uma em detrimento da outra. Qualquer filósofo concordaria com essa afirmação e defenderia que tanto o empirismo quanto o racionalismo são conteúdos genuínos da filosofia. Percebemos, nesse exemplo, que, mesmo havendo discordância quanto ao acesso ao conhecimento, o conhecimento em si parece ser matéria da filosofia.

Mas por que o conhecimento parece ser matéria da filosofia e, por exemplo, a telefonia móvel, não? Ou melhor, o que nos habilita a dizer que certo conteúdo é filosófico e outro não? Esta última pergunta é mais precisa porque está destituída do "parecer ser", e assim nos livramos do subjetivismo. De maneira sucinta, o subjetivismo pode ser exemplificado pela seguinte ideia: uma pessoa tem uma percepção sobre determinado elemento, enquanto outro indivíduo tem outra percepção sobre esse mesmo elemento.

Uma maneira de superar essa dificuldade é nos atermos à questão filosófica, pois a filosofia pode ser entendida por meio de reflexões, e sua história pode nos ajudar a formar uma unidade das diversas respostas que determinados filósofos deram a certas questões consideradas filosóficas. Para entendermos melhor essa afirmação, voltemo-nos ao exemplo anterior. Estávamos tratando da diferença que há entre duas correntes que defendem modos conflitantes de acesso ao conhecimento: empirismo e racionalismo. Existe uma literatura ampla* acerca do assunto. Por ora, vamos nos limitar a apenas dois filósofos, pois, no momento, estamos trabalhando um exemplo que nos servirá para entender como se formam essas unidades em torno de questões filosóficas para, adiante, discriminarmos questões filosóficas de outras que não são filosóficas.

> Um defensor moderno do empirismo foi John Locke (1632-1704) (intérprete do conhecimento por um viés da filosofia natural). Para ele, formamos representações e conceitos gerais somente daquilo que percebemos. Em outras palavras, o espírito humano, quando nasce, está vazio de conteúdo. "Todos os nossos conceitos, mesmo os mais universais e abstratos, provêm da experiência" (Hessen, 2003, p. 54-59).

O defensor da forma mais antiga de racionalismo é Platão (intérprete do conhecimento por um viés matemático/geométrico). Para ele, o que é dado pela sensação (ou aquilo que se experiencia) está em constante mudança, e isso impossibilita o conhecimento genuíno. Se há a possibilidade de conhecimento, então deve existir um mundo suprassensível (mundo das ideias) perene e incorruptível. A alma (ou mente) vê as ideias, entes metafísicos – arquétipos "das coisas da experiência" (Hessen, 2003, p. 50) –, num "ser-aí pré-terreno" (Hessen, 2003, p. 51). Portanto, nós recordamos "por ocasião da experiência sensível" (Hessen, 2003, p. 51), e isso é denominado *doutrina platônica da reminiscência*.

---

* Desde a Antiguidade grega até os dias de hoje, filósofos tratam dessa temática a respeito do conhecimento.

Se tomarmos fora do contexto o que disseram Platão e Locke, parecerá que estamos construindo um repositório de afirmações ditas por pessoas consideradas célebres. Nem a filosofia nem a sua história são como uma "colcha de retalhos". Sem uma questão ou um problema, os argumentos platônicos e lockeanos parecerão de fato mera arbitrariedade. Aqui, torna-se óbvia para nós qual questão Platão e Locke propuseram-se a responder: *Qual o acesso ao conhecimento?* Porém, essa pergunta fica mais completa quando, com ela, questionamos: *O que é o conhecimento?*

Figura 1.1 – Unidade entre questão filosófica e suas respostas

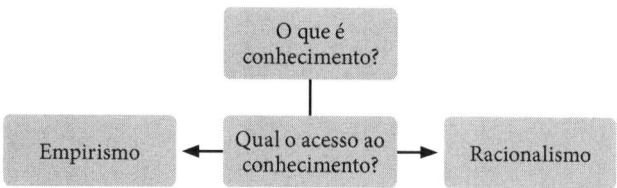

Nesse caso, podemos compreender que empirismo e racionalismo fazem parte de um todo mais complexo. A unidade entre essas duas correntes conflitantes ocorre quando encontramos a questão filosófica à qual ambas pretendem responder. Podemos estender a toda a história da filosofia esse mesmo "construto mental", além de utilizá-lo na prática da filosofia ou da atividade filosófica. Porta (2007) denomina o uso desse construto de *philosofical way of thinking* (o modo filosófico de pensar).

Dessa forma, chegamos a um terceiro elemento, que é a atividade filosófica, a qual se diferencia dos outros dois elementos, a saber, a filosofia e a história desta. A atividade filosófica está voltada à composição de questões filosóficas e a respondê-las considerando o que a história da filosofia nos mostra. Esta, por sua vez, pode ser compreendida por meio das respostas apresentadas a questões constituídas historicamente. **A filosofia é o resultado da atividade filosófica.** Devemos atentar para o seguinte: a composição de questões filosóficas não depende necessariamente da história da filosofia, pois Sócrates, pai da filosofia ocidental, dedicou-se a responder, por exemplo, à questão *O que é conhecimento?* – conforme nos informa Platão em seu livro *Teeteto* – sem que a filosofia tivesse, na época, uma história consolidada.

No centro de nossa argumentação está a questão filosófica. Mas, afinal, como podemos distinguir uma questão qualquer de uma questão filosófica? Segundo Porta (2007), primeiramente devemos nos preocupar em saber se estamos ou não diante de uma questão ou de um problema. Segundo ele, o critério mínimo para que os identifiquemos é a possibilidade de formular uma pergunta gramaticalmente completa, como: *O que é conhecimento?* Alerta Porta (2007, p. 29-30) que isso não significa que toda pergunta "é uma pergunta filosófica; [...] fixa o problema enquanto tal; [...] fixa o problema suficientemente; [...] nem sequer basta prestar atenção à pergunta que um autor explicitamente se faz em um texto para entender seu problema".

O autor também chama atenção às respostas aos problemas propostos. Para ele, a tarefa da filosofia não é responder às perguntas filosóficas, mas dissolvê-las, e as questões "em si" serão destituídas de sentido* (Porta, 2007). Outro aspecto importante nesse processo de dissolução de problemas é o modo como o fazemos. É importante ressaltar que a filosofia não carece de rigor, pois a coerência argumentativa e a fundamentação teórica permitem um modo, ou um método, de se fazer filosofia rigoroso que explicita teses, conceitos e perguntas.

Voltando às questões tidas como filosóficas, Machado (2010) nos oferece pistas para identificá-las. Primeiramente, as perguntas filosóficas são da forma "'O que é ____?'[...] O que é o conhecimento?" (Machado, 2010). Segundo ele, as verdadeiras perguntas filosóficas

---

* Podemos lançar uma hipótese para a última afirmação de Porta (2007): uma resposta é restritiva e exclui outras que não tenham, em síntese, o mesmo conteúdo da primeira.

conduzem a paradoxos (ou seja, estes são as reais motivações dos filósofos). Mas por que *paradoxos*? Porque eles "nos mostram que não temos uma clareza *reflexiva* sobre o conteúdo de conceitos fundamentais e, portanto, de intuições* fundamentais que são expressas por meio desses conceitos" (Machado, 2010, grifo do original). Um famoso paradoxo** foi enunciado por Sócrates, por meio de Platão, em *Teeteto*. Ele afirma que "aquele que tem [ciência ignora] aquilo que sabe não devido à sua ignorância, mas [devido à sua própria ciência]" (Platão, 2010, p. 298, 199d1-4***). Em outras palavras, o paradoxo consiste em alguém ser ignorante não porque não sabe, mas por saber muito****. Segundo as orientações de Machado (2010), esse paradoxo revela uma falta de clareza do conceito que temos de conhecimento. Agora, por que a pergunta "O que é celular?" não é filosófica, segundo Machado (2010)? Porque ela

---

* Quando dizemos que uma afirmação é *intuitivamente verdadeira* é porque, à primeira vista, para a maioria de nós, ela parece verdadeira (Machado, 2010). Como o princípio que pode ser enunciado como "todo objeto é idêntico a si mesmo" ou, de forma lógica, "a = a".

** Machado (2010, grifo do original) esclarece que "um paradoxo, de modo geral [sic] pode ser pensado como um problema que mostra um certo conflito (real ou aparente) entre nossas *intuições*".

*** No decorrer deste Capítulo, você encontrará indicações alfanuméricas em citações diretas ou indiretas que fazem referência a trechos da obra *Teeteto*, de Platão, pois, nesta e em outras obras clássicas da filosofia, as ideias dos autores são estruturadas em argumentos identificados dessa maneira. Os números iniciais e a letra indicam o argumento do texto, e os finais indicam as linhas desses argumentos em que se encontram os trechos citados. Por exemplo: 199d1-4 significa que o trecho citado encontra-se entre as linhas 1 e 4 do argumento 199d. Quando não houver indicação da linha, trata-se de argumento composto por uma única linha.

**** É muito comum, nos diálogos de Platão, Sócrates conduzir seu interlocutor à aporia (dificuldade, dúvida ou paradoxo). Esse exemplo de paradoxo ocorre quando Sócrates revela essa dificuldade ao explicar a diferença entre *ter* e *possuir* conhecimento em analogia a um pombal.

não produz um paradoxo em nossas intuições. Se alguém for interpelado com essa pergunta responderá com uma descrição física do celular ou de seu funcionamento, ou dos dois, ou, ainda, simplesmente apontando, caso esteja próximo desse objeto.

Com os critérios de Machado (2010), temos condições de discriminar questões filosóficas de questões não filosóficas. Podemos, agora, dar um passo além e fazer outra pergunta: *O que é filosofia?*

Para esclarecer essa questão, vamos recorrer a outros dois filósofos que estão nos auxiliando nesta seção: Hessen e Porta. Para o primeiro, filosofia é *"a tentativa do espírito humano de atingir uma visão de mundo, mediante a autorreflexão sobre suas funções valorativas teóricas e práticas"* (Hessen, 2003, p. 9, grifo do original). Para o segundo, "A filosofia não é outra coisa que a consumação plena da racionalidade"(Porta, 2007, p. 42), sendo o discurso racional distinto do lógico e a racionalidade é esclarecimento, intersubjetividade e reflexividade (Porta, 2007). Hessen e Porta divergem quanto à finalidade da filosofia. Parece-nos que Porta entende a filosofia mais por um viés coerentista e universal, enquanto Hessen a considera uma atividade subjetiva autorreflexiva assintótica e, por isso, constante; ele, diferentemente de Porta, não dispensa a função prática da filosofia e não a considera como algo universal.

Diante das tentativas de Hessen e de Porta de responder à pergunta "o que é filosofia?", apesar de elas não se configurarem em um paradoxo, parece-nos que ambas não esgotam as possibilidades de responder à pergunta ou, como diria Porta (2007), de dissolvê-la. Nesse sentido, contrariando a diretriz de Machado (2010) e aproximando-se da de Porta (2007), talvez possamos incluir essa questão no *hall* das perguntas filosóficas consagradas como: *O que é liberdade?*, *O que é belo?*, *O que é verdade?*, *O que é bem?*, *O que é ciência?*, entre outras. Deixemos em aberto essa hipótese.

Depois de construirmos alguns conceitos importantes para compreender a filosofia, a atividade filosófica e a história da filosofia – vale lembrar que tais conceitos são abertos, não são definitivos – vamos reservá-los, por enquanto, para voltarmo-nos à ciência.

1.2
Um estudo sobre as características da ciência

A *atividade científica* produz um tipo de conhecimento que por muitos é considerado superior aos outros. Vejamos um exemplo: a previsão do tempo é importante para todos nós, mas, para os agricultores, ela é ainda mais importante, uma vez que a produção agrícola depende de quantidades de chuvas adequadas ao plantio. Chuvas a mais ou a menos podem prejudicar a lavoura. Em virtude dessa importância, um conhecimento próprio dos agricultores para prever dias de chuva se desenvolveu. A base fundamental para a previsão do tempo feita por um agricultor hipotético, nesse exemplo, é a observação da intensidade e da direção dos ventos, do comportamento dos animais e, principalmente, do céu. As relações das observações desses três aspectos da natureza (ou fenômenos naturais) é um mistério para quem desconhece esse saber prático; contudo, os agricultores detentores desse saber as decifram. Esse saber está fundamentado por um princípio generalizante que estende para acontecimentos futuros as observações de acontecimentos passados. Tal princípio faz nosso agricultor hipotético acreditar que a confluência dos mesmos fenômenos naturais acontecidos anteriormente resultará num acontecimento futuro tal qual um fato observado no passado. O agricultor passa a ter ao menos uma expectativa de que tais fatos se repetirão mediante a reunião dos mesmos fenômenos naturais.

Junto desse princípio generalizante, conhecido por *princípio da indução**, podemos indicar outra consideração "filosófica" nesse exemplo: a natureza se repete segundo certa ordem. Nosso agricultor parece respaldado por esses dois pressupostos. Contudo, nem sempre suas previsões do tempo são exatas. Então, outro aspecto importante para qualquer previsão é compará-la à experiência (base empírica). Uma previsão precisa ser confirmada pela experiência, senão não se trata de uma previsão. Se nosso agricultor não acertar sua previsão, logo cairá em descrédito. Mesmo assim, ainda haverá pessoas que esperarão previsões ulteriores se confirmarem, mesmo ocorrendo falhas nas previsões anteriores de nosso agricultor.

Agora, e se as previsões do tempo fossem elaboradas por uma equipe de meteorologistas? Parece-nos que previsões feitas por especialistas apresentam uma espécie de selo de confiabilidade. Por exemplo: estamos geralmente mais receptivos a produtos atestados cientificamente. Inclusive as empresas abusam desse rótulo para estimular suas vendas.

Para efetuar suas previsões, uma equipe de meteorologistas tem à sua disposição instrumentos (satélites, computadores de alto processamento, simuladores de clima, barômetros, termômetros, higrômetros de alta precisão etc.) e sobretudo um modelo teórico geoclimatológico. Um modelo como esse é capaz de oferecer aos especialistas um método rigoroso para coleta, análise e interpretação de dados segundo uma estrutura teórica fundamental. Os fundamentos da geoclimatologia, por

---

* David Hume (1711-1776) foi um famoso filósofo escocês de Edimburgo que, com apenas 28 anos de idade, escreveu seu livro mais importante: *Tratado da natureza humana*. Hume tornou-se famoso por, entre outras coisas, conceber o problema da indução. De maneira sucinta, ele pode ser enunciado como: *de eventos passados não se seguem necessariamente eventos futuros*. O filósofo, além de enunciar o problema, propõe-se a "dissolvê-lo", e sua resposta foi por ele próprio nomeada *resposta cética ao problema da indução*.

exemplo, estão na física, que, de todas as ciências, é a mais bem-sucedida (por produzir leis naturais).

Existe uma semelhança entre o modo como nosso agricultor hipotético produz previsões do tempo e o método científico aplicado por uma equipe de meteorologistas, que é a observação ou a "coleta de dados". Enquanto nosso agricultor observa os fenômenos naturais sem um critério definido e interpreta-os de forma obscura, muitas vezes por meio de métodos secretos (não divulgados), a equipe de meteorologistas utiliza um modelo climatológico para produzir previsões. Modelos como esses são normalmente abertos ao público, porém poucos seriam capazes de compreendê-los em razão de seu nível de complexidade físico-matemático-técnico.

Os meteorologistas seguramente são capazes de efetuar previsões do tempo mais acertadas que as previsões dos agricultores. Por quê? Por certo, não é somente por seus instrumentos precisos, mas principalmente por seu modelo teórico. Não se trata apenas de uma superioridade metodológica, pois um método geral e rigoroso não basta para se produzir previsões confiáveis, mas de certa necessidade que as leis naturais (como a gravitação universal) conferem às previsões.

Com auxílio do exemplo da previsão do tempo, pudemos identificar aspectos importantes para a ciência: observação, análise, resultados, modelo teórico e previsões. Uma primeira diferença entre ciência e saber comum (como foi o caso de nosso exemplo) é a presença de um método que oferece condições rigorosas para se obter dados da experiência e analisá-los. Uma segunda diferença é a presença de um modelo teórico que se encontra inserido em um complexo teórico ainda maior e conectado a outras teorias. Para exemplificar, um meteorologista, para usar um simulador de clima, precisa de um computador e de um sistema que opere o simulador. Para se conceber um computador, é necessário, além de dominar as técnicas de fabricação do equipamento, compreender os efeitos elétricos da condução de elétrons ou as lacunas em uma placa de silício dopada com boro; para produzir circuitos elétricos, é preciso dominar os conceitos da eletricidade; para compreender a eletricidade, deve-se ter um modelo atômico constituído; e assim por diante.

Os poucos passos que demos aqui para compreender a diferença entre ciência e um saber comum, ainda que de forma especulativa, mostram-nos a complexidade desse assunto e a importância de melhor entendê-lo. Contudo, há outros aspectos que ainda não foram tratados neste livro, como os "efeitos colaterais" produzidos pela ciência. É o caso da incapacidade que ela tem de rascunhar qualquer coisa do mundo, pois não abarca a totalidade daquela determinada coisa, ou seja, a atitude científica objetivante* distancia o sujeito de seu objeto, e essa distância tomada pelo cientista esmaece o mundo e distancia o homem das experiências vividas cotidianamente. Por exemplo: para um químico, o volume e a pressão de determinado gás são dados mais importantes do que a sua cor.

Outro aspecto que também pode ser incorporado aos "efeitos colaterais" da ciência é a importância de haver uma reflexão tanto da atividade científica como de seu produto. Por exemplo: os avanços em engenharia genética e principalmente em transgenia permitirão em breve "programar" as características fenotípicas de um bebê, e isso pode ter um apelo comercial muito forte e consequências sociais desastrosas. A ciência (ou os cientistas) pode(m) não ser imparcial(ais) e, em determinadas ocasiões, não o é(são). As motivações que influenciam o trabalho científico podem ser internas ou externas à ciência, mas é concreta a influência que esta sofre, seja por motivação comercial, seja

---

* Termo usado por Michel Ghins (2012) para explicar justamente o distanciamento do cientista e de seu objeto de estudo.

por motivação política, seja por questão religiosa etc. A neutralidade da ciência é de fato algo que pode ser questionado e avaliado. A ética, sob esse aspecto, pode nos auxiliar a questionar e avaliar as ações científicas. As questões rapidamente apresentadas anteriormente nos dão indícios da importância de usar a filosofia para analisar criticamente a ciência para fins de, por exemplo, melhor compreendê-la.

1.3
Filosofia, ciência e filosofia das ciências

Terminamos a primeira seção deste capítulo com a hipótese de que a pergunta *O que é ciência?* é filosófica. Avaliemos essa possibilidade sob a luz das duas definições de filosofia trazidas por Hessen e Porta. Para o primeiro, devemos efetuar uma "autorreflexão sobre suas [nesse caso, da ciência] *funções valorativas teóricas e práticas*" (Hessen, 2003, p. 9, grifo do original). Essa ação é uma "tentativa do espírito humano de atingir uma visão de mundo" (Hessen, 2003, p. 9) (ver Seção 1.1). É justamente a visão de mundo que nos permite inserir nesse "monóculo" a ciência. Hessen (2003) nos auxiliou a melhor compreender como a ciência pode servir de objeto de estudo à filosofia. Porta (2007), por sua vez, oferece-nos também uma justificativa para admitirmos a pergunta *O que é ciência?* como filosófica e, portanto, um expediente para tratarmos filosoficamente a ciência. Ele direciona à "construção plena da racionalidade" (Porta, 2007, p. 42-44) a ciência (ver Seção 1.1). Mesmo que ainda não tenhamos um paradoxo formado em torno de nossa pergunta *O que é ciência?* – lembremos que esse é o critério de Machado (2010) para identificar se uma pergunta é filosófica ou não –, Porta e Hessen nos oferecem razões suficientes para nos convencermos da importância de se avaliar a ciência sob a perspectiva filosófica. Pode ocorrer que durante esse percurso nos defrontemos com um paradoxo, por que não?

A questão é que esse exercício de reflexão serve também para nos convencer do óbvio: filosofia e ciência não estão tão distantes assim. De fato, a filosofia pode nos auxiliar a analisar criticamente a ciência, os seus resultados e as ações dos cientistas. Agora, essa análise pode nos servir também para compreender o que é a ciência e como é sua prática ou por que ela parece ter um saber privilegiado em relação a outros saberes. Enfim, todas essas questões podem ser postas para que tenhamos um esclarecimento sobre o que é ciência.

Um primeiro passo nós já demos na Seção 1.2, que foi o de avaliar as diferenças entre um conhecimento tido como *científico* e um tido como *não científico*. Mesmo que nossa avaliação, sobre o exemplo da previsão do tempo, tenha sido limitada, pudemos pontuar o que, de certa forma, esperamos da ciência em detrimento do que (supostamente) não esperamos de algo não científico. Qual foi o nosso resultado? Ele aponta para a certeza. A ciência é produtora de conhecimento, num primeiro momento, avaliado como certo. Chegamos também a uma característica da ciência: a sua complexidade, pois os conhecimentos vão se especializando e se conectando a outros. Isso forma um todo mais complexo, que nos parece tentar salvar uma coerência, mesmo que, em certos casos, encontre dificuldades, como a dualidade onda-partícula da matéria, por exemplo. Outra característica da ciência à qual chegamos foi a relação entre as previsões científicas e a experiência. Ela deve preocupar-se também com a base empírica, ou seja, com os fenômenos. Ela não pode estar destituída dos dados do mundo, pois, se assim estiver, não será ciência. Além disso, parece-nos que ela provoca em nós certa crença a respeito de suas afirmações. Mas ocorre que a ciência é transitória. Tomemos como um exemplo a conhecidíssima revolução copernicana*. Como lidar com isso?

Há outras questões que certamente não foram atendidas por nossa breve avaliação. Mas não devemos nos preocupar, pois teremos a oportunidade de aprender com toda uma comunidade de filósofos que se dedicou a dissolver nossa pergunta guia: *O que é ciência?* Agora, voltemo-nos a um aspecto no qual a ciência se encaixa na filosofia, a fim de entendermos melhor a ciência como objeto de estudo da filosofia. Esta é tradicionalmente dividida ou em períodos (antiga, medieval, moderna e contemporânea), ou em áreas (lógica, epistemologia, metafísica, ética e política), ou em temas (analítica, continental, da arte, da história, da linguagem, da mente, da matemática, da ciência etc.). Podemos ainda estabelecer outras divisões, mas fiquemos com essas. Como já vimos, a epistemologia é a área da filosofia que teoriza o conhecimento e sua questão filosófica mais importante é *O que é conhecimento?*

Na filosofia antiga, Sócrates estabeleceu uma distinção que se tornou clássica. Ele denominou de *epistemé* (ciência) o conhecimento verdadeiro (crença verdadeira justificada) e a diferenciou da *doxa* (mera opinião). Ainda no mesmo período, Aristóteles também se dedicou a dissolver a mesma pergunta e designou determinado conhecimento demonstrativo (silogismo aristotélico) de *ciência* (conhecimento pela causa).

Depois deles, há outros filósofos que se debruçaram sobre a mesma questão. Apenas para citar alguns nomes importantes, temos René

---

* Referimo-nos à revolução ocasionada por Nicolau Copérnico (1473-1543) e à sua teoria heliocêntrica. Antes, a teoria geocêntrica de Ptolomeu de Alexandria (90-168) era a vigente. O aspecto mais marcante que diferencia uma teoria da outra é a posição da Terra. Para Ptolomeu, ela ocupava o centro de todo o cosmos, mas, para Copérnico, a Terra é um planeta que orbita o Sol, único astro central de nosso sistema solar. Essa mudança de teorias promoveu uma revolução no pensamento, sobretudo no período moderno (1453-1789).

Descartes (1596-1650), John Locke (1632-1704), David Hume (1711-1776), Immanuel Kant (1724-1804), entre outros. Cada um desenvolveu uma teoria do conhecimento com diferentes pressupostos. Um deles, que também já vimos, é o acesso ao conhecimento. Uns defendem que o acesso ao conhecimento se dá por intermédio da razão (Platão e Descartes), outros, por intermédio da experiência (Aristóteles, Locke e Hume). Em particular, Kant considera aspectos da razão e da experiência para explicar o acesso que temos ao conhecimento (apriorismo kantiano). Essa é a matéria da epistemologia. De que maneira isso se relaciona com a ciência?

Com Descartes, ocorreu no início do período moderno uma valorização de um método* para se ter conhecimento fundamentado a fim de se chegar à ciência de algo.

O termo *ciência*, com Francis Bacon (1561-1626), fundador da ciência moderna, modificou-se mais uma vez. Bacon foi um grande experimentador e dedicou-se a investigar um método para estudar os fenômenos naturais. Em seu *Novum organum*, de 1620 (Bacon, 1902), ele fundamentou um modo de investigação da natureza no raciocínio indutivo** e na experimentação regulada ou controlada. Para ele, são as variações e as concordâncias de fenômenos controlados metodicamente (novo conceito de experiência) que nos fazem chegar ao conhecimento verdadeiro pela observação (pressuposto empirista). Ele tinha uma visão positiva e progressista da ciência.

---

* Descartes dedicou grande parte de sua obra para consolidar seu conceito de método. Entre seus livros dedicados a esse assunto, estão: *Regras para direção do espírito* (1628), *O discurso do método e A geometria* (1637), *Meditações metafísicas* (1641) e *Princípios de filosofia* (1644).

** Chalmers (2010, p. 26) resume *raciocínio indutivo* da seguinte forma: "Se um grande número de As foi observado sob uma ampla variedade de condições, e se todos os As observados possuíam sem exceção a propriedade B, então todos os As têm a propriedade B".

Adicionemos outro fator que colaborou para a mudança do significado do termo *ciência*: a criação das academias de ciências durante os séculos XVI, XVII e XVIII. Algumas delas tornaram-se muito importantes e respeitadas, como a Real Academia de Ciencias de Madrid (fundada em 1582 inicialmente como *Academia de Matemáticas de Madrid*), a Royal Society de Londres (fundada em 1660), l'Académie de Sciences de Paris (fundada em 1666), a Königlich-Preußische Akademie der Wissenschaften da Prússia (fundada em 1700), entre outras. Num primeiro momento, a atividade científica teve forte influência experimental – como foi o caso da Royal Society –, pela qual os cientistas (praticantes da "nova" ciência) vinculavam-se cada vez mais às academias.

Sir Isaac Newton (1642–1727) subverteu esse modo indutivista "ingênuo" de se fazer ciência e incorporou a ela a necessidade e a universalidade por um viés matemático, sem partir de meras hipóteses experimentais. Para Newton, as leis naturais devem necessariamente prever (do modo mais completo possível) um fenômeno ou um conjunto de fenômenos. Ora, uma quantidade aparentemente distinta de fenômenos pode estar conectada por uma mesma lei. Por exemplo: a queda dos corpos e a órbita dos planetas – nos dois casos, é a gravitação universal que nos permite compreender esses dois fenômenos aparentemente diferentes segundo a ação de uma mesma causa (a gravitação).

Agora, fica mais claro para nós como se formou a imagem de um cientista enfurnado em seu laboratório, cheio de aparelhos conectados meticulosamente, com planilhas elaboradas repletas de anotações. Com essa imagem, a prática científica se institucionalizou. Isso auxiliou na construção de uma outra imagem que temos hoje, de uma ciência praticada por comunidades de cientistas vinculados a instituições de ciência. Por exemplo: a Fundação Oswaldo Cruz (Fiocruz) é uma instituição brasileira que incentiva a pesquisa na área da saúde, vinculada ao

Ministério da Saúde; a Bell Labs é uma instituição de pesquisa privada norte-americana que investe em pesquisas em áreas como tecnologia, energia e segurança.

Em suma, a imagem atual da ciência foi construída historicamente. As razões foram apresentadas aqui e argumentadas também historicamente. Agora, precisamos retomar os pontos principais de nosso argumento para constituirmos uma imagem de ciência e de cientista. Vimos que *ciência* – por influência de Platão, Aristóteles, Descartes e Bacon – significa *conhecimento verdadeiro fundamentado*. Por sua vez, a atividade científica é metódica, rigorosa, experimental, indutiva, bem como matemática e dedutiva. Essa atividade é realizada por um grupo de cientistas vinculados a instituições, públicas ou privadas, de incentivo à pesquisa. Uma vez constituídas essas imagens, podemos entender melhor com o que a **filosofia da ciência** se ocupa.

O objetivo da filosofia da ciência é estudar os fundamentos, as realizações e as implicações da ciência. Nosso ponto de partida pode ser a imagem que construímos dela atualmente. Como vimos, se a filosofia é a busca da máxima racionalidade, como assevera Porta (2007), então a filosofia da ciência é a busca da máxima racionalidade da ciência.

Foram diversas as tentativas de dissolver a questão *O que é ciência?* sob o ponto vista da busca da sua máxima racionalidade. Cada tentativa, em relação às demais, deu origem a diferentes formas de explicá-la. Já na contemporaneidade, desde Pierre Duhem*(1861-1916) e Ernst Mach**

---

*   Pierre Duhem foi um físico e historiador da ciência francês e tornou-se famoso por suas contribuições no campo da história e da filosofia da ciência.

** Ernst Mach foi um físico austríaco que também contribuiu para a filosofia da ciência. Ele foi o patrono do círculo de Viena e participou intensamente nas discussões acerca do materialismo com uma posição contrária mais próxima dos fenômenos.

(1838-1916), consolidou-se um estudo sobre história da ciência. Porém, as formas de se tentar explicá-la mudaram com seus sucessores.

Inicialmente, os estudos a respeito da ciência eram mais próximos de uma historiografia (Duhem e Mach). Depois, o recurso à lógica ganhou muita força (com o positivismo ou o empirismo lógico do círculo de Viena* e o falseacionismo de Sir Karl Popper**). Em seguida, a história da ciência foi retornada e reelaborada em uma estrutura (com os trabalhos de Thomas Samuel Kuhn***). Hoje, são estudados na filosofia da ciência os aspectos sociais da empresa científica (o programa forte da sociologia da ciência**** é o ícone dessa empreitada). Há, portanto, uma diversidade de filosofias da ciência que se originaram na tentativa de responder *O que é ciência?*

---

* Círculo de Viena (ou Sociedade Ernst Mach) foi o nome dado a um grupo de cientistas e alguns poucos filósofos da Universidade de Viena que se encontravam informalmente durante os anos de 1922 a 1936. Seus principais membros foram: Friedrich Waissman, Hans Han, Otto Neurath e Rudolf Carnap, sob a coordenação Moritz Schlick.

** Sir Karl Popper (1902-1994) foi um influente filósofo da ciência de origem austríaca e naturalizado britânico. Ele desenvolveu o falseacionismo como critério de demarcação do conhecimento científico.

*** Thomas Samuel Kuhn (1922-1996) foi um físico e filósofo da ciência norte-americano. Seu livro mais famoso é *A estrutura das revoluções científicas*. Como o próprio título de sua obra diz, ele defende uma estrutura das ciências que se desenvolve ciclicamente na história da ciência.

**** O programa forte da sociologia da ciência tem em David Bloor a sua maior representatividade. Esse programa defende que a sociologia, área do saber que se destina ao estudo das relações sociais, pode e deve estudar a ciência.

Síntese

Compreender o que é filosofia é parte fundamental de nosso trabalho. Tendo por base teórica os estudos de Porta, Hessen e Machado, pudemos levantar definições e critérios para se trabalhá-la. Uma vez que tenhamos subsídio para compreender o que é filosofia e sua atividade, podemos usá-la para analisar criticamente outros saberes, tal como a ciência. Como resultado dessa análise, a filosofia nos mostra historicamente que a ciência pretende ser caracterizada como um conhecimento certo, e a forma de atingir tal conhecimento depende da observação, da análise, dos resultados e de um modelo teórico para se chegar a previsões. Por fim, a filosofia da ciência é uma parte da filosofia que analisa o que é ciência e como são as atividades dos cientistas.

Atividades de autoavaliação

1. Assinale as afirmativas a seguir como verdadeiras (V) ou falsas (F). Considerar a filosofia com base em seus problemas permite:
    ( ) Considerar tudo que já foi feito em filosofia como arbitrário.
    ( ) Formar historicamente unidades mais complexas entre uma pergunta filosófica e suas respostas.
    ( ) Tornar a filosofia uma atividade impraticável.
    ( ) Estabelecer uma atividade filosófica voltada para a formação de questões e para a tentativa de respondê-las.
    ( ) Transformar a filosofia em um repositório de respostas.
    Marque a alternativa que corresponde à sequência correta:
    a) V, V, V, F, F.
    b) F, V, F, V, F.
    c) V, F, V, F, V.
    d) F, V, V, F, V.

2. O conceito de *filosofia* para Porta (2007) é:
   a) a construção plena da racionalidade.
   b) a tentativa do espírito humano de atingir uma visão de mundo.
   c) a intersubjetividade dos paradoxos e a autorreflexão das funções práticas e teóricas.
   d) o paradoxo entre nossas intuições fundamentais.

3. No exemplo trabalhado na Seção 1.2, os saberes comum e científico (personificados pelas figuras do agricultor e do meteorologista) se assemelham:
   a) no método.
   b) no modelo teórico.
   c) na dependência da base empírica.
   d) nos dados.

4. Os aspectos importantes da ciência são:
   a) Observação, análise, resultados, modelo teórico e previsões.
   b) Verdade, análise, indução, modelo teórico e previsões.
   c) Dedução, observação, dados, base empírica e silogismo.
   d) Redução, verdade, modelo teórico, resultados e dados.

5. Assinale as afirmativas a seguir como verdadeiras (V) ou falsas (F). A imagem formada historicamente de um cientista é de alguém:
   ( ) meticuloso.
   ( ) de "espírito aberto".
   ( ) metódico.
   ( ) displicente.
   ( ) experimentalista.
   Marque a alternativa que corresponde à sequência correta:
   a) V, V, V, F, F.
   b) F, V, F, V, F.

c) V, F, V, F, V.

d) F, V, V, F, V.

6. Considere o quadro geral a respeito da filosofia da ciência e relacione as colunas:

1. Pierre Duhem e Ernst Mach	a) Positivismo ou empirismo lógico
2. Círculo de Viena	b) Programa forte
3. Sir Karl Popper	c) Estrutura das revoluções científicas
4. Thomas Samuel Kuhn	d) Falseacionismo
5. David Bloor	e) Historiografia da ciência

Marque a alternativa que corresponde à sequência correta:

a) 1-a, 2-b, 3-d, 4-c, 5-e.

b) 1-b, 2-a, 3-d, 4-c, 5-e.

c) 1-e, 2-a, 3-b, 4-c, 5-d.

d) 1-e, 2-a, 3-d, 4-c, 5-b.

Atividades de aprendizagem

Questões para reflexão

1. Desenvolva um exemplo de seu cotidiano ou inspirado num livro ou num filme que evidencie a diferença entre um saber comum (ou ordinário) e um conhecimento científico. Baseie-se no exemplo da previsão do tempo da Seção 1.2 deste capítulo.

2. Para você, a ciência é produtora de benfeitorias para a sociedade? Justifique sua resposta.

Atividade aplicada: prática

Pesquise em livros ou na *internet* e descreva ao menos mais um exemplo de paradoxo na filosofia que justifique a construção de uma pergunta filosófica (*O que é* _____?) segundo os critérios de Machado (2010).

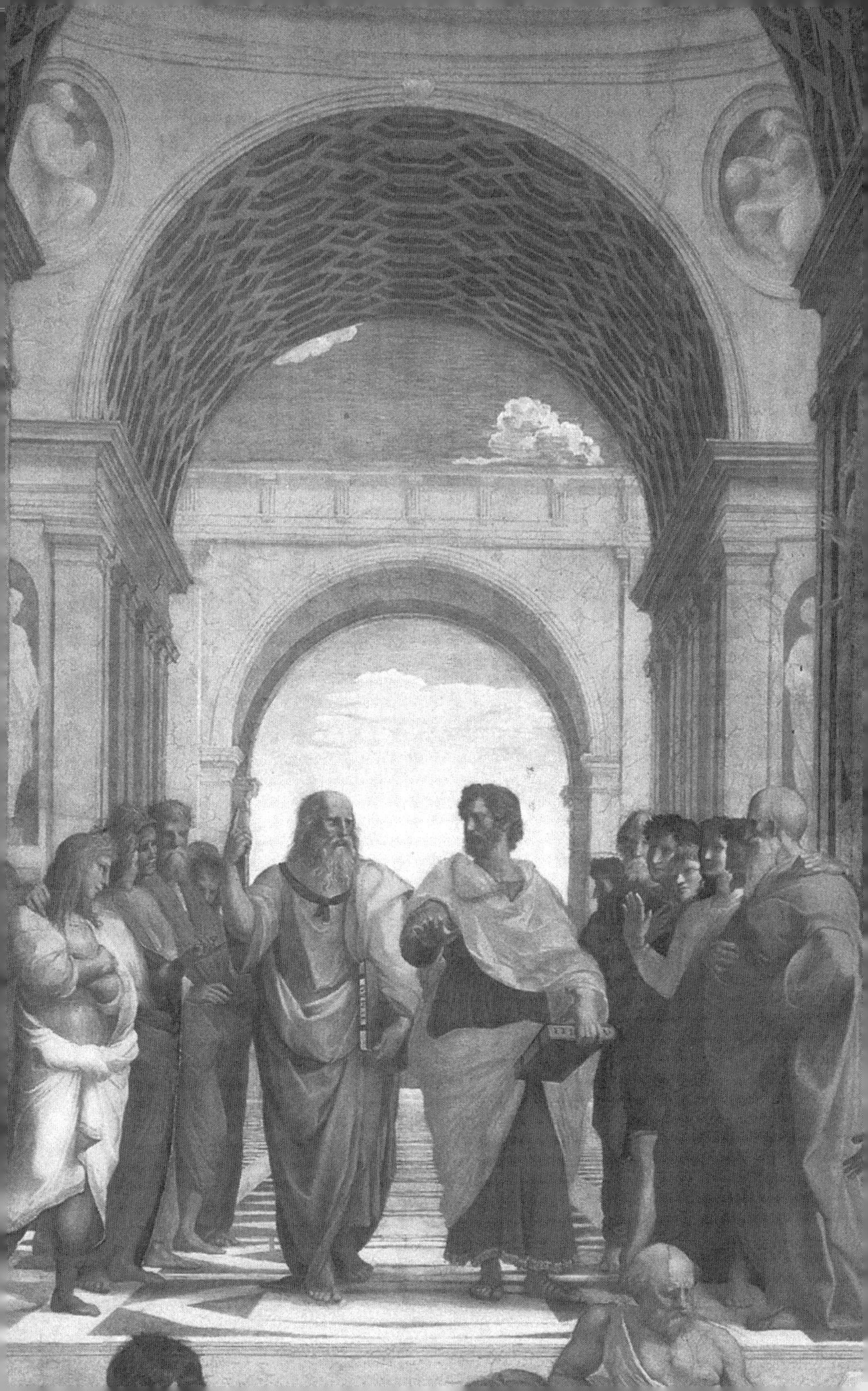

2

Senso comum e conhecimento científico

Neste capítulo, trataremos do **senso comum** e do **conhecimento científico**, esclarecendo as características de ambos e, principalmente, no que se diferenciam.

Em nossa análise, lançaremos uma hipótese de trabalho acerca do senso comum. Em seguida, abordaremos brevemente a história que o envolve e analisaremos o seu saber, chegando a algumas dificuldades desse saber e apresentando alternativas a ele.

Depois, apresentaremos o conhecimento científico e falaremos das diferenças entre ele e o saber do senso comum.

2.1
Senso comum

No capítulo anterior, trabalhamos o exemplo da previsão do tempo, mostrando diferenças entre uma previsão efetuada por um agricultor hipotético e uma realizada por meteorologistas. Chegamos a pontuar uma semelhança entre as duas previsões – a dependência da base empírica – e uma diferença a certeza. Um fator relevante que demarcou substancialmente tal diferença – foi a presença do modelo teórico. O objetivo desse exemplo foi explorar o que diferencia um saber comum de um conhecimento científico. Esse saber comum por vezes tem relação com o assunto ao qual agora vamos nos dedicar: o senso comum.

2.1.1 Hipótese

Para avaliarmos com maior detalhe os conceitos que envolvem o senso comum, é importante que nos dediquemos um pouco à tarefa de examinar o que vem a ser um *senso*. No dicionário de filosofia de Nicola Abbagnano, encontramos o seguinte significado para o verbete *senso*: "Capacidade de julgar em geral" (Abbagnano, 1998, p. 872). Ora, julgar é uma ação de nosso juízo. Existe uma vasta bibliografia acerca de juízo na filosofia, mas ficaremos com duas concepções, uma mais simples e outra um pouco mais elaborada. A mais simples confere ao termo *juízo* o seguinte significado: ato de decidir (julgar) sobre algo (mera ação do juízo, ou seja, julgar). A outra concepção, sobre a qual vamos explanar um pouco, é mais complexa e foi elaborada por Immanuel Kant* em sua famosa obra *Crítica da razão pura*, de 1781. Para abordarmos essa concepção, usaremos por ora apenas o conceito kantiano de *juízo sintético***.

O juízo sintético ocorre quando, dada uma proposição (enunciado do tipo "sujeito verbo predicado", que pode ser declarado verdadeiro ou falso), seu predicado acrescenta algo à compreensão do sujeito. No exemplo kantiano "os corpos são pesados", "pesados" (predicado) é acrescentado ao conceito de "corpo" (sujeito). Esse acréscimo, em específico, ocorre somente com recurso à experiência. Kant divide juízos sintéticos em *a priori* e *a posteriori*. Os juízos sintéticos *a posteriori*, tal como o exemplo dos "corpos pesados" que acabamos de ver, são simplesmente derivados da experiência e, para Kant, são contingentes e não universais. Os juízos sintéticos *a priori*, por outro lado, são necessários, universais, independentes da experiência e ampliam nosso conhecimento (em contraposição aos juízos analíticos *a priori*, ver a segunda nota de rodapé desta página). Kant dedica a *Crítica da razão pura* para explicar como são possíveis juízos sintéticos *a priori*.

---

* Immanuel Kant (1724-1804) foi um influente filósofo moderno. Suas três críticas contribuíram imensamente para o pensamento ocidental: *Crítica da razão pura* (1781), *Crítica da razão prática* (1788) e *Crítica do juízo* (1790).

** Em oposição ao juízo sintético, Kant apresenta o juízo analítico. Esta é uma proposição cujo conceito do predicado já está de certa forma contido no conceito de sujeito. No exemplo "todos os corpos são extensos", o predicado "extenso" já está incluído no conceito do sujeito "corpo". Nesse exemplo, aparece o princípio de não contradição, o qual nós já temos antes mesmo de recorrermos à experiência, que nos torna conscientes da necessidade e da universalidade desse tipo de juízo. Contudo, juízos analíticos não ampliam nosso conhecimento, somente os juízos sintéticos o fazem (Kant, 1999).

Essa passagem por Kant nos auxilia pelo menos a assimilar que temos modos de julgar e que o juízo das questões acerca dos fatos pode ser *a posteriori* (contingentes e não universais) ou *a priori* (necessários e universais). Mas, independentemente do tipo de juízo sintético, ambos ampliam nosso conhecimento. Como de início estávamos considerando o termo *senso*, voltemos a ele, mas com o compromisso de considerar o que foi suprimido até aqui: o adjetivo *comum*.

Senso comum é um juízo (considerado como "verdadeiro") compartilhado, corrente e aceito por um meio social determinado. Em nosso exemplo, o agricultor hipotético tinha uma crença da "verdade" acerca de seu modo (não científico) de prever o tempo. Essa crença pode ser compartilhada por ser bem-sucedida nas verificações desse saber prático próprio de nosso agricultor e pela convicção gerada por essa crença, sob a forma kantiana de conceituá-la. Para Kant (1999, p. 487), "considerar-algo-verdadeiro [...] é um evento em nosso entendimento que, embora podendo repousar sobre fundamentos objetivos, também exige causas subjetivas na mente daquele que julga". Vejamos, segundo o filósofo alemão, os três graus (opinar, crer e saber) do "considerar-algo-verdadeiro":

> *O considerar-algo-verdadeiro, ou validade subjetiva do juízo com referência à convicção (a qual ao mesmo tempo vale objetivamente), possui os seguintes três graus:* **opinar, crer** *e* **saber.** *Opinar é um considerar-algo-verdadeiro que, com consciência, é* **tanto** *subjetiva* **quanto** *objetivamente insuficiente. Se o considerar-algo-verdadeiro é subjetivamente suficiente, sendo ao mesmo tempo tomado como objetivamente insuficiente, então se denomina* **crer.** *Finalmente, o considerar-algo-verdadeiro, que é tanto subjetiva quanto objetivamente suficiente, chama-se saber. A suficiência subjetiva intitula-se* **convicção**

(para mim mesmo), a objetiva denomina-se **certeza** *(para qualquer indivíduo).*
(Kant, 1999, p. 486, grifo do original)*

Quando o **considerar-algo-verdadeiro** for tal como uma opinião, podemos dizer que se trata de um senso (juízo) tipo particular. Para esse caso, quem julga não tem convicção nem certeza, no sentido kantiano. Para o senso ser "comum", pensamos que é necessária, pelo menos, convicção para compartilhá-lo. Portanto, em nossa avaliação, é preciso que o senso comum seja um considerar-algo-verdadeiro subjetivamente suficiente, mas objetivamente insuficiente. Nesse sentido, senso comum é uma crença acerca do considerar-algo-verdadeiro convicta e compartilhada. Esse conceito de senso comum é uma alternativa (hipótese aqui lançada) para tratarmos o saber vulgar (em contraste com o conhecimento científico, como veremos na seção seguinte). Consoante a ele, pretendemos adicionar aquele princípio generalizante citado no primeiro capítulo (indução "ingênua") e as relações de causa e efeito para tratar o senso comum tal como ele aqui está sendo proposto.

2.1.2 *Histórico*

Não podemos ignorar o que tem sido dito sobre senso comum na filosofia. Mas, para isso, é necessário distinguir pelo menos três expressões históricas que remetem a ele: κοινὴ αἴσθησις [*koiné aisthésis*] (grego), *sensus communis* (latim) e *bon sens* (francês).

O significado para *senso comum* proposto por Aristóteles [*koiné aisthésis*] diz respeito à capacidade da alma animal que possibilita os

---

*   Consideraremos o uso restrito do *saber* kantiano diverso do uso do termo *conhecer* (ou *conhecimento*). Quando nos referirmos a *saber*, estaremos usando um sentido mais amplo. Esse recurso será útil para conferir uma diferença entre *saber* e *conhecer* (ou conhecimento) e uma coerência no uso desses termos neste texto.

diferentes sentidos individuais a perceber coletivamente características como movimento e tamanho. Isso ajuda os animais e as pessoas a distinguir e a identificar as coisas físicas (Aristóteles, 2006, p. 275, 425a14*). Reis nos auxilia nessa passagem, pois resumidamente a esclarece: "Em suma, dos sensíveis comuns temos uma percepção comum, para a qual os sentidos contribuem direta e não acidentalmente. Contudo, ela não é atribuída a nenhum deles em particular" (Aristóteles, 2006, p. 275-276).

Sensus communis exprime a sensibilidade humana para com outros humanos e para com a comunidade. Abbagnano (1998, p. 873) esclarece esse outro significado em seu verbete *senso comum*: "Nos escritores clássicos latinos, essa expressão tem o significado de costume, gosto, modo comum de viver ou de falar". Nas palavras de Cícero, podemos perceber a forte relação entre o senso comum e a retórica:

> *O conhecimento de outras artes é adquirido de fundamentos obscuros e abstrusos, mas a eloquência consiste no mais óbvio dos princípios, o conhecimento da vida comum, nos hábitos e na conversação do gênero humano. Em outras artes, aquele que se sobressai é o homem que avança profundamente na estrada mais distante do conhecimento; ao passo que, na eloquência, o erro mais temível que pode ser cometido é desviar-se em expressões abstrusas, descompassar-se do **senso comum**.* (Cícero, 1967, p. 12, tradução nossa, grifo do original)

No período moderno, o senso comum ainda mantém certa relação com a retórica. Contudo, por vezes é considerado ou de forma pejorativa

---

* A exemplo do que ocorre na obra *Teeteto*, de Platão, e na obra *De anima*, de Aristóteles, as ideias do autor são estruturadas em argumentos identificados por códigos alfanuméricos. Os números e a letra iniciais indicam o argumento e os demais números indicam as linhas desses argumentos em que se encontram os trechos citados. Por exemplo: 425a14 significa que o trecho citado está na linha 14 do argumento 425a. Quando não houver indicação da linha, trata-se de argumento composto por uma única linha.

(preconceito e superstição) ou de forma enaltecedora (autoridade). Vejamos em René Descartes e Thomas Reid (1710-1796)* exemplos dessas considerações.

Descartes usou o termo latino *sensus communis* numa noção que se aproxima da aristotélica porque está voltada apenas aos sentidos, porém, os significados são fundamentalmente diferentes. Na filosofia cartesiana, o corpo (material) é distinto do espírito (imaterial), e nós temos mais condições de conhecer as coisas referentes ao espírito em comparação àquelas coisas referentes ao corpo, pois nossos sentidos são enganadores**. Agora, para termos consciência das "coisas do mundo"*** por meio de nossos sentidos, Descartes usou de uma engenhosa estrutura que envolve uma trama de túbulos nervosos que se espalham do cérebro para a medula espinhal e desta para todo o corpo. Nosso cérebro é formado por um tecido composto que apresenta poros e cavidades pelos quais transitam espíritos animais****que alteram nossas paixões. Eles interferem nos túbulos nervosos, tencionando-os e inflando-os (tal como a ação do vento sobre a vela de um navio). Esses espíritos transmitem as impressões de nossos órgãos sensoriais à glândula pineal, "*sede da imaginação e do senso comum*" (Descartes, 2009, p. 363, grifo do original).

Descartes também usa o termo *bon sens* (bom senso), cujo sentido, mais tarde, foi o que permaneceu, sendo redefinido como *sensus communis*. Porém, é importante salientar que o pensador manteve em

---

* Thomas Reid (1710-1796) foi um filósofo escocês defensor do senso comum, que ele acreditava ser o fundamento de toda a filosofia argumentativa.

** "Tudo que recebi, até presentemente, como o mais verdadeiro e seguro, aprendi-o dos sentidos ou pelos sentidos: ora, experimentei algumas vezes que esses sentidos eram enganosos, e é de prudência nunca se fiar inteiramente em quem já nos enganou uma vez" (Descartes, 1988b, p. 17-18).

*** Na metafísica cartesiana materialista, são reduzidos a extensão e o movimento.

**** Eles são suscetíveis também aos humores do corpo.

suas obras o uso das duas expressões (*bon sens* e *sensus communis*) com os significados distintos. É no *Discurso do método* que Descartes nos apresenta sua explicação para *bon sens*:

> *O bom senso é a coisa do mundo melhor partilhada, pois cada qual pensa estar tão bem provido dele, que mesmo os que são mais difíceis de contentar em qualquer outra coisa não costumam desejar tê-lo mais do que o têm. E não é verossímil que todos se enganem a tal respeito; mas isso antes testemunha que o poder de bem julgar e distinguir o verdadeiro do falso, que é propriamente o que se denomina o bom senso ou a razão, é naturalmente igual em todos os homens; e, destarte, que a diversidade de nossas opiniões não provém do fato de serem uns mais racionais do que outros, mas somente de conduzirmos nossos pensamentos por vias diversas e não considerarmos as mesmas coisas. Pois não é suficiente ter o espírito bom, o principal é aplicá-lo bem.*
> (Descartes, 1988a, p. 29)

Descartes atribui a *bon sens* um sentido judicativo comum a todos os homens – habilidade de "bem julgar e distinguir o verdadeiro do falso" (Descartes, 1988a, p. 29) – ou seja, a razão. Por um lado, o aspecto sensorial do senso comum é rejeitado pelo método racional cético cartesiano; por outro, atribui ao *sensus communis* o elo entre o espírito e o corpo. Outra questão diz respeito ao projeto cartesiano de atribuir à razão uma abordagem matemática que resguarda a certeza à qual os sentidos não são capazes de sustentar. Essa abordagem racionalista cartesiana repele não somente os sentidos como fundamento do conhecimento, mas também qualquer princípio indutivo. A alternativa que resta a Descartes, portanto, é uma razão dedutiva matemática que parte de pressupostos axiomáticos.

Podemos perceber que estamos às voltas com o contraste entre racionalismo e empirismo, pois, opondo-se a quaisquer explicações metafísicas do mundo (entendidas como *especulações*), empiristas influenciados por Francis Bacon buscam na experiência a certeza e fundamentam-na em um método experimental indutivo e em um senso comum (juízo que age sobre as percepções). Assim, tomam distância da abordagem dedutiva matemática ao estilo de Descartes. Ora, chegamos a uma relação entre senso comum e racionalismo/empirismo.

Thomas Reid foi um defensor do senso comum. Ele foi fundador da Escola Escocesa do Senso Comum. Foi também um crítico de Descartes, Hume e Locke.

Em relação ao primeiro, Reid afirmava que qualquer e até mesmo o mais inteligente dos homens pode errar acaso parta de um princípio falso. Com respeito a Hume e Locke, Reid criticava a teoria das ideias. Ele afirmava que uma ideia não pode ser um objeto do pensamento ou uma imagem daquilo que apreendemos. Antes de tudo, ideia é uma ação da mente, ou seja, é um pensamento ou uma concepção de um conceito sobre algo. É dessa maneira, segundo Reid, que produzimos juízos "originais e naturais", e isso é, para ele, o "senso comum" (Reid, citado por Kenny, 2009c, p. 111-113).

A discussão histórica a respeito do senso comum não para por aqui. Ela se estende para a estética e para a ética, além, é claro, de ser discutida no campo da epistemologia.

Depois dessa rápida apresentação sobre o senso comum, voltemos à nossa hipótese de trabalho: senso comum é uma crença (ao modo kantiano) acerca do considerar-algo-verdadeiro convicta e compartilhada em um meio social. Se compararmos essa definição com o sentido retórico romano de senso comum, parecerá a nós que os significados não são muito distantes, pela razão de o senso comum ser um sentido comunitário (compartilhado). Lembremos de que, em nossa hipótese, o senso comum é um juízo e isso está afim com a característica judicativa do *bon sense* do senso comum reidiano. Por fim, devemos lembrar, também, da nossa hipótese de senso comum dependente da experiência por meio dos princípios generalizantes da indução e de causa e efeito.

O desenvolvimento de nossa hipótese tem por objetivo apenas explicitar as características que já foram atribuídas historicamente ao senso comum. Não desejamos considerá-la o ponto final. Pelo contrário, para nós, ela é apenas um início que nos possibilitou avaliar os pormenores que envolvem tanto o que já foi discutido acerca do senso comum quanto as dificuldades com as quais vamos nos deparar quando a colocarmos, na próxima seção, à prova, seguindo as exigências para um conhecimento ser considerado científico.

2.2
Senso comum versus *conhecimento científico*

Na seção anterior, dedicamo-nos a propor um significado para senso comum. Isso nos serviu para esclarecer um sentido para essa expressão; mas ela ainda carece de uma maior análise, que nos revele suas características. Contudo, é importante salientar que tal significado aqui construído, como vimos, não foi atribuído de maneira arbitrária, pois, para compô-lo, consideramos aspectos importantes de senso comum retirados da história da filosofia.

2.2.1 Análise do senso comum

Voltemos ao nosso exemplo. O agricultor, quando efetiva uma previsão do tempo, considera dados qualitativos como as condições do céu, o comportamento dos animais e a direção dos ventos. Analisando essas condições, que aqui chamaremos de *iniciais*, ele as compara com um princípio indutivo (obtido de observações anteriores) para concluir por dedução sua previsão do tempo. Para entendermos melhor esse mecanismo, é importante saber o que são sentenças de observação, indução, condições iniciais, dedução e conclusão.

> *Sentença* é basicamente uma estrutura linguística. Uma sentença de observação é uma estrutura linguística que pensamos, proferimos ou registramos mediante um fato observado. Por exemplo: às dez horas da manhã de hoje, o céu está nublado e com uma coloração cinza escura; vimos um bando de sabiás voarem na direção norte. Sentenças de observação são efetuadas por aquele que, pelos seus sentidos, apreende um fato. O recurso à experiência confere um valor de verdade, tornando-as proposições de observação. Essas proposições de observação são particulares, ou seja, referem-se a um fato em específico.

Habitualmente, temos a tendência de extrapolar para mais casos algo que ocorreu em um fato quando, pela nossa experiência, percebemos repetitivamente a ocorrência do que caracteriza esse fato. Por exemplo: nosso agricultor percebeu reiteradamente que os animais procuravam abrigo quando o céu estava nublado, cinza e com fortes ventos. Ele observou isso se repetir em todos os casos que observou e em condições variadas (em qualquer dia da semana ou época do ano, a qualquer temperatura, para animais domésticos e não domésticos, de qualquer porte etc.). Assim, nosso agricultor extrapolou para todos os casos e criou o seguinte princípio induzido (que, em linhas gerais, pode ser explicado como "de casos particulares chega-se a um caso geral"): todo animal procura abrigo quando o céu está nublado e cinza e venta forte. Esse é o princípio generalizante ao qual nos referimos anteriormente, o **princípio da indução**.

Figura 2.1 – Princípio da indução

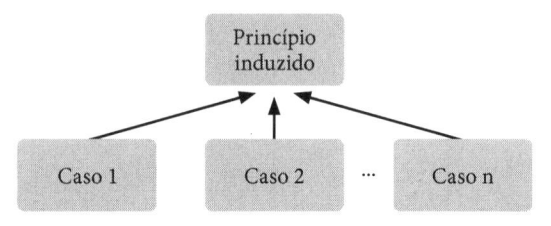

```
                    ┌─────────────┐
                    │  Princípio  │
                    │   induzido  │
                    └─────────────┘
                      ↗    ↑    ↖
              ┌────────┐ ┌────────┐     ┌────────┐
              │ Caso 1 │ │ Caso 2 │ ... │ Caso n │
              └────────┘ └────────┘     └────────┘
```

Por vezes, atribuímos uma causa aos fatos que observamos; em especial, àqueles em que percebemos uma mudança. Por exemplo, a causa para a mudança da cor das nuvens, de branca para cinza, é o acúmulo de nuvens. Ora, uma camada mais "grossa" de nuvens impede mais que os raios de luz as perpassem. Assim, afirmamos que a mudança da cor branca para a cinza nas nuvens tem como causa o acúmulo de nuvens – esse é o **princípio da causalidade**. Segundo esse princípio, nós temos a propensão de esperar das mesmas causas os mesmos efeitos.

Esses são os dois princípios, aos quais nos referimos no final da seção anterior, que consideramos acompanharem o senso comum. Continuemos nossa análise: uma vez que temos o princípio induzido "todo animal procura abrigo quando o céu está nublado e cinza e venta forte", por dedução – dadas duas premissas verdadeiras, segue-se necessariamente uma conclusão verdadeira –, o nosso agricultor efetua a segunda parte do processo de previsão:

1	Todo animal procura abrigo quando o céu está nublado e cinza e venta forte.	(Princípio induzido)
2	Agora, o agricultor percebe que certos animais estão procurando abrigo.	(Condições iniciais)
3	Portanto, agora o céu está nublado e cinza e venta forte.	(Conclusão)

O agricultor considera como causa da chuva o céu cinza nublado e os ventos fortes. Disso, podemos extrair o seguinte princípio causal retirado de sua experiência: *se agora o céu está nublado e cinza e venta forte, então choverá*. Bem, ao combinarmos esse princípio com a conclusão *agora o céu está nublado e cinza e venta forte*, retirada da dedução anterior, segue-se consequentemente a previsão "choverá". Desse modo, nosso agricultor "prevê" o tempo, tendo uma vez estabelecido esse "método" pela observação do comportamento dos animais.

O problema principal desse modelo de previsão de tempo está no princípio da indução que foi usado como premissa da dedução. Mas o princípio da indução não deveria ser um problema porque, uma vez que o número de observações seja grande, percebidas sob diversas condições (controladas), um princípio generalizante pode ser extraído, desde que nenhuma ocorrência venha a conflitar com ele. A rejeição do princípio de indução (originalmente proposto por David Hume no século XVIII) configura-se na não aceitação do argumento base que justifica tal princípio, pois ele é circular – ou seja, o fundamento do princípio da indução é o próprio princípio de indução. A compreensão disso torna-se simples se colocarmos da seguinte forma: como o princípio da indução mostrou-se bem-sucedido em diversos casos, por indução dizemos que ele será bem-sucedido para todos os casos. Isso é justamente o princípio da indução aplicado ao próprio princípio da indução e, portanto, uma circularidade. Um argumento circular não é uma justificativa válida.

O segundo problema segue da relação lógica por detrás de juízos hipotéticos, tais como "se agora o céu está nublado e cinza e venta forte, então choverá" (da relação lógica de implicação material). A tautologia usada em nosso exemplo é o *modus ponens*, que pode ser expressa na forma $p \wedge (p \rightarrow q) \rightarrow q$. Ou seja, dado o princípio causal anterior, e uma vez que se observa que "agora o céu está nublado e cinza e venta forte", extraímos a verdade que "choverá". Mas qual a relação causal entre o céu estar nublado e cinza e ventar forte com chover? Bem, as relações lógicas são incapazes de exprimir a causa das questões sobre fatos. Se considerarmos que as relações lógicas são suficientes para exprimir a necessidade das questões de fato, então lógicas do tipo "se hastear a bandeira do meu time de coração, então ele ganhará" influenciarão fatos futuros. Caso alguém hasteie a bandeira de seu time de coração, segue-se necessariamente que seu time de coração ganhará. A relação lógica de implicação material que foi aplicada tanto no caso da previsão do tempo de nosso agricultor hipotético quanto no resultado da vitória do time do coração e a bandeira hasteada é incapaz de exprimir a relação de causa.

Talvez possamos restabelecer a indução por meio da probabilidade. Desse modo, a indução não mais estabeleceria princípios universais mais prováveis. Em nosso exemplo, poderíamos transformar o princípio induzido "todo animal procura abrigo quando o céu está nublado e cinza e venta forte" para "muitos animais procuram abrigo quando o céu está nublado e cinza e venta forte". Mesmo assim, o princípio de indução ainda não está livre de críticas. Primeiramente, estaríamos tratando de um sistema de princípios nos quais não lidaríamos com **certeza** e, sim, com **confiança**. A primeira se refere a princípios válidos para todos os casos (universais); a segunda admite casos não conformes ao princípio.

Voltando ao nosso exemplo, existem certos animais que não procuram abrigo quando o céu está nublado e cinza e venta forte. Mas, quantos animais admitimos poderem ter comportamentos diferentes sem abalar nossa confiança? Ou melhor, qual grau de confiança é admissível: 80%, 90%, 95% etc.? Em casos particulares, graus de confiança passam a ser admissíveis. Por exemplo: ao observarmos o comportamento de um bando de pardais em determinado tempo e local, pudemos concluir que a maioria deles procurava abrigo quando o céu estava nublado e cinza e ventava forte. Certeza e universalidade são requeridos de conhecimentos científicos, válidos para todos os casos. Certamente, há restrições para considerarmos todo conhecimento provável.

Outro problema ainda resiste mesmo quanto a nossa hipótese anterior: o argumento indutivo (probabilístico) mantém-se circular – e isso já vimos que é problemático.

Podemos estabelecer um caminho diferente para a relação de necessidade que não o da implicação lógica. Talvez possamos considerar que extraímos da experiência a relação de causalidade entre dois fatos. De tanto experienciar que o fogo e a fumaça aparecem em conjunto associados no tempo contiguamente (conjunção constante), forçamo-nos a considerar a precedência necessária do fogo em relação à fumaça como entre causa e efeito. O problema, como Hume (2004) nos mostrou, está em não percebemos a conjunção necessária entre fogo e fumaça (ou entre condições visuais do céu e a chuva). É o hábito que nos faz crer que, dada a presença do fogo, devemos esperar pela fumaça, como se fosse um sentido interno à nossa mente que enxergasse a ideia da conexão necessária para promover uma síntese entre as ideias de fogo e de fumaça.

2.2.2. *Características do conhecimento científico*

Na análise que fizemos aqui, acabamos por esclarecer que um saber tal como o de nosso exemplo do agricultor não carrega certeza. Ou seja, trata-se, com respeito à parte indutiva do processo, de um saber provável e, em certo grau, confiável. Em relação à parte dedutiva, encontramos problemas ou no uso da implicação material para estabelecer uma relação de necessidade entre fatos sem conhecermos a causa, ou em crermos reconhecer fatos como ligados pela relação necessária de causa e efeito quando a conexão necessária entre ambos é estabelecida pelo hábito.

Diante dessa análise, podemos retirar algumas características para o saber do senso comum, como: subjetividade (pelo próprio conceito de senso comum), qualidade (pois se baseia na observação direta), heterogeneidade (por ser um saber provável) e generalização (por indução de causa e efeito, o que, como vimos, é problemático). Desse modo, por contraste, o conhecimento científico precisa ser objetivo, homogêneo e também generalizador.

A ciência, de certa maneira, não adere às primeiras aparências. Tem um "espírito inquiridor", identifica problemas e dificuldades em questões que aparentemente são explicadas pelo senso comum, mas, se analisadas no detalhe, precisam de esclarecimento. Sob essa atitude, segundo Chaui (1994), a ciência precisa ser:

- **Objetiva** – Deve procurar "as estruturas universais e necessárias das coisas investigadas" (Chaui, 1994, p. 249).
- **Quantitativa** – Deve buscar "medidas, padrões, critérios de comparação e de avaliação para coisas que parecem diferentes" (Chaui, 1994, p. 249).
- **Homogênea** – Deve buscar "as leis gerais de funcionamento dos fenômenos, que são as mesmas para fatos que nos parecem diferentes" (Chaui, 1994, p. 249).
- **Generalizante** – Deve reunir "individualidades, percebidas como diferentes, sob as mesmas leis, os mesmos padrões ou critérios de medida, mostrando que possuem a mesma estrutura" (Chaui, 1994, p. 250).
- **Diferenciadora** – Deve distinguir "os que parecem iguais, desde que obedeçam a estruturas diferentes" (Chaui, 1994, p. 250).
- **Causal** – Só deve estabelecer "relações causais depois de investigar a natureza ou estrutura do fato estudado e suas relações com outros semelhantes ou diferentes" (Chaui, 1994, p. 250).

Vejamos algumas das características da ciência apresentadas com mais detalhes:

- A diferença das cores é explicada pelo comprimento da onda luminosa. Por exemplo, a luz vermelha tem o comprimento de onda entre 620 e 740×10^{-9} m, enquanto a luz azul, entre 380 e 450×10^{-9} m.
- Por outro lado, a altura do som também se diferencia pelo comprimento da onda, agora sonora. Nosso espectro audível é sensível aos comprimentos de onda sonora que vão de 0,017 m a 17 m. Aparentemente, as cores luminosas e a altura do som são diferentes, porém são submetidas ao mesmo padrão.
- A homogeneidade também é típica na ciência. Um caso exemplar é o da queda dos corpos e a gravitação universal. Depois de Newton, os movimentos celestes e mundanos são explicados pela mesma lei (Chaui, 1994).
- Na ciência, a generalização é frequente, como é o caso da lei de Boyle-Mariotte, que descreve o comportamento de todos os gases em função de apenas três grandezas: volume, temperatura e pressão.
- A pirita, ou dissulfeto de ferro (FeS_2), por vezes foi confundida com ouro (Au) pelo fato de ambas as substâncias serem aparentemente iguais. Por isso, a pirita também foi nomeada de *ouro de tolo*. Mesmo sendo semelhantes em aparência, a composição química nos mostra como a pirita e o ouro são completamente diferentes.
- As relações causais são incansavelmente perseguidas pela ciência, mas, diferentemente do senso comum, a ciência procura desvendar a natureza dos fenômenos e nela buscar, por meio de semelhanças e diferenças, o que deve ser a sua causa. Por exemplo, a gravitação universal indica como causa para o peso dos corpos a força gravitacional (Chaui, 1994).

Nem sempre as teorias são capazes de explicar os fenômenos, por vários motivos. Citamos dois casos em que a teoria deixa de ser universal: quando há a constatação de um fato novo e quando há previsões que não se concretizaram. O marcante é que a ciência se modifica continuamente e a história da ciência nos mostra isso de forma abundante, normalmente sob o título de *revolução*, como: a revolução copernicana, a revolução newtoniana, a revolução einsteniana, a revolução lavoisieriana etc. Desse modo, torna-se muito difícil sustentar que a ciência visa a aproximar-se da verdade.

Em oposição ao senso comum, a ciência constrói seu objeto de estudo por "um conjunto de atividades intelectuais, experimentais e técnicas", com base em métodos que separam "os elementos subjetivos e objetivos de um fenômeno", constroem "o fenômeno como um objeto do conhecimento controlável, verificável, interpretável e capaz de ser retificado ou corrigido por novas elaborações", demonstram e provam "os resultados obtidos durante a investigação, graças ao rigor das relações definidas entre os fatos estudados", relacionam um fato isolado com outros fatos "numa explicação racional unificada" e formulam uma teoria geral sobre os fatos estudados, ou seja, "um conjunto sistemático de conceitos que expliquem e interpretem as causas e os efeitos, as relações de dependência, identidade e diferença entre todos os objetos que constituem o campo investigado" (Chaui, 1994, p. 250-251). A ciência preza a coerência interna desse sistema ordenado de poucos enunciados chamado de *teoria científica*. A finalidade dela é descrever, prever e explicar da forma mais completa que puder um grande conjunto de fenômenos, com poucas leis necessárias para isso. A base empírica e sua multiplicidade de fatos aparentemente distintos são submetidos às mesmas leis, e o mesmo vale para estas, ou seja, as leis são postas à prova por meio da experiência (dependência empírica das teorias) (Chaui, 1994).

Síntese

O *saber do* senso comum, tal como mostramos aqui, apresenta resumidamente dois problemas: o problema da indução e o da indeterminação da causa. **O conhecimento científico é quase o oposto do senso comum.** Enquanto podemos caracterizar o primeiro como objetivo, quantitativo, homogêneo, sintetizador, diferenciador e coerente em suas premissas, o segundo é subjetivo, qualitativo, heterogêneo, individualizador e costuma projetar emoções nas coisas e surpreender-se com o extraordinário.

Atividades de autoavaliação

1. De acordo com o que estudamos neste capítulo, o que é *senso comum*?
    a) Uma crença acerca do considerar-algo-verdadeiro convicta e compartilhada.
    b) Uma verdade constante.
    c) Uma crença acerca do considerar-algo-verdadeiro convicta e particular.
    d) Um relato sobre os acontecimentos presenciados pelo locutor.

2. A história da filosofia mostra que o *senso comum* é polissêmico. Com base nisso, relacione as três colunas e marque a alternativa que apresenta a sequência correta:

1. Aristóteles	a) *koiné aisthésis*	α) Capacidade da alma animal que possibilita aos diferentes sentidos individuais perceberem coletivamente características como movimento e tamanho.
2. Cícero	b) *bon sens*	β) Juízos originais e naturais.
3. Descartes	c) *common sense*	γ) Poder de bem julgar e distinguir o verdadeiro do falso.
4. Thomas Ried	d) *sensus communis*	δ) Costume, gosto, modo comum de viver ou de falar.

a) 1-b-δ, 2-a-α, 3-d-γ, 4-c-β.
b) 1-a-α, 2-d-δ, 3-b-γ, 4-c-β.
c) 1-a-α, 2-c-δ, 3-d-γ, 4-c-β.
d) 1-a-α, 2-b-β, 3-c-γ, 4-d-δ.

3. Assinale as afirmativas a seguir como verdadeiras (V) ou falsas (F):
( ) Proposições de observação são sentenças enunciadas sem recurso à experiência.
( ) Princípio da indução é a extrapolação para um princípio geral de reiterados casos observados anteriormente na experiência.
( ) Causalidade é a atribuição de uma anterioridade necessária entre fatos observados constantemente contíguos como numa relação de causa e efeito.
( ) Dedução se segue de premissas verdadeiras, a possibilidade de uma conclusão verdadeira também é verdadeira.

Marque a alternativa que corresponde à sequência correta:
a) V, V, V, F.
b) F, V, F, V.
c) V, F, V, F.
d) F, V, V, F.

4. O problema desenvolvido por Hume no século XVII acusa o princípio da indução de:
a) abstruso.
b) irresponsável.
c) circular.
d) incoerente.

5. O conhecimento científico, segundo Chaui (1994), tem como características:

   a) Subjetividade, heterogeneidade, probabilidade e precisa ser qualitativo, generalizante e agregador.

   b) Subjetividade, homogeneidade, probabilidade e precisa ser quantitativo, generalizante e conservador.

   c) Objetividade, heterogeneidade, causalidade e precisa ser quantitativo, generalizante e diferenciador.

   d) Objetividade, homogeneidade, causalidade e precisa ser quantitativo, generalizante e diferenciador.

Atividades de aprendizagem

Questões para reflexão

1. Cite um exemplo de princípio induzido de seu cotidiano e justifique sua escolha.

2. Você já viveu uma situação em que deixou de adotar um saber do senso comum e passou a seguir um conhecimento científico? Justifique sua resposta.

Atividade aplicada: prática

Procure por uma revolução científica na ciência (física, química, biologia) e descreva as condições e os condicionantes do evento escolhido.

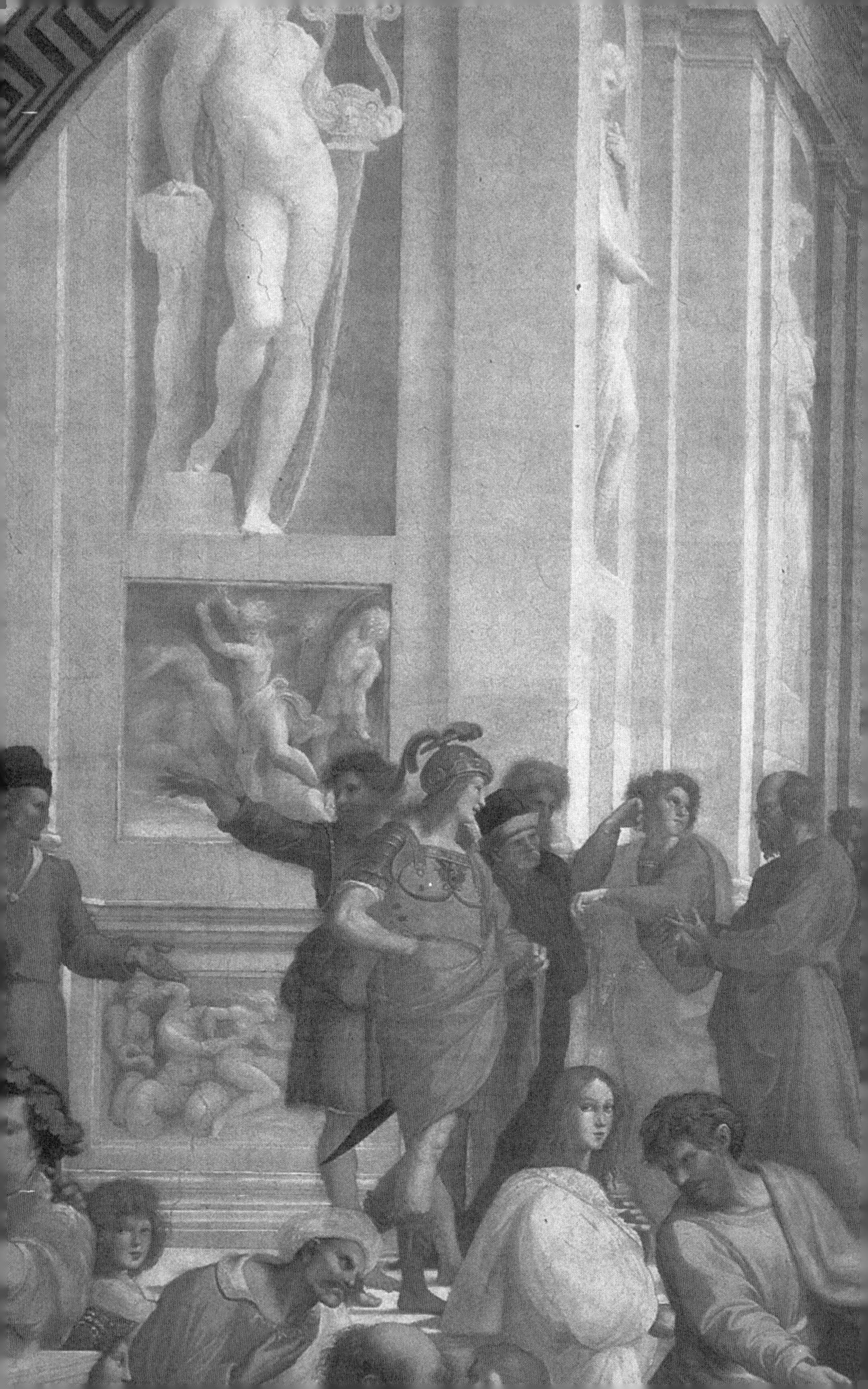

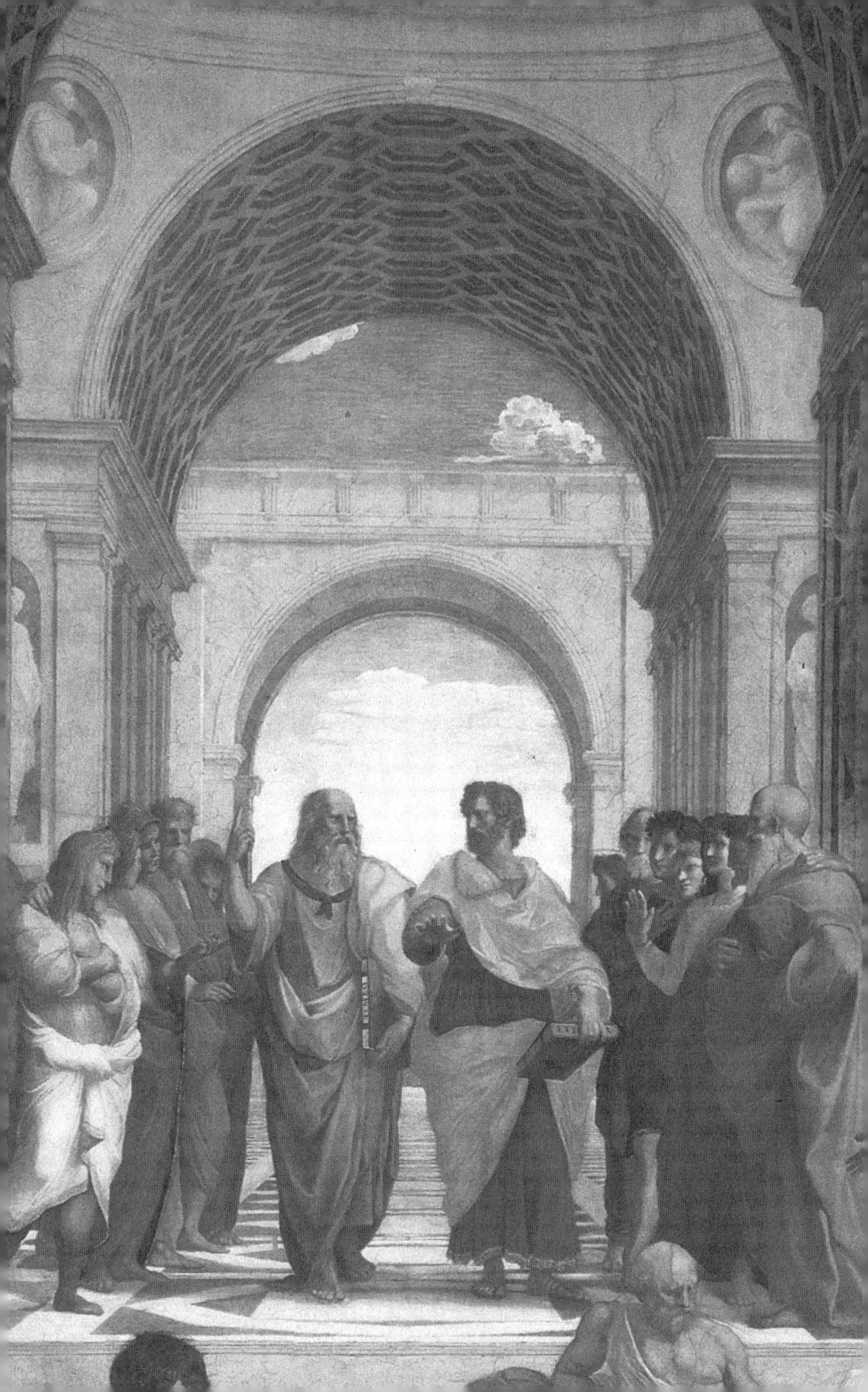

3

Concepções
de ciência
na história:
idades Antiga
e Medieval

As concepções de ciência ao longo da história da filosofia são muitas. Neste capítulo, esforçamo-nos para reunir, em uma linha argumentativa em torno da pergunta guia O que é ciência?, alguns filósofos importantes nos períodos Antigo e Medieval, que tenham trabalhos relevantes no que tange à explicação do que seja a ciência de modo geral. Por isso, ao contrário do formato até aqui empregado, este capítulo foi dividido por períodos de tempo e, evidentemente, por filósofos, a fim de criar uma linha sinuosa, porém explícita, que denuncie as diferentes concepções de ciência e as motivações dos debates, digamos assim, interescolas filosóficas. Você encontrará uma pequena biografia introduzindo cada filósofo porque acreditamos que isso auxilia a localizar tal filósofo no tempo cronológico. Para situá-los no tempo lógico, entretanto, apresentamos uma explicação da teoria de cada um e abordamos alguns debates em torno delas.

3.1
Idade Antiga (aproximadamente 4000 a.C-476 d.C)

Na *filosofia antiga,* a concepção de ciência foi elaborada e debatida por muitos filósofos. Antes de apresentarmos as diversas respostas oferecidas à pergunta *O que é ciência?*, torna-se importante reafirmarmos que, para o mundo antigo, ela significava o conhecimento verdadeiro. Se temos ciência sobre algo, conhecemos a verdade desse algo. Em linhas gerais, os filósofos da Antiguidade estavam preocupados em discriminar o conhecimento verdadeiro do não verdadeiro. Eles também trataram sobre os limites (o que podemos conhecer) e o acesso (como vimos a conhecer) do conhecimento. Esta primeira seção foi dividida em três partes. Veremos os conceitos desenvolvidos em tono da questão citada por alguns pré-socráticos (Parmênides, Demócrito e Protágoras), por Sócrates (por meio de Platão), por Platão e por Aristóteles.

3.1.1 Pré-socráticos

Como o próprio nome sugere, *pré-socráticos* são os filósofos anteriores a Sócrates. A exceção entre eles é Demócrito, que, apesar de temporalmente ser contemporâneo de Sócrates, sua filosofia estava fortemente ligada a uma tradição anterior, portanto logicamente vinculada aos pré-socráticos.

3.1.1.1 Parmênides

De acordo com Platão em seu diálogo *Parmênides*, Parmênides de Eleia (515 a.C.-460 a.C.), acompanhado do jovem Zeno, visitou Sócrates (ficcionalmente) em Atenas. Platão o descreveu com 65 anos, enquanto Sócrates tinha aproximadamente 20. Como este último foi executado pelos atenienses aos 70 anos, podemos calcular, aproximadamente, o ano em que Parmênides nasceu, 515 a.C. Sua única obra foi o poema em verso hexâmetro *Da natureza* (Parmênides, 2002), cujos fragmentos chegaram até nós devido às transcrições encontradas nas obras de Platão, de Sexto Empírico e do neoplatonista Simplício, entre outros. Supõe-se que a obra completa tinha cerca de 800 versos, mas conhecemos apenas 160 (Palmer, 2016).

O proêmio desse poema descreve uma viagem imaginada, feita por seu autor, à morada de uma deusa. "E a deusa acolheu-me de bom grado, mão na mão direita tomando [...]" (Parmênides, 2002, I.22-23*). A deusa revela a ele que "de tudo aprenderá: o coração inabalável da verdade fidedigna e as crenças dos mortais, em que não há confiança genuína" (Parmênides, 2002, I.28-30). Nesse trecho, fica muito clara a divisão de Parmênides entre verdade e aparência, entre conhecimento e crença. O caminho da verdade está ligado à sua teoria do "ser", e o caminho da crença, às aparências: "quais os únicos caminhos de investigação que há para pensar: um que é, que não é para não ser; é caminho da confiança (pois acompanha a verdade); o outro que não é, que tem de não ser, este te indico ser caminho em tudo ignoto [...]" (Parmênides, 2002, B2.2-6).

Sobre o caminho da confiança, ou o "que é", Parmênides esclarece: "o ser é ingênito e indestrutível, pois é compacto, inabalável e sem fim;

---

* O poema *Da natureza*, de Parmênides (2002), é estruturado na forma de um **proêmio** (introdução do poema) identificado pelo número romano I e por fragmentos de **estrofes** designadas pela letra B seguida do número 2 até o número 19 (B2 a B19). Os demais números indicam os versos do proêmio ou das estrofes em que se encontram os trechos citados. Por exemplo: I. 28-30 significa que o trecho citado se encontra entre os versos 28 e 30 do proêmio (I); B8.3-6 indica que o trecho referenciado encontra-se entre os versos 3 e 6 da estrofe B8. Quando não houver indicação do verso, trata-se de estrofe composta por um único verso.

não foi nem será, pois é agora um todo homogêneo, uno, contínuo." (Parmênides, 2002, B8.3-6).

Para o autor, "o mesmo é pensar e ser" (Parmênides, 2002, B3) e "as aparências têm de aparentemente ser, passando todas através de tudo" (Parmênides, 2002, I.31-32). Apenas o ser é concebível a nós em detrimento do não-ser, "pois não poderás conhecer o que não é" (Parmênides, 2002, B2.7), apenas podemos dizer ou pensar a respeito de algo que é (Parmênides, 2002, B6.1). Alerta Parmênides (sob a fala da deusa), "nem [...] te deixarei falar, nem pensar: pois não é dizível, nem pensável, visto que não é" (Parmênides, 2002, B8.7-9).

O não-ser ou é entendido como *vir a ser* (geração), ou como *deixar de ser* (corrupção), intrinsecamente ligado à percepção ou à aparência, e, sobre o não-ser, sequer podemos pensar ou dizer. Àqueles que afirmam que "nada não é", diz a deusa:

> *Desta [...] via de investigação te <afasto>,*
> *e logo também daquela em que os mortais, que nada sabem,*
> *vagueiam, com duas cabeças: pois a incapacidade*
> *lhes guia no peito a mente errante; e são levados,*
> *surdos ao mesmo tempo que cegos, aturdidos, multidão indecisa,*
> *que acredita que o ser e o não-ser são o mesmo*
> *e o não-mesmo, para quem é regressivo o caminho de todas as coisas.*
> (Parmênides, 2002, B6.3-9, grifo do original)

Sobre essa distinção entre um conhecimento verdadeiro e perene, que pode ser dito ou pensado acerca do que é (caminho da confiança) em detrimento daquilo que *não-é*, e mesmo daquilo que aparentemente é – pois, por *não-ser*, sequer é pensado ou dito –, outros filósofos também fizeram considerações. Demócrito foi um deles, como veremos a seguir.

3.1.1.2 Demócrito

Demócrito de Abdera (460 a.C.-370 a.C.) foi conhecido como "filósofo risonho" em razão de seu hábito e da ênfase que dava à alegria. Ele foi, junto de Leucipo de Mileto, seu mestre, fundador do atomismo antigo – um sistema de mundo materialista fundamentado na existência de átomos e do vazio. Átomos são infinitamente pequenos e indivisíveis, e é pelo movimento deles no infinito vazio (que os faz se chocarem ao acaso e se encaixarem uns aos outros) que todos os corpos são compostos.

Segundo Demócrito, conhecemos algo pelas percepções, ou seja, sentimos quando somos afetados pelos átomos. Contudo, nossas percepções não nos apresentam o mundo por essas partículas, mas nos oferecem os sentidos das cores, dos odores, das texturas, dos sons e dos sabores; propriedades que os átomos não detêm. Desse modo, existe um hiato entre o que percebemos (aparências) e como as coisas são. Nosso conhecimento a respeito da verdade, ou seja, das propriedades dos átomos que não percebemos ocorre por analogia àquilo que percebemos. Isso dá margem a muitos enganos (Berryman, 2010), ou seja, o conhecimento verdadeiro é mediado pelo intelecto, não pelas percepções, mas conhecemos pelos sentidos, mesmo que estes possam ser enganadores.

Como podemos estar errados a respeito do que sentimos? Encontramos em Aristóteles, um grande crítico de Demócrito, exemplos que respondem a essa pergunta, com certo sarcasmo próprio de seu autor: "uma coisa pode parecer doce a quem a prova e amarga a outro; de modo que, se todos os homens estivessem doentes ou loucos, e exceto dois ou três [estivessem] saudáveis ou sãos, estes pareceriam estar doentes ou loucos, e não aqueles outros" (Aristotle, 2003, p. 185, 1009b8, tradução nossa). Kenny (2009a, p. 180) escreveu uma frase lapidar para esse caso: "As percepções sensórias conduzem apenas à crença, não à verdade". Assim, qualquer enunciado (proposição) acerca de nossas percepções é pura convenção – poderíamos dizer apenas por convenção: "a chama é quente", por exemplo.

Esteja essa proposição verdadeira para um grande grupo de pessoas e falsa para uma pequena parcela, ou vice-versa, para Demócrito há uma incerteza em afirmar a verdade ou a falsidade a respeito de nossas percepções. Uma percepção não é mais verdadeira que outra. Portanto, "diria Demócrito que não existe verdade ou que não podemos descobri-la" (Aristotle, 2003, p. 185, 1009b9, tradução nossa).

3.1.1.3 *Protágoras*

Protágoras de Abdera (480 a.C.-411 a.C.) foi um célebre sofista*, um dos primeiros, oriundo da mesma cidade de Demócrito, Abdera. Segundo Lee e Taylor (2015), fontes recentes afirmam que o primeiro foi aluno do segundo, contudo, não há evidências que confirmem isso.

---

* *Sofistas* eram eruditos (em geral poetas) que andavam de cidade em cidade à procura de alunos para ensinar em troca de determinado valor. Bréhier ressalta e importância intelectual da erudição dos sofistas, pois quem detinha conhecimentos úteis e virtuosidade poderia escolher os temas e apresentar sua questão de maneira cativante. "As duas características essenciais dos sofistas são: de um lado, as técnicas das quais se gabam de conhecer e de ensinar **todas as artes úteis ao homem**; de outro, a maestria da retórica que ensinam para captar a benevolência do ouvinte" (Bréhier, 2005, p. 64, tradução e grifo nossos).

Eles tinham uma diferença de idade de 30 anos e os registros sobre a relação intelectual entre eles corroboram que a posição de ambos era contrária (Lee; Taylor, 2015), pois Protágoras apresentava a subjetividade em sua obra, e Demócrito, o ceticismo. Enquanto este último afirmava que, sobre nossas impressões, não podemos enunciar a verdade, o primeiro dizia que cada um de nós enuncia a verdade. Uma passagem famosa que descreve essa posição de Protágoras está no *Teeteto* de Platão: "'a medida de todas as coisas' é o homem, 'das coisas que são, enquanto são, das coisas que não são, enquanto não são'" (Platão, 2010, p. 205, 152a).

Se o vento, para uma pessoa, é frio e, para outra, é quente, as duas dizem a verdade. Pois é verdade que o vento seja frio para uma e é verdade que o vento seja quente para outra. O que ocorre, assim, é uma verdade relativa, pois o que parece verdadeiro a alguém então o é para essa pessoa. "Todas as crenças são portanto verdadeiras, mas elas possuem apenas uma verdade relativa" (Kenny, 2009a, p. 180). Demócrito refutou o relativismo de Protágoras numa via lógica, ou seja, sem recurso à percepção: "se todas as crenças são verdadeiras, haverá então entre as crenças verdadeiras a crença de que nem toda crença é verdadeira." (Diels e Kranz, citados por Kenny, 2009a, p. 180).

Platão nos oferece explicações mais sofisticadas a respeito desse relativismo que, de certa maneira, escapam do argumento autorrefutável de Demócrito. No mesmo diálogo citado anteriormente, *Teeteto*, Platão, por meio de Sócrates, propõe, na discussão com Teeteto – jovem matemático interlocutor de Sócrates –, analisar a hipótese de que **saber é percepção**. Em meio a esse diálogo, Sócrates supõe uma possível defesa de Protágoras para o seu subjetivismo. Ele mantém a mesma premissa do "homem-medida", contudo, acrescenta a figura do sábio que tem a capacidade de mudar as aparências para um estado melhor. Um médico, por exemplo, com seus remédios, muda a percepção de dor do enfermo, ou seja, leva-o a um estado melhor de menor dor ou sem dor. Da mesma forma, um sofista é capaz de modificar as percepções de seus ouvintes para um estado melhor por meio do discurso:

> *Por conseguinte, [o sofista] não fez com que o que tem opinião falsa tivesse posteriormente uma opinião verdadeira; pois não é possível ter opinião sobre o que não é, nem ser afectado por outra coisa que não aquela que o afecta, que será sempre verdade. Mas penso que, a quem tem uma opinião afim ao defeituoso estado de alma em que se acha, um benéfico estado de alma fará ter outras opiniões como esta, imagens a que alguns, por ignorância, chamam verdadeiras; eu chamo a umas melhores que as outras, mas não mais verdadeiras.* (Platão, 2010, p. 234-235, 167a8-167b7)

Sócrates, então, acrescenta que o sábio tem o discernimento de bem julgar entre verdades enunciadas e modificar o estado da alma para melhor. Mas, de qualquer forma, o subjetivismo e o relativismo se mantêm. Já que começamos a falar de Sócrates, vejamos, na seção seguinte, sua tentativa de resposta à pergunta *"O que é ciência?"*.

3.1.2 Sócrates (por Platão)

Sócrates (469 a.C.-399 a.C.), como você já deve ter percebido, é um filósofo de suma importância para a filosofia ocidental. De fato, ele inaugurou um estilo muito próprio de fazer filosofia e motivou muitos de seus contemporâneos. Um dos mais importantes, sem dúvida, foi Platão. Sócrates não deixou registros de próprio punho, contudo sua atividade filosófica foi conservada sob três óticas: a do comediógrafo Aristófanes, a do militar Xenófanes e a do filósofo Platão. Não entraremos em detalhes biográficos, apenas nos dedicaremos ao diálogo *Teeteto*, de Platão, já algumas vezes citado anteriormente. Assim, veremos com um pouco mais de detalhes a obra e, principalmente, as reflexões originadas no diálogo. Fiquemos então com uma das muitas facetas de Sócrates: a descrita por Platão.

Porém, antes, gostaríamos de esclarecer que, normalmente, Platão segue uma estrutura em seus diálogos. Digamos que Sócrates (na obra de Platão) tenha certa regularidade na forma de conduzir os diálogos. Ele comparava seu ofício ao de uma parteira: enquanto estas ajudam no nascimento de bebês, Sócrates ajuda no nascimento de ideias*. Nascimento aqui não tem o mesmo sentido de geração, pois uma criança, quando nasce, já está, de certa forma, pronta para deixar o útero da mãe. Da mesma forma, as ideias estão, de alguma maneira, formadas na alma (mente) do interlocutor de Sócrates, que auxilia, por intermédio de questionamentos, a extrair essas ideias. Sócrates não considerava ele próprio detentor de qualquer sabedoria, mas exímio em trazer à tona os saberes de outrem (Platão, 2010, p. 200-204, 149b4-151c12). Esse é o método socrático (*elenchus*): extrair ideias de interlocutores por meio de perguntas.

As respostas ou tentativas de respostas frequentemente levavam, nas mãos do habilidoso Sócrates, a incoerências ou a dificuldades (*aporia*). Via de regra, o final dos diálogos não apresenta uma resposta definitiva e acabada à pergunta guia. Isso nos mostra que o mais importante é o

---

* Na época de Sócrates, a filosofia era uma atividade predominantemente masculina. As mulheres, para deixarem os homens (cidadãos) livres para seus afazeres políticos e filosóficos, cuidavam da "vida prática". É claro que houve exceções – Hipatia, por exemplo, foi uma grande filósofa e geômetra do século IV a.C., muito influente no círculo de estudiosos da biblioteca de Alexandria. Dos seus estudos mais importantes, destacamos seus comentários às *Crônicas* de Apolônio.

desenvolvimento do diálogo e as tentativas de resposta, seguidas das dificuldades levantadas por Sócrates.

3.1.2.1 Diálogo Teeteto, de Platão

No caso do diálogo *Teeteto**, Teodoro apresenta um jovem e brilhante matemático, discípulo seu, a Sócrates, chamado Teeteto. A questão tema desse diálogo é *"O que ciência?"*. Numa primeira tentativa de responder a ela, Teeteto apresenta exemplos de conhecimento científico, como geometria, astronomia, harmonia, aritmética etc. (146a-146c). Sócrates objeta que exemplos de **x** não são nem necessários nem suficientes para definir **x** (146d-147e). Teeteto admite sua falha, pois, ao comparar conhecimentos científicos com as definições de termos matemáticos que são para ele muito presentes, reconhece sua inabilidade em defini-los (147c-148e). O desconforto de Teeteto em relação à pergunta, explica Sócrates, comparando-se a uma parteira, é porque ele se encontra em trabalho intelectual (148e-151d) (Chappell, 2013).

Depois disso, Teeteto sugere uma definição (chamada por nós de **D1**), a de que ciência é *percepção* (151d-151e). Sócrates replica dizendo que essa definição corresponde a duas outras teorias (de Protágoras e de Heráclito), as quais ele expõe (151e-160e) e critica (160e-183c). Mas Sócrates concentra-se em derrubar **D1** e, finalmente, depois de uma longa passagem argumentativa, eles chegam a concluir que "o saber não está nas sensações, mas no raciocínio sobre elas; pois, por este caminho, pelo que parece, é possível alcançar a entidade e a verdade, mas, por

---

* Seguiremos aqui o resumo do diálogo apresentado por Timothy Chappell no verbete *Plato on Knowledge in the "Theaetetus"*, da Stanford Encyclopedia of Philosophy (Chappell, 2013), exceto quando indicarmos se tratar de citação de Platão (2010). As demais indicações entre parênteses ao longo desta Subseção indicam os argumentos do diálogo *Teeteto*, de Platão, conforme referenciados por Chappell (2013) (ver a nota de rodapé n. 5 do Capítulo 1).

aquele outro [pelas sensações], [isso] é impossível (186d2-4)" (Chappell, 2013, tradução nossa).

Teeteto propõe uma segunda definição (**D2**), de que ciência é *opinião verdadeira*. Mas Sócrates rebate com outra pergunta: "Como poderia haver algo como uma opinião falsa? (187b4-8)" (Chappell, 2013, tradução nossa). Diante dessa indagação, ambos investigam se é possível haver opinião falsa. Sócrates, por fim, dispensa **D2**, pois opiniões acidentalmente verdadeiras não podem ser chamadas de *ciência*.

A terceira e última tentativa de Teeteto (**D3**) é definir ciência como **opinião verdadeira justificada** (*logos*)(201c-201d) (Chappell, 2013). Eles partem, então, à discussão da verdade de **D3**, na tentativa de compreender o que seja *logos*, na famosa passagem conhecida por *Sonho de Sócrates* (201d-202d)(Chappell, 2013), a qual propõe uma ontologia de duas partes – elementos e complexos:

> *Escuta então um sonho em troca de outro. Com efeito, pareceu-me escutar de alguns que os elementos primeiros, por assim dizer, a partir dos quais somos compostos, nós e as demais coisas, não teriam explicação, pois cada um deles somente poderia ser nomeado, em si e por si, não sendo possível dizer nada mais deles, nem que são, nem que não são. Pois, haveria que agregar-lhes o ser e o não ser, mas não que acrescentar nada, se é que vamos dizer algo em si mesmo.* (Platão, 2010, p. 302-303, 201d12-202a2)

Pari passu, corre uma teoria da justificação, a qual diz que justificar (oferecer *logos*) é analisar complexos em seus elementos, ou seja, aquelas partes que não podem ser mais analisadas. A **teoria do sonho** diz que a ciência da letra O, do nome *Sócrates*, por exemplo, é opinião verdadeira de O mais uma justificação da composição de O. Se O não for composto, não pode ser conhecido, mas somente sentido (202b6). Sócrates, com essa questão, argumenta contra a teoria do sonho (202d8-206b11) (Chappell, 2013).

Ele acaba por considerar e rejeitar três tentativas para descobrir o que é *logos*. Na primeira, ele toma *logos* como "discurso" ou "enunciado" (206c-d). Na segunda, (206e4-208b12), o "*logos* de O" é considerado como a enumeração dos elementos de O. Na terceira e última (208c1-210a9), dar *logos* a O é citar o *semêion* ou a diáfora de O, o "sinal" ou a "característica diagnóstica" em que O difere de qualquer outra coisa. O diálogo recai em aporia e, por fim, Sócrates deixa Teodoro e Teeteto para enfrentar seus inimigos no tribunal em seu julgamento (Chappell, 2013).

3.1.3 Platão

Platão (429? a.C. -347 a.C.) é um filósofo de cuja história pouco se sabe (Kenny, 1999, p. 65-67). Ele nasceu em Atenas em uma família muito abastada e enquanto jovem foi discípulo de Sócrates. Relatou episódios da vida de seu mestre (como seu julgamento, sua condenação e sua execução) bem como de sua filosofia. Platão fundou a Academia, na qual a ele se associaram outros pensadores com interesses afins (matemática, metafísica, moral e misticismo). O modelo de sua escola seguiu o formato das comunidades pitagóricas. Platão é autor de uma vasta quantidade de obras que perduraram até hoje, mas encontrá-lo em seus escritos é uma tarefa complicada, pois as várias personagens em seus diálogos defendem posições filosóficas normalmente contraditórias. Entre elas, é difícil ter certeza sobre com qual posição Platão está comprometido.

Sua obra foi convencionalmente dividia em três partes: a primeira é denominada *Diálogos socráticos*, pois nela Sócrates aparece como inquiridor e com isso formula conhecimentos que a princípio parecem ou bem fundamentados ou transitórios. Os diálogos dessa fase têm como título os interlocutores de Sócrates, os quais são normalmente considerados, por si e por outros, especialistas do tema sobre o qual o diálogo vai se desenrolar. Os saberes desses especialistas são desmascarados e considerados infundados pelo interrogatório de Sócrates. Nas obras desse período, *Laques* trata da coragem; *Cármines*, da temperança; *Lísis*, da amizade; *Hípias maior*, da beleza; *Hípias menor*, das ações condenáveis intencionais e não intencionais; *Íon*, da poética; e *Eutífron*, da piedade.

Nos diálogos de maturidade de Platão, Sócrates ainda aparece como figura principal. Contudo, este último deixa de ser um perseguidor de conhecimentos infundados e passa a expor ideias filosóficas mais elaboradas. Os diálogos ficam mais longos e mais complexos. Grande parte desses diálogos dedica-se à teoria das ideias, a qual veremos a seguir. São desse período: *Fédon, Górgias, Protágoras, Mênon, Simpósio, Fedro* e o mais famoso deles, *A República*.

Finalmente, no que concerne aos diálogos tardios de Platão, em muito deles Sócrates perde seu papel central. Um desses diálogos é o *Teeteto*, como vimos, no qual Platão trata do conhecimento científico. Os outros diálogos são *Parmênides, Filebo, Sofista, Político* e *As leis*.

3.1.3.1 Teoria das ideias de Platão

Antes de abordarmos a **teoria das ideias** de Platão, comecemos com um exemplo. Independentemente de nos chamarmos *Pedro, Maria* ou *Antônio*, ou de sermos do gênero masculino ou feminino, somos designados *Homem* (espécie humana), pois temos algo em comum: somos humanos. "Ser humano" faz parte de nosso ser. Aquilo a que se refere Homem, Kenny (1999, p. 67-72) formula muito bem, podemos chamar de *humanidade*, mas a designação de Platão mais conhecida é **a ideia (ou forma) de Homem**. A generalização para isso pode ser colocada da seguinte forma: "para qualquer caso em que *A*, *B* e *C* sejam *P*, Platão tem tendência para dizer que eles estão relacionados com a Ideia única de *P*" (Kenny, 1999, p. 68, grifo do original).

As Ideias estão relacionadas às coisas do mundo. A seguir, temos cinco teses retiradas dos textos platônicos:

> 1. *Sempre que várias coisas sejam **P**, é porque participam na ideia única de **P** ou porque a imitam.*
> 2. *Nenhuma ideia participa em si mesma nem se imita a si mesma.*
> 3. *a) A Ideia de **P** é **P**.*
>   *b) A Ideia de **P** nada é senão **P**.*
> 4. *Nada além da Ideia de **P** é real, verdadeira e cabalmente **P**.*
> 5. *As Ideias não existem no espaço e no tempo, não têm partes e não mudam, não são percepcionáveis pelos sentidos.* (Kenny, 1999, p. 68)

As teses 1, 2 e 3 constituem fundamentalmente o conceito de **ideia** de Platão. Contudo, a consideração dessas mesmas três teses gera um erro que nunca foi solucionado por seu autor, ao qual Aristóteles chama de **o argumento do terceiro homem**. O próprio Platão expôs esse problema em seu diálogo *Parmênides*, porém não entraremos nesses detalhes.

Talvez o texto mais emblemático de Platão para a sua teoria das Ideias seja a *Sétima epístola aos siracusanos*, na qual ele relaciona as Ideias e as condições necessárias para conhecermos algo.

> *Para cada coisa que existe há três coisas que são necessárias se queremos conhecê-la: primeiro, o nome, segundo, a definição, terceiro, a imagem. O conhecimento em si mesmo é uma quarta coisa, e existe uma quinta coisa que podemos postular, que é aquilo que é conhecível e verdadeiramente real. Para isto melhor compreendermos, tomemos o seguinte exemplo, considerando-o aplicável a tudo. Há algo que se chama "círculo", e que tem este exato nome que acabo de pronunciar. Em seguida, há sua definição, um composto de substantivos e verbos. Podemos dar a seguinte definição*

para qualquer coisa que seja redonda, circular ou um círculo: "A figura cujos extremos são sempre equidistantes do centro". Em terceiro lugar está o desenho que traçamos, apagamos, giramos e que tem fim. Por sua vez, o círculo em si, ao qual referimos todas essas representações, não sofre nenhuma dessas alterações, pois se trata de algo bem distinto. Em quarto lugar estão o conhecimento, o entendimento e a opinião verdadeira relativa a estes objetos – essas coisas, em conjunto, estão em nossas mentes e não nos sons proferidos ou formas materiais, sendo portanto claramente distintas do círculo em si e dos três modos já mencionados. De todos estes, é o entendimento o mais próximo do quinto elemento por afinidade e semelhança, os outros situando-se a grande distância deste. As mesmas distinções poderiam ser feitas a respeito das figuras retas ou circulares, assim como a respeito das cores, do bom, do belo, do justo, de corpos fabricados ou naturais, do fogo, da água e dos outros elementos, de todos os seres vivos e das qualidades da alma, e de tudo que fazemos e sofremos. Em cada caso, qualquer pessoa que deixe de aprender as primeiras quatro coisas jamais possuirá um perfeito entendimento do quinto elemento. (342a-d) (Platão, citado por Kenny, 2009a, p. 76)

De acordo com Platão, nome, definição e imagem são as três condições necessárias para se conhecer o que seja círculo, porém não são suficientes.

Quadro 3.1 – Condições de Platão necessárias para o conhecimento

Nome	Definição	Imagem
Círculo	Figura cujos extremos são sempre equidistantes do centro.	●

A imagem pode ter imperfeições, bem como as coisas rotundas no mundo. Esses três modos ou condições ou estão no mundo ou são proferidos por nós. Bem diferente são o entendimento e as opiniões verdadeiras relativas aos objetos, que estão em nossas mentes e são a quarta condição para conhecermos algo. Finalmente, mesmo que distante, ela acaba por ser mais próxima do entendimento em função da afinidade e da semelhança das coisas materiais: a quinta condição para o conhecimento é a Ideia. Esta é perene, não sofre alterações como as demais, conhecível e verdadeiramente real.

O verdadeiro conhecimento para Platão é o conhecimento das **ideias**. Por sua vez, aquilo que é oposto às **ideias** (que *não-é*) é totalmente não conhecível. Para Platão, o estado mental de uma pessoa é *doxa**, que em *Teeteto* foi chamado de *crença*. A teoria das Ideias foi principalmente trabalhada na obra *A República*. Distintamente de *Teeteto*, em *A República*, Platão estabelece a diferença entre conhecimento e crença. A diferença está entre objetos, "entre *o que* é conhecido e *o que* é pensado sobre algo" (Kenny, 2009a, p. 191, grifo do original). Naquele outro diálogo, Platão estava preocupado em "buscar a característica essencial do conhecimento como uma condição do estado mental do conhecedor" (Kenny, 2009a, p. 191), se é uma questão de sensação ou de *logos*.

Um pouco de história da filosofia pode nos auxiliar a entender essa alternativa de Platão para o conhecimento verdadeiro. Ele tentou conciliar dois sistemas filosóficos muito bem estabelecidos acerca do que podemos conhecer, a saber: o de Parmênides e o de Heráclito.

Parmênides, já vimos, considera as percepções incapazes de prover conhecimento; somente o intelecto ascende ao conhecimento verdadeiro e imutável. Heráclito está em completa oposição a Parmênides. Heráclito afirma que tudo está em eterna mudança (geração ou corrupção), em movimento o tempo todo. Nossas percepções são grosseiras e não são capazes de nos mostrar isso. A imagem que Heráclito usa para o mundo

---

* Quando "muitas coisas que são F são parte F e parte não-F, F em um detalhe e não em outro. Elas estão entre o que é F de fato e o que é de fato não-F" (Kenny, 2009a, p. 191).

é a de um rio que está sempre em movimento. Portanto, para nós é impossível entrarmos no mesmo rio duas vezes.

Aliás, ele estende esse conceito para um caso ainda mais radical: é impossível que sejamos ainda os mesmos para entrarmos duas vezes no mesmo rio, segundo relato de Platão em *Crátilo* (Souza, 2010). Na conciliação entre esses dois sistemas, Platão reparte o mundo em dois: mundo das ideias (perfeito, imutável e constante) e mundo dos sentidos (imperfeito, corruptível e transitório). Qual o nosso acesso ao conhecimento verdadeiro? A resposta está nas cinco teses anteriores e na teoria da reminiscência (lembremos: em uma existência pré-material, **vimos** no mundo das ideias as ideias – ou formas – em si e por ocasião da experiência as lembramos).

3.1.4 Aristóteles

Aristóteles (384 a.C.-322 a.C.) nasceu em Estagira, norte da Grécia, no reino da Macedônia, 15 anos após a morte e Sócrates. Foi discípulo de Platão na Academia por 20 anos. Aristóteles produziu várias obras importantes até hoje em temas como: física, biologia, metafísica, lógica, estética, teatro, música, retórica etc. O estagirita chegou a ser convidado pelo rei da Macedônia, Filipe II, a instalar-se na capital como preceptor de Alexandre, seu filho. Anos mais tarde, quando Alexandre já colhia os espólios de suas conquistas, Aristóteles fundou, assim como Platão já fizera, uma escola: o Liceu, em Atenas.

Com relação ao conhecimento científico, Aristóteles tem uma abordagem fundamentada na lógica (à semelhança de Platão), numa espécie de cálculo de palavras, o silogismo. De modo geral, o silogismo é uma inferência válida e sua conclusão é necessariamente verdadeira desde que suas premissas também o sejam.

Uma forma de silogismo aristotélico possível é a seguinte, conhecida por *primeira figura**:

Premissa maior: Todo **B** inere a **A**;

Premissa menor: Todo **C** inere a **B**;

Conclusão: Logo, todo **C** inere a **A**.

A é o termo maior; B é o termo médio; e C é o termo menor. Vejamos na seção seguinte como Aristóteles usou sua silogística para estabelecer o conhecimento verdadeiro (ou científico). Por ora, apenas para ilustrar, fiquemos com um exemplo de silogismo de primeira figura de acordo com a forma já vista:

Premissa maior: Todo **animal** é *mortal*;

Premissa menor: Todo homem é **animal**;

Conclusão: Logo, todo homem é *mortal*.

O termo médio (**animal**) une o termo maior (*mortal*) ao termo menor (homem). É desse modo que a conclusão toma sua forma, por meio de um cálculo de palavras, no qual o sujeito da premissa menor e o predicado da premissa maior ligam-se em função do termo médio.

---

* Uma importante parte da obra de Aristóteles foi dedicada à lógica (ciência formal). Os textos de Aristóteles que se dedicam a essa área são os *Primeiros* e os *Segundos analíticos*. Nos *Primeiros analíticos*, Aristóteles estabelece que *silogismos* são demonstrações de uma conclusão a partir de duas premissas (uma chamada *maior* e outra, *menor*). Há, dentro da lógica aristotélica, quatro grupos (ou figuras) de silogismos diferentes. Esses grupos são denominados *primeira figura, segunda figura, terceira figura* e *quarta figura*. Essa classificação é dada em função da figura (ou forma ou desenho) que cada silogismo apresenta.

3.1.4.1 Silogismo aristotélico: ciência pela causa

Para indicar quais conhecimentos eram científicos e quais não eram, Aristóteles afirmou que, para algo ser considerado conhecimento científico, era preciso conhecer sua causa. Nas palavras dele: "Julgamos conhecer cientificamente uma coisa qualquer, sem mais (e não do modo sofístico, por concomitância), quando julgamos reconhecer, a respeito da causa pela qual a coisa é, que ela é causa disso, e que não é possível ser de outro modo" (Aristóteles, 2004, 71b9-12).

Segundo Aristóteles, o conhecimento científico é obtido por demonstração, ou seja, com base na transição das premissas até a conclusão por um silogismo científico. Para garantir essa transição, as premissas e a conclusão devem estar em uma relação específica:

Se há também um outro modo de conhecer cientificamente, investigaremos depois, mas afirmamos que de fato conhecemos através de demonstrações. E por "demonstração" entendo silogismo científico; e por "científico" entendo aquele segundo o qual conhecemos cientificamente por possuí-lo. Assim se conhecer cientificamente é como propusemos, é necessário que o conhecimento demonstrativo provenha de itens verdadeiros, primeiros, imediatos, mais cognoscíveis que a conclusão, anteriores a ela e que sejam causas dela. (Aristóteles, 2004, 71b16-21)

Em *Segundos analíticos*, Aristóteles faz uma distinção entre dois tipos de demonstração ou silogismo: a demonstração do tipo "que é" (*tou hoti*) e a do tipo "por que é" (*tou dioti*). De todas as figuras silogísticas, a primeira é a mais adequada para uma demonstração do tipo "por que é":

Entre as figuras, a que mais propicia conhecimento é a primeira. Pois, entre as ciências, apresentam as demonstrações através dela as matemáticas (por exemplo, a aritmética, a geometria, a óptica) e, por assim dizer, todas as que fazem a investigação do por quê [sic]. De fato, o silogismo do porquê [sic] se dá através dessa figura, ou em todos os casos, ou no mais das vezes e na maioria dos casos. Por conseguinte, também por isso ela é a que mais propicia conhecimento, visto que o mais decisivo para o conhecer é considerar o por quê [sic]. (Aristóteles, 2004, 79a16-23)

Contudo, ser uma inferência válida não basta para conhecermos uma coisa pela causa, pois, nos silogismos do tipo "que é", a conclusão procede dos efeitos para as causas. Somente nos silogismos do tipo "por que é" se explica a conclusão das causas para os efeitos. Para entendermos melhor essa questão, Aristóteles fornece um exemplo que aqui vamos utilizar. Suponha que se queira provar que os planetas estão próximos da Terra, tal como se segue:

Os planetas não cintilam.
O que não cintila está próximo da Terra.
Portanto, os planetas estão próximos da Terra.

Segundo Aristóteles, essa é uma demonstração do tipo "que é", pois não explica ou não explicita a causa. Ora, para Aristóteles, os planetas não estão próximos da Terra porque não cintilam, mas os planetas não cintilam justamente porque estão próximos da Terra. Nesse caso, é possível transformar esse silogismo não científico em um científico, ou seja, do tipo "por que é". Para isso, basta inverter os termos maior e médio da demonstração a fim de evidenciar a causa:

O que está próximo da Terra não cintila.
Os planetas estão próximos da Terra.
Portanto, os planetas não cintilam.

O segundo tipo de silogismo é superior ao primeiro, de acordo com Aristóteles, porque uma afecção *não cintilar* é predicada do sujeito *planetas* por meio do termo médio *estar próximo da Terra* – isso é aproximar a causa do efeito. A causa é *estar próximo da Terra* e o efeito é *não cintilar*.

De todas as figuras silogísticas, Aristóteles afirma que a primeira figura é a mais adequada para o conhecimento porque, como vimos no exemplo, demonstra o efeito pela causa (Miranda, 2014).

3.2
Idade Medieval (476-1453)

Não temos a pretensão, apenas com esta pequena seção, de abarcar tudo o que foi desenvolvido durante os quase mil anos que compuseram esse período histórico. Dessa forma, trataremos da **teoria da iluminação** e dos conhecimentos intuitivos e abstrativos discutidos por Agostinho, Boaventura, Tomás de Aquino, Duns Scotus e Guilherme de Ockham. Há uma famosa discussão desse período, a dos universais, mas, por ser um conteúdo da metafísica, não a veremos, pois temos um interesse maior acerca dos conteúdos da epistemologia. Sabemos que é inevitável um campo da filosofia, em certos casos, envolver outro. Mas vamos nos ater aos conteúdos que envolvem nossa questão principal, o conhecimento verdadeiro ou científico. Antes, uma rápida observação: veremos que nesse período foram fortemente retomados e trabalhados à exaustão os conceitos de Platão e de Aristóteles. Os escolásticos, de modo geral, uniram esforços para fundir os princípios filosóficos aos preceitos religiosos do catolicismo cristão.

3.2.1 Agostinho

Agostinho de Hipona (354-430), ou Santo Agostinho, como é conhecido entre os cristãos católicos, foi um importante teólogo e filósofo. Foi ordenado bispo de

Hipona, cidade de uma província romana da Argélia, e condecorado *Doctor Gratiae*, importante título de doutor da igreja conferido a um sacerdote que contribuiu particularmente nos campos da teologia e da doutrina católica. Agostinho converteu-se tardiamente ao catolicismo, aos 33 anos, pois antes fora adepto do maniqueísmo*.

Estamos particularmente interessados em saber o que disse Agostinho acerca do conhecimento. Porém, antes, vale ressaltar que ele teve influências da filosofia platônica, em especial do neoplatonismo de Plotino e de Cícero e do ceticismo da Nova Academia. Assim, veremos muitos elementos da epistemologia de Platão envolta, digamos, num manto cristão.

Para Agostinho (Kenny, 2009b, p. 183-203), existem verdades lógicas e verdades a respeito de fenômenos imediatos que são irrefutáveis para um cético. Não há o que refutar no princípio do terceiro excluído (por exemplo, que hoje ou chove ou não chove) ou nas percepções imediatas (por exemplo, na afirmação *sei que esse livro é branco*). No famoso exemplo do remo imerso, cujo objetivo é refutar as percepções, diria Agostinho: não há engano ao afirmar que o remo submerso na sua metade pareça quebrado, mas seria um engano afirmar que esse mesmo remo parece reto. Assim, existe uma diferença entre **parecer** e **fazer um juízo**.

Há verdades, segundo Agostinho, que estão entre as lógicas e as a respeito de fenômenos imediatos. Os juízos de percepções, tal como o exemplo do remo citado anteriormente, podem nos fazer crer que nossos sentidos são enganadores, mas não podemos nos enganar quando afirmamos "estou vivo" (juízo da mente). Ora, podemos supor que seja sonho, mas, para sonhar, é preciso estar vivo; podemos supor que seja loucura,

---

* Doutrina cristã sincrética e dualista fundada no século III pelo filósofo cristão persa Mani (em latim: *Manichaeus*). Era sincrética, pois reunia diferentes linhas religiosas (zoroastrismo, hinduísmo, budismo, judaísmo e cristianismo), e dualista, porque dividia o mundo entre o Bem (Deus, espírito e luz) e o Mau (diabo, matéria e trevas) (Abbagnano, 1998).

mas, para estar louco, também é preciso estar vivo, e assim *ad infinitum**. Podemos ainda julgar verdadeiro o testemunho de outrem (como o da existência de terras distantes). Contudo, Agostinho concede às verdades matemáticas um posto privilegiado de **regras interiores da verdade** – a conta *três mais sete não deve ser dez*, simplesmente *é dez*, sabemos disso.

De onde retiramos o conhecimento matemático e o conhecimento da verdadeira essência daquilo que nos cerca? Para Agostinho, esses conhecimentos verdadeiros (matemático e das essências) não podem vir dos sentidos. Platão, como vimos, defendeu (como no diálogo *Mênon*, sobre geometria) que nosso conhecimento vem de uma existência anterior à nossa concepção. O que aprendemos em nossa vida terrena é de fato um relembrar de nossas memórias, daquilo que já tínhamos conhecimento (teoria da reminiscência). Agostinho é contrário a uma preexistência, tal como diz a teoria platônica. Ele a rejeita, pois é muito improvável supor que todos nós fomos geômetras (no caso específico de *Mênon*) numa existência anterior.

As ideias de Platão e as "realidades inteligíveis" ou as "razões incorpóreas e eternas" de Agostinho são imutáveis. Este último as considera superiores à razão humana, porém ligadas a ela, pois, se assim não fosse, não seríamos capazes de empregá-las como "padrões" para avaliar as coisas corpóreas. Agostinho concorda com Platão quanto à existência e à superioridade das "realidades inteligíveis" e discorda em relação à natureza do acesso a elas. Ele acaba por localizá-las na mente divina, assim como Plotino, ou seja, elas existem exclusivamente na mente de Deus.

Como nós humanos temos acesso às "realidades inteligíveis" presentes na mente de Deus? E como podemos vê-las sem ver a Deus? Agostinho apresenta uma intrincada **teoria da iluminação divina** para

---

*   Adiante, veremos como esse argumento se parece com o *cogito* cartesiano da *Meditação segunda*, de Descartes (1988a).

responder a essas perguntas, a qual faz uso da metáfora do *olho da razão*. A luz advinda de fontes primárias – como o Sol ou uma lâmpada acesa – ou de fontes secundárias – reflexão de corpos expostos à luz das fontes primárias, como a Lua – revela-nos formas e cores. O mesmo ocorre com o nosso olho da razão. Deus é a fonte primária e a sua luz permite-nos enxergar. Mas a luz divina não opera como a luz natural, que revela objetos quando iluminados direta ou indiretamente, oculta objetos não iluminados e ofusca a visão de quem fita vigorosamente a luz do Sol, por exemplo. A luz divina brilha nos olhos da razão, sua irradiação permite-nos ver as "realidades inteligíveis" sem sermos ofuscados pela luz própria que elas têm (ora, elas estão na mente de Deus, portanto são detentoras de luz própria). A luz divina funciona como a lâmpada de um projetor que ilumina um rolo de filme e projeta a imagem dinâmica em um anteparo ao qual nossos olhos da razão estão dirigidos. Um filme, por exemplo, do Sol não ofusca nossa visão tal como ocorre nesse contexto com as "realidades inteligíveis". Contudo, se a lâmpada do projetor queimar, não haverá mais projeção a qual assistirmos.

Boaventura de Bagnoregio também tem uma "teoria da iluminação", mas discorda em alguns pontos de Agostinho. Vejamos como isso ocorre.

3.2.2 *Boaventura de Bagnoregio*

André Müller

Boaventura de Bagnoregio (1221-1274), ou João de Fidanza, foi filósofo, teólogo, sétimo ministro-geral da Ordem dos Frades Menores (OFM), cardeal-bispo de Albano – região ao sul de Roma – e condecorado com o título de *Doctor Seraphicus*, título de doutor da igreja conferido a um sacerdote da igreja que tenha contribuído significativamente nos campos da teologia e da doutrina católica.

Boaventura, bem como Agostinho, em seus trabalhos, tentou reunir razão e fé (Houser; Noone, 2013). Numa abordagem platonista-agostiniana da epistemologia da verdade divina, tentou provar a existência de Deus por intermédio da teoria da iluminação ligeiramente modificada. Ele afirmou, já de início, em seu argumento, que é "verdade" que Deus existe. Essa inspiração advém da descrição de Agostinho de sua caminhada introspectiva em direção a Deus:

> *Portanto, admitindo que seja um retorno a mim, entrei eu mesmo em meu próprio interior [sic], você é meu Líder: eu era capaz de fazer isso porque você me ajudou. Entrei com o olho de minha alma (como devia ser), descobri sobre o mesmo olho de minha alma, sobre minha mente, a imutável luz do Senhor; [...] quem quer que saiba a **verdade** conhece essa luz; [...] ó **verdade eterna**, verdadeiro amor, amada eternidade, você é meu Deus.* (Augustine, 1912, p. 370-373, VII.10*, tradução e grifo nossos)

Boaventura retira o núcleo lógico do argumento da iluminação de Agostinho, reduzindo-o a um silogismo da seguinte forma:

1:	Todo conhecimento "correto" prova e conclui a verdade do ser eterno.
2:	O conhecimento da verdade divina está impresso em todas as almas.
3:	Portanto, todo conhecimento advém por meio da verdade divina.

Assim,

1:	Toda proposição afirmativa prova e conclui aquela verdade.
2:	Qualquer proposição desse tipo põe algo e, quando algo é posto, a *verdade* é posta.
3:	Portanto, quando a verdade é posta, aquela *verdade* que é a causa daquela verdade também é posta.

---

* Neste livro, cada vez que citarmos, direta ou indiretamente, trechos da obra de Agostinho, utilizaremos a indicação padrão na filosofia para o texto Confissões, de Agostinho (Augustine, 1912), que contém o capítulo (números romanos) e os parágrafos (números arábicos). Assim, a indicação VII. 10 significa que o trecho citado está no parágrafo 10 do capítulo 7 (VII) da obra de Agostinho.

Boaventura entende que o passo da proposição verdadeira para a verdade divina é largo e, por isso, defende uma posição moderada da teoria da iluminação, que dependa do divino e das causas criadas. A versão da teoria da iluminação de Boaventura evita a seguinte problemática: conhecermos as coisas do mundo implica conhecermos Deus. Para explicar a contribuição das verdades "criadas" para o conhecimento, ele nota que o conteúdo do conhecimento humano advém de quatro tipos de **causas criadas**:

1. o intelecto passivo dentro da alma individual está para a **causa material** para receber conhecimento;
2. o agente individual do intelecto está para a **causa eficiente** para abstrair o conteúdo do conhecimento com base nas sensações;
3. a essência de uma criatura individual conhecida está para a **causa formal** para que a criatura seja "o que" conhecemos;
4. as verdades epistemológicas estão para a **causa final**.

Essas quatro causas criadas são semelhantes à **teoria das causas** de Aristóteles.

Acima e além dessas quatro "causas criadas", o conhecimento também precisa de uma causa eterna. Na determinação de universais por abstração e em raciocínios indutivos, a mente humana generaliza para além do que é dado pela experiência. Uma coisa é ser capaz de generalizar, outra é ter a certeza de ser bem-sucedido nisso. A intuição de uma criatura envolve verdades que não são somente universais, mas também necessárias e certas. Qualquer universal em toda extensão é conhecido por Deus, uma vez que a ideia divina de qualquer verdade consiste no conhecimento daquela verdade absolutamente em todas as suas instâncias atuais e em todos os seus potenciais. A infinita extensão do conhecimento de Deus é o que faz do entendimento divino certo, e essa certeza na mente divina é "emprestada" para a mente humana.

Por fim, para Boaventura, existem dois lados da certeza, pois ela, e somente ela, é encontrada no conhecimento humano e requer iluminação divina; qualquer outro conhecimento humano (abstração, universalidade e correspondência) advém de causas criadas.

A teoria da iluminação de Agostinho formou uma espécie de temática para o estudo epistemológico medieval. Tomás de Aquino segue essa mesma linha, mas como um severo crítico, ele se empenha em manter uma versão dessa teoria como uma iluminação inata aristotélica.

3.2.3 Tomás de Aquino

Tomás de Aquino (1225-1274), ou Santo Tomás de Aquino, para os católicos, foi um importante filósofo e teólogo italiano, ordenado frade da Ordem dos Pregadores, conhecida também por *Ordem dos Dominicanos*. Foi reconhecido por seu trabalho na tradição escolástica com os seguintes títulos de doutor da igreja: *Doctor Angelicus, Doctor Communis* e *Doctor Universalis*. Sua principal obra é a *Summa theologiae* (*Suma teológica*), que contém mais de cinco centenas de questões trabalhadas em três grandes volumes. Tomás de Aquino é o grande responsável pela divulgação do aristotelismo, mas numa versão cristã mais complexa de seu antecessor estagirita.

Segundo Kenny (2009b, p. 183-203), Tomás de Aquino foi também adepto da **teoria da iluminação** para explicar o funcionamento do intelecto humano: "o intelecto agente fornece luz que transforma objetos individuais pensáveis em *potência* no mundo em objetos pensáveis *em ato* na mente." (Kenny, 2009b, p. 191, grifo do original).

Contudo, para Tomás de Aquino, o intelecto agente é uma faculdade individual natural humana, diferentemente do que é para Boaventura e Agostinho, que insistem em uma agência externa de uma entidade supranatural sobre a mente humana. Tomás de Aquino está longe de negar a existência de um intelecto superior ao humano, mas o agente é algo na alma humana. Para ele, Deus ilumina todo homem que vem ao mundo e confere à alma humana, como causa universal, poderes característicos.

Essa virada de uma abordagem agostiniana para uma aristotélica, segundo Pasnau (2015), ocorre no *Tratado acerca da natureza humana* (*Summa theologiae* 1a75-89). Ao considerar a afirmação de Agostinho de que a pura verdade não poderia vir dos sentidos do corpo, Tomás de Aquino, em resposta, retoma o conceito aristotélico de **intelecto agente** e diz que: "é preciso a luz do intelecto agente, por meio do qual se reconheça imutavelmente a verdade nas coisas mutáveis, [pois,] assim, distinguimos as coisas próprias de suas aparências." (Tomás de Aquino, citado por Pasnau, 2015, tradução nossa).

Tomás de Aquino retoma o conceito aristotélico de intelecto agente por não concordar com uma agência externa supranatural da teoria da iluminação de Agostinho; contudo, rejeita certos conceitos dela. Ele nega que nós humanos, em nossa existência terrena, tenhamos ideias divinas como um *objeto* da cognição. Ele também nega que a iluminação divina seja ela própria suficiente sem os sentidos. Além disso, como vimos, Tomás de Aquino rejeita especialmente a reivindicação agostiniana da influência divina constante nas operações do intelecto humano.

Do contrário, ele defende que nós, humanos, temos capacidade suficiente para pensamos por nós mesmos sem qualquer nova iluminação adjunta à nossa iluminação natural. Essa postura nos parece ser de afastamento da ação de Deus, mas tal impressão se desfaz quando apreciamos o seu endosso à teoria da iluminação:

> *É necessário dizer que a alma humana reconhece todas as coisas das razões eternas, por [estas] participarem de nosso reconhecimento de todas as coisas. Devido à luz intelectual que está em nós, que não é outra coisa senão uma certeza semelhante à da luz não criada, obtida por participação, na qual as razões eternas estão contidas. Pois está no Salmo 4:* **Muitos dizem, quem nos mostra coisas boas?** *A essa pergunta o Salmo responde dizendo:* **A luz de seu rosto, Senhor, está impressa sobre nós.** *Isso é o mesmo que dizer que, através do selo da luz divina sobre nós, todas as coisas são reveladas a nós (Summa Theologica, 1a 84.5c).* (Tomás de Aquino, citado por Pasnau, 2015, tradução nossa, grifo do original)

O intelecto, como todas as coisas da natureza, precisa de Deus como primeiro motor (iluminação divina). Enquanto Boaventura e Agostinho insistiam em um papel especial de Deus na operação da cognição humana, Tomás de Aquino parece afastar-se o mais longe possível disso, seguindo na direção oposta, até onde seu teísmo permite. Ele considera o intelecto agente de nossa capacidade de alcançar verdades autoevidentes, como é o caso do **princípio da não contradição**. Para Tomás de Aquino, princípios como esse não são descobertos, muito menos induzidos, simplesmente os vemos como verdadeiros tão logo nos deparamos com eles. Não se trata de um conhecimento inato. O que é inata é a nossa capacidade de reconhecer as verdades quando nos confrontamos com elas. Essas concepções naturais primeiras são para ele sementes de todas as coisas que reconhecemos depois. Nesse sentido, Tomás de Aquino afirma que a alma tem um conhecimento primeiro que reconhece:

> *A própria alma forma semelhanças de coisas enquanto, por meio do intelecto agente, cria formas abstratas de objetos sensíveis atualmente inteligíveis, de modo a recebê-los no intelecto possível.* **Então, de certa maneira, todo conhecimento de início é comunicado a nós,** *na luz do intelecto agente, mediado por conceitos universais, que são reconhecidos de imediato pela luz do intelecto agente. Por meio*

desses conceitos, princípios universais, julgamos sobre outras coisas; por esses conceitos universais, temos uma cognição primeira de outras coisas. Há verdade nessa relação de tal forma que, daquilo que aprendemos, já temos um conhecimento [anterior] a respeito (De veritate 10.6c). (Tomás de Aquino, citado por Pasnau, 2015, tradução nossa, grifo do original)

Pois, como tudo que conhecemos remete a esses princípios fundamentais, há um sentido de que, tudo que aprendemos, nós já sabíamos. A compreensão natural de certas verdades inatas, reconhecidas pela luz do intelecto agente, desempenha um papel crucial nesse argumento de Tomás de Aquino. Agora, a luz do intelecto agente vem de Deus (é claro que, sem apelar a Deus, Tomás de Aquino não teria como explicar que reconhecemos verdades dos primeiros princípios). Nem a dedução nem a indução podem dar conta de **vermos** que esses princípios são verdadeiros.

A luz desse tipo de razão, por meio da qual tais princípios são por nós conhecidos, é comunicada a nós por Deus. É como uma semelhança de verdades não criadas que se refletem sobre nós. Então, uma vez que nenhum ensinamento humano pode ser efetivo exceto em virtude dessa luz, está claro que é apenas Deus que no íntimo, principalmente, nos ensina (De veritate 11.1c). (Tomás de Aquino, citado por Pasnau, 2015, tradução nossa)

A luz do intelecto agente, à semelhança das ideias divinas, é o ponto de partida essencial para todo o conhecimento.

Por fim, Tomás de Aquino concorda com Boaventura e com Agostinho em relação à incompletude da cognição intelectiva humana, porém sem qualquer interferência introspectiva supranatural constante. A diferença é que Tomás de Aquino deseja que o conhecimento seja dado todo de uma vez, de início – imbuído no intelecto agente, em contraste ao conceito de iluminação como um processo contínuo necessário de um agente divino de Boaventura e Agostinho. O maior embate entre essas duas concepções está no modo da transmissão do conhecimento verdadeiro ou ciência.

3.2.4 Scotus

John Duns Scotus (1266-1308), condecorado pela igreja com o título de *Doctor Subtil*, foi um importante filósofo e teólogo da tradição escolástica. Assim como Agostinho, foi membro da Ordem dos Frades Menores (OFM). Mas sua afinidade com Agostinho também reside em sua postura filosófica, pois ambos tinham tendência platônica. Scotus foi um grande crítico de Tomás de Aquino. Vejamos como ele constrói sua crítica em relação principalmente aos objetos do conhecimento e às formas do conhecer.

Segundo Kenny (2009b, p. 183-203), para Scotus, mesmo que nosso intelecto humano seja capaz de apreender o indivíduo particular, nosso conhecimento a respeito dele é obscuro e incompleto. "Se dois indivíduos não diferissem, em absoluto, em suas propriedades sensoriais, o intelecto não seria capaz de distinguir um do outro" (Kenny, 2009b, p. 199-200), mesmo sendo indivíduos diferentes. Essa obscuridade acarreta necessariamente um conhecimento turvo dos universais. Como resolver esse problema da obscuridade de nosso conhecimento? Scotus defende que nosso "conhecimento envolve a presença na mente de uma representação do objeto" (Kenny, 2009b, p. 200). Nisso ele concorda com Tomás de Aquino, pois Scotus descreve "o conhecimento em termos da presença de uma espécie ou ideia no sujeito cognoscente" (Kenny, 2009b, p. 200). A diferença principal é a espécie ou a ideia: enquanto para Tomás de Aquino ela está na capacidade do intelecto agente, para Scotus a ideia é objeto imediato do conhecimento. Em suas palavras: "A real presença do objeto em si mesmo não é exigida, mas algo é exigido no qual o objeto é representado. A espécie é de tal natureza que o objeto a ser conhecido está presente nela não efetiva ou realmente, mas pelo modo de ser exibido" (Scotus, citado por Kenny, 2009b, p. 200).

Para Tomás de Aquino, o objeto do intelecto está na realidade presente em nossa mente, pois é um universal cuja presença ocorre tão somente na mente (não podemos esquecer de todo aquele aparato que envolve a transmissão da luz ao intelecto agente por agência de Deus). Scotus advoga a favor de um modelo de consciência sensorial quando concebemos um conhecimento do particular. Por exemplo, "quando vejo uma parede branca, a brancura da parede exerce um efeito sobre minha visão e minha mente, mas ela mesma não pode estar presente em meu olho ou na minha mente, somente alguma representação dela" (Kenny, 2009b, p. 200).

Acerca da cognição intuitiva e abstrativa, Scotus estabeleceu uma distinção: "Deveríamos saber que pode haver dois tipos de consciência e intelecção no intelecto: uma intelecção pode estar no intelecto porquanto ele abstrai de toda a existência; a outra intelecção pode ser de uma coisa na medida em que está presente em sua existência (Scotus, citado por Kenny, 2009b, p. 200). Ele ainda difere cognição intuitiva e abstrativa de sentido e intelecto. Para o filósofo, é possível ter tanto conhecimento intelectual quanto conhecimento sensorial. Além da imaginação (faculdade sensorial), podemos ter conhecimento abstrativo. Outra diferença em Scotus está entre o conhecimento intuitivo perfeito (de um objeto existente presente) e o conhecimento intuitivo imperfeito (objeto existe como futuro ou passado).

Scotus não considera conhecimento abstrativo meramente como o conhecimento de verdades abstratas; para ele, as essências incluem essências individuais. O conhecimento abstrativo não é senão um "conhecimento da essência de um objeto que deixa em suspenso a questão de

[sic] se o objeto existe ou não" (Kenny, 2009b, p. 200). Kenny (2009b) se esforça para deixar essa questão um pouco mais clara:

> *Trata-se de uma noção difícil: não pode certamente haver conhecimento de que **p** se **p** não for o caso. Talvez possamos contornar isso insistindo que "conhecimento" não constitui a correta tradução de "**cognitio**". Somos, contudo, deixados com um estado de espírito, a **cognitio** de que **p**, o qual (a) partilha o **status** psicológico do conhecimento de **p** e (b) é compatível com **p**'s não sendo o caso.* (Kenny, 2009b, p. 200-201, grifo do original)

Com o caminho aberto por Scotus no que diz respeito à distinção entre dois tipos de conhecimento, o intuitivo e o abstrativo, Ockham seguiu por essa vereda e alcançou extensões ainda maiores. Vejamos, a seguir, qual foi a contribuição dele à epistemologia medieval.

3.2.5 Guilherme de Ockham

Guilherme de Ockham (1288-1347) foi um frade da ordem de São Francisco. Ele desenvolveu trabalhos em lógica, metafísica, filosofia natural, teoria do conhecimento, ética, filosofia política e teologia escolástica. Foi um dos maiores representantes do nominalismo e criador do princípio metodológico que ficou conhecido por *navalha de Ockham*. Entretanto, veremos aqui a contribuição dele a respeito do conhecimento intuitivo e abstrativo.

Primeiramente, Ockham (Kenny, 2009b, p. 183-203) define os objetos da apreensão como termos e proposições simples de qualquer tipo, e sobre a possibilidade do juízo, segundo ele, podemos ter um pensamento complexo sem fazer juízo dele, mas "não podemos efetuar um juízo sem apreendermos o conteúdo do juízo" (Kenny, 2009b, p. 201). Portanto, "o conhecimento envolve tanto apreensão quanto juízo" e vice-versa, de "termos simples que entram no pensamento complexo em questão" (Ockham, citado por Kenny, 2009b, p. 201).

O conhecimento de um termo simples pode ser abstrativo e temos conhecimento desse tipo, pois "abstraímos de" independentemente da existência das coisas e sejam quais forem as propriedades contingentes que essas coisas apresentem. O conhecimento também pode ser intuitivo, o qual nos capacita a conhecer a existência de determinada coisa, pois "se uma coisa existe ou não, de modo que se a coisa realmente existe o intelecto imediatamente julga que ela existe", temos "evidente consciência de sua existência, a menos que seja barrado [sic] devido a alguma imperfeição desse conhecimento" (Ockham, citado por Kenny, 2009b, p. 201)."A consciência intuitiva nos informa da existência e das propriedades das coisas" (Kenny, 2009b, p. 201). Ockham ainda defende que somente o conhecimento intuitivo pode conhecer verdades contingentes, pois isso não cabe ao conhecimento abstrativo.

Para Ockham, existem dois tipos de conhecimento intuitivo, o sensorial e o intelectual. O primeiro diz respeito tão somente aos sentidos (empirismo) e o segundo tem de existir pois "há muitas verdades contingentes em torno de nossas próprias mentes – nossos pensamentos, emoções, prazeres e dores – que não são perceptíveis pelos sentidos, e não obstante conhecemos essas verdades" (Ockham, citado por Kenny, 2009b, p. 202).

O conhecimento intuitivo dos objetos é concebido pelos próprios objetos – quando você observa este livro que está logo à sua frente, por exemplo. Por meio desse exemplo, o observador tem a consciência da existência do livro tanto na ordem sensorial quanto intelectual. Agora, Ockham aceita que tenhamos a consciência sensorial e intelectual da existência de um objeto, produzida pela ausência desse mesmo objeto (Kenny, 2009b). A condição para isso está em Deus, pois somente Ele pode, por causas secundárias e pelo seu próprio poder, fazer isso. Entretanto, salienta Ockham, esse conhecimento não seria evidente, ou seja, temos consciência da ausência da coisa (Kenny, 2009b).

Ockham afirma que "O conhecimento evidente significa que as matérias são na realidade como indicadas pela proposição à qual é dado [sic] assentimento" (Ockham, citado por Kenny, 2009b, p. 202). Para ele, podemos conhecer verdadeira ou falsamente, contudo, somente o conhecimento verdadeiro é evidente (Kenny, 2009b). A evidência no conhecimento é que determina que esse conhecimento seja intuitivo, caso contrário, isto é, se Deus nos faz julgar uma coisa como presente mesmo quando ausente, trata-se de um conhecimento abstrativo.

Com Ockham, terminamos nossa passagem pelo período medieval (considerando as restrições apresentadas logo no início deste capítulo).

Síntese

No *contexto da* filosofia antiga, neste capítulo, discutimos aspectos lógicos, ontológicos e epistemológicos acerca da ciência sob as filosofias de Parmênides, Demócrito, Protágoras, Sócrates, Platão e Aristóteles.

Já na filosofia medieval, vimos a discussão em torno da teoria da iluminação entre Agostinho, Boaventura, Tomás de Aquino, Scotus e Ockham. Notamos como essa discussão resultou em diferentes interpretações a respeito da realidade dos objetos dos quais podemos ter conhecimento, desde o forte realismo platônico defendido por Agostinho até a mitigada ontologia de Ockham.

Acompanhando o movimento da ontologia dos objetos, evidenciando também uma mudança quanto aos seus aspectos epistemológicos. Pois, tal como vimos, Agostinho, por um lado, acredita que Deus permite que nós conheçamos verdades, enquanto Scotus, por outro, assume que apenas o conhecimento intuitivo evidente é verdadeiro, caso contrário, o que temos como conhecimento é mera contingência.

Atividades de autoavaliação

1. O que Parmênides diria a respeito do conhecimento?
    a) "Apenas podemos dizer ou pensar a respeito de algo que é".
    b) "Não podemos dizer ou pensar a respeito de algo que é".
    c) "Necessariamente dizemos ou pensamos a respeito de algo que pode ser".
    d) "Não dizemos e sequer pensamos a respeito de um algo qualquer".

2. Assinale as afirmativas a seguir como verdadeiras (V) ou falsas (F):
    (   ) Para Demócrito, conhecemos a verdade pelas percepções porque julgamos reconhecer átomos *a posteriori*.

( ) Demócrito diria a respeito do conhecimento verdadeiro que ele não existe ou que não podemos descobri-lo.

( ) Protágoras, nas palavras de Platão, diria que o homem é a medida de todas as coisas.

( ) Para Protágoras, tudo que afirmamos acerca de nossas percepções é indiferente.

Marque a alternativa que corresponde à sequência correta:
a) V, V, V, F.
b) F, V, F, V.
c) V, F, V, F.
d) F, V, V, F.

3. O método socrático, *elenchus*, é comparado ao trabalho de uma parteira porque:
a) extrai ideias de mulheres grávidas.
b) extrai ideias de "homens grávidos".
c) extrai bebês de mulheres grávidas.
d) extrai bebês de "homens grávidos".

4. Quais são as três tentativas de definição de ciência debatidas no diálogo *Teeteto*, de Platão?
a) Ciência é ser, ciência é perceber, ciência é fenômeno.
b) Ciência é percepção, ciência é opinião, ciência é *logos*.
c) Ciência é percepção, ciência é opinião verdadeira, ciência é opinião verdadeira e justificada.
d) Ciência é percepção, ciência é opinião verdadeira, ciência é opinião verdadeira interpretada.

5. Segundo a teoria das ideias de Platão, quais são as condições para o conhecimento das coisas que ou estão no mundo ou são proferidas por nós?
   a) Entendimento, opinião verdadeira e ideia.
   b) Nome, definição e imagem.
   c) Entendimento, nome e ideia.
   d) Nome, opinião verdadeira e imagem.

6. Para Aristóteles, de que forma o conhecimento científico é obtido?
   a) Por demonstração de um silogismo cujas premissas verdadeiras levam necessariamente a uma conclusão também verdadeira.
   b) Por indução de um conjunto de experiências anteriores.
   c) Por demonstração de um silogismo cujas premissas podem levar a uma conclusão verdadeira.
   d) Por reminiscência, uma vez que numa existência pré-material nós *vimos* as ideias e, por ocasião da experiência, lembramos delas.

7. Assinale as afirmativas a seguir como verdadeiras (V) ou falsas (F):
   ( ) Para Agostinho, existem verdades lógicas e verdades a respeito dos fenômenos imediatos que são irrefutáveis.
   ( ) Da mesma forma, os "juízos de percepção" também são irrefutáveis.
   ( ) As "realidades inteligíveis" estão localizadas na mente de Deus.
   ( ) A teoria da iluminação de Agostinho é uma prototeoria da teoria das cores de Newton.
   Marque a alternativa que corresponde à sequência correta:
   a) V, V, V, F.
   b) F, V, F, V.
   c) V, F, V, F.
   d) F, V, V, F.

8. Sobre a teoria da iluminação em Boaventura, relacione as colunas e, depois, assinale a alternativa que apresenta a sequência correta:

1. causa material	a) abstrai o conteúdo das sensações
2. causa eficiente	b) Deus
3. causa formal	c) verdades epistemológicas
4. causa final	d) conhece a essência individual
5. causa eterna	e) recebe o conhecimento

a) 1-a, 2-b, 3-d, 4-c, 5-e.

b) 1-b, 2-a, 3-d, 4-c, 5-e.

c) 1-e, 2-a, 3-b, 4-c, 5-d.

d) 1-e, 2-a, 3-d, 4-c, 5-b.

9. Na teoria da iluminação de Tomás de Aquino:

   a) Deus age diretamente na mente humana.

   b) o intelecto agente é uma potência individual disposta atualmente.

   c) o intelecto agente é uma faculdade individual natural divina.

   d) o intelecto agente é uma faculdade individual natural humana.

10. Duns Scotus defende que há em nossas mentes:

    a) uma representação de nossas percepções.

    b) uma ideia presente.

    c) uma representação de nosso intelecto.

    d) uma ideia refletida.

11. Guilherme de Ockham define objetos da impressão e a possibilidade de juízos da seguinte forma:

    a) Não podemos ter pensamento complexo sem fazer juízo dele, mas podemos efetuar um juízo sem apreendermos o conteúdo dele.

b) Podemos ter pensamento complexo sem fazer juízo dele, mas não podemos efetuar um juízo sem apreendermos o conteúdo dele.
c) Apenas temos pensamento complexo com juízo dele e efetuamos um juízo se necessariamente apreendermos o conteúdo dele.
d) Temos pensamento complexo sem juízo dele e efetuamos um juízo se, por contingência, apreendermos o conteúdo dele.

Atividades de aprendizagem

Questões para reflexão

1. Em relação aos modelos antigos e medievais de ciência, qual deles se aproxima mais de seu modo de entender ciência e por quê.

2. Qual distinção podemos estabelecer entre os modelos de ciência antigos e medievais? Para auxiliar seu estudo, crie um quadro comparativo explicitando as afinidades e as divergências de um modelo antigo (de sua escolha) e de um modelo medieval (também de sua escolha).

Atividade aplicada: prática

Escolha um modelo de ciência e, com base nos filósofos estudados neste capítulo, desenvolva um questionário de até cinco questões (quatro objetivas e uma discursiva) capaz de exprimir a opinião de um entrevistado acerca dessa ciência. Aplique esse questionário e, em seguida, verifique se as respostas convergem ou divergem em relação ao modelo escolhido.

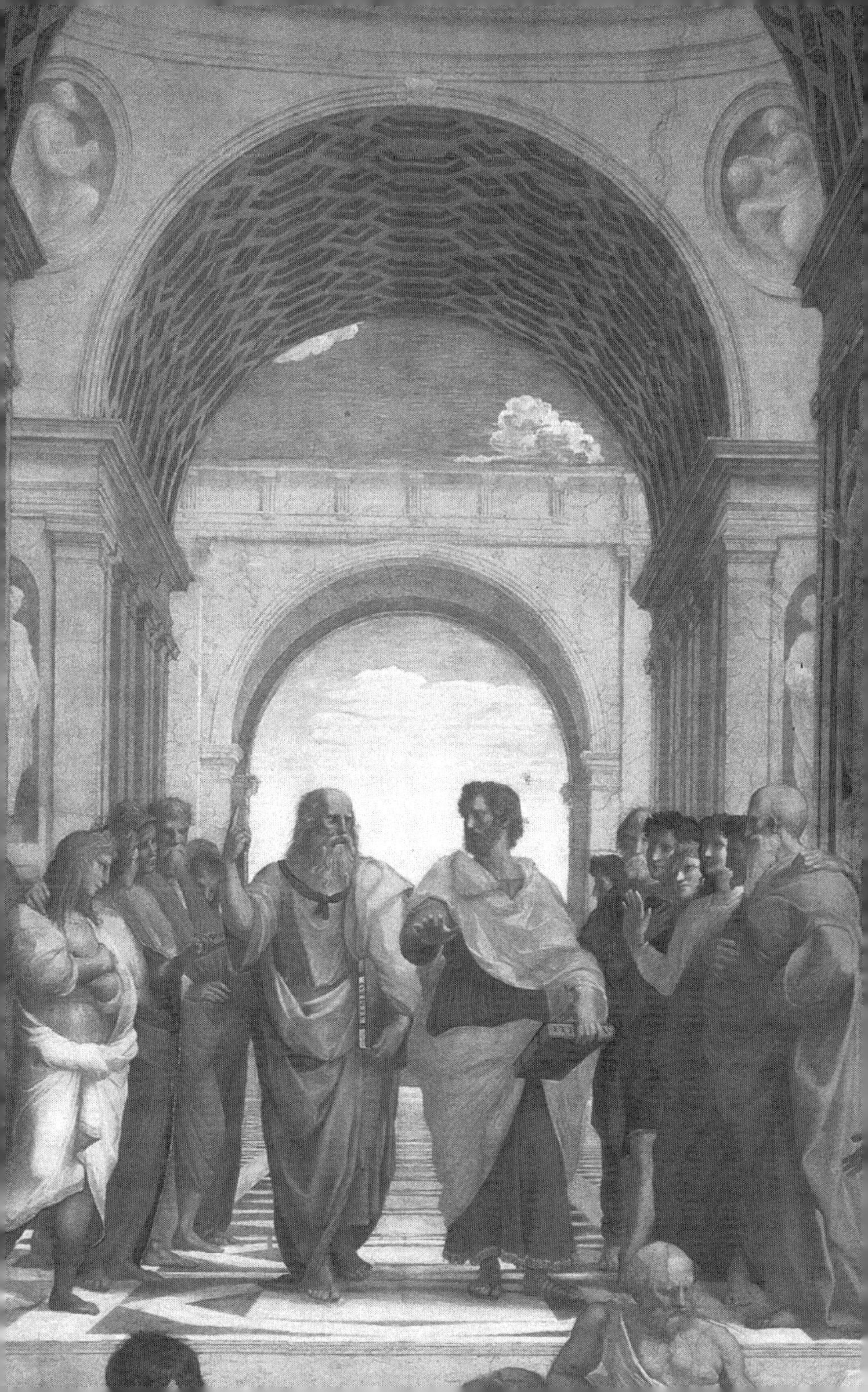

4

Concepções de
ciência na história:
idades Moderna e
Contemporânea

Tal como no capítulo anterior, esforçamo-nos para reunir, em uma linha argumentativa em torno da pergunta guia O que é ciência?, alguns filósofos importantes dos períodos moderno e contemporâneo que têm trabalhos relevantes no que tange à explicação do que seja a ciência, de modo geral.

Neste capítulo, veremos que um dos movimentos que se difundiram nos períodos moderno e contemporâneo, entre muitos outros, foi o ceticismo, com Montaigne. Veremos também que se sucedeu com a resposta ao ceticismo dada por Descartes, bem como os trabalhos de Hobbes, Locke e Kant, uma discussão sobre empirismo e racionalismo e a via do apriorismo kantiano. Encerraremos o capítulo tratando da filosofia natural, sobretudo dos trabalhos de Galileu, Bacon, Descartes (novamente) e Newton.

Apresentaremos, ainda, uma pequena biografia introduzindo cada filósofo em seu tempo cronológico. Para situá-los no tempo lógico, apresentaremos debates em torno de nossa pergunta guia.

4.1
Idade Moderna (1453-1789)

Na Idade Média, a Igreja católica viveu seu ápice em um período no qual detinha tanto poderes político e econômico quanto poderes religioso e intelectual. A Igreja conduziu, devido à estrutura que havia atingido, muitos estudos filosóficos e obviamente religiosos. Entre esses estudos, como vimos, um tema recorrente foi a natureza do conhecimento e o acesso a ele, muitas vezes conduzido por um agente superior: Deus. Foi assim com os grandes pensadores desse período, Agostinho e Tomás de Aquino, os quais propuseram versões cristãs do platonismo e do aristotelismo, respectivamente.

Mas todo esse poder da Igreja católica, ocasionado pela disseminação da sua religião e por alianças políticas com os grandes reinos (pois se tornava mais e mais influente), constituiu tanto sua fortaleza quanto sua ruína. Em virtude de eventos como o Cisma do Oriente (1054), o não reconhecimento da primazia papal, a controvérsia da cláusula *filioque*, o

Concílio de Constança* (1414-1418) e a Reforma Protestante** (1517), o poder da Igreja católica foi aos poucos enfraquecendo.

A Reforma Protestante questionou a Igreja acerca do acesso ao conhecimento religioso. Para a Igreja católica, apenas os iluminados – os sacerdotes – poderiam atingir o conhecimento das escrituras sagradas (como se fossem tocados por Deus) e por isso tinham como missão difundir esse conhecimento. Para os reformistas, esse conhecimento deveria ser acessível a qualquer um que se dedicasse aos estudos bíblicos e que seguisse os preceitos cristãos.

Essa incerteza acerca do conhecimento, no que diz respeito ao seu acesso, também atingiu o cânone aristotélico que regia (muito devido aos trabalhos de Tomás de Aquino e dos escolásticos) aquilo que se entendia por *conhecimento científico*. O declínio da Igreja católica também marcou o declínio de parte de seus saberes, principalmente de sua versão do aristotelismo. Aliás, o método reducionista de Guilherme de Ockham – sua famosa navalha – tinha como objetivo purgar do mundo (metafísico e científico) a pluralidade de essências e entes que proliferavam sem medida da "inchada e disfuncional" versão do aristotelismo que já não correspondia a Aristóteles. Assim, Ockham já apontava as deficiências no tomismo*** científico.

Esse é o cenário que caracterizou o fim do período medieval e o início do período moderno, o qual, envolto pela discussão sobre o

---

* Objetivou acabar com o cisma papal com a abdicação de dois papas não reconhecidos, Urbano VI e Clemente VII, e com a eleição de um terceiro, o qual seria legítimo.

** Encabeçada por Martin Lutero, com a publicação de suas noventa e cinco teses contra os princípios fundamentais da Igreja católica, como as indulgências, a natureza da penitência e a autoridade do papa.

*** Relativo a Tomás de Aquino (à sua obra ou à sua doutrina religiosa ou filosófica).

conhecimento das escrituras sagradas, foi marcado pela redescoberta de textos gregos do período antigo, das escolas pirrônica e estoica.

4.1.1 Montaigne

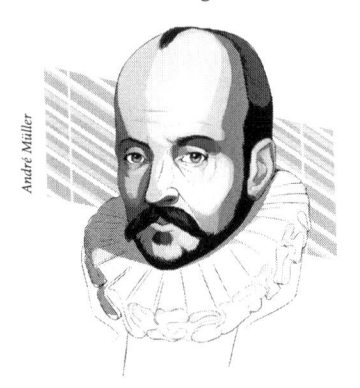

Michel Eyquem Montaigne (1533-1592) foi um importante filósofo francês que seguiu algumas correntes filosóficas, como o ceticismo e o humanismo. Ele publicou seus estudos na forma de ensaios*, nos quais se aprofundou na corrente cética** das escolas da Antiguidade, com particular influência de Sexto Empírico*** (Kenny, 2009c). Sua atitude cética extremada, de inspiração pirrônica, buscava "denunciar a falibilidade dos sentidos e do intelecto" (Kenny, 2009c, p. 142). Seus argumentos foram tomados emprestado de Sexto Empírico, mas suas citações clássicas são do poema *De rerum natura*, de Lucrécio****, obra também redescoberta durante o Renascimento (início do período moderno).

---

* Montaigne é reconhecido como o criador desse gênero literário.

** De acordo com Japiassú e Marcondes (2008, p. 42, grifo do original), o ceticismo é a "Concepção segundo a qual o conhecimento do real é impossível à razão humana. Portanto, o homem deve renunciar à certeza, suspender seu juízo sobre as coisas e submeter toda afirmação a uma dúvida constante. *Oposto* a dogmatismo."

*** Sexto Empírico (160-210) foi um seguidor do pirronismo, doutrina de Pirro de Elis (365 a.C.-275 a.C.), fundador do ceticismo, e é considerado seu maior representante (Japiassú; Marcondes, 2008).

**** Titus Lucretius Carus (99 a.C.-55 a.C.), ou simplesmente *Lucrécio*, foi um poeta latino que glorificou Epicuro em seu mais famoso poema, *Da natureza das coisas* (*De rerum natura*) (Japiassú; Marcondes, 2008).

Montaigne se dedicou a provar que não existe conhecimento real. Para isso, usou os argumentos de Sexto Empírico sobre duas escolas da Antiguidade: o epicurismo e estoicismo. A primeira escola afirma, segundo Montaigne, que, "se os sentidos não são confiáveis, então não existe algo como o conhecimento" (Kenny, 2009c, p. 142). A outra escola diz que "se existe algo como o conhecimento ele não pode provir dos sentidos, porque estes são totalmente não confiáveis" (Kenny, 2009c, p. 142). Se, de um lado, com os argumentos estoicos, os sentidos são falíveis e, de outro, com os argumentos epicuristas, o conhecimento não empírico é impossível, então, disso se segue a negação cética do conhecimento.

Ainda com respeito aos sentidos, Montaigne afirma que eles nos levam ao erro e, quando há uma contradição, não é possível resolvê-la. Ele extrapola a falsidade dos sentidos para a razão, uma vez que ambos se influenciam mutuamente e, por conseguinte, aquilo produzido por isso só pode ser falso. Kenny (2009c, p. 143) expõe muito bem essa problemática:

> *Precisamos de algum critério para distinguir entre as nossas variadas e conflituosas impressões e crenças, mas nenhum critério é possível. Assim como não podemos encontrar um juiz imparcial para julgar as diferenças entre católicos e protestantes, dado que qualquer juiz competente já seria um ou outro, do mesmo modo nenhum ser humano seria capaz de dissolver os conflitos entre as experiências do jovem e do velho, do saudável e do enfermo, do adormentado e do desperto.*

O que resta, portanto, ao conhecimento depois da derrocada cética de Montaigne? Descartes nos mostrará que nem o ceticismo suporta uma dose de seu próprio veneno.

4.1.2 Descartes

Esta não é a primeira vez que nos deparamos com esse filósofo nesta obra. Mas até o presente momento, não fizemos sua devida apresentação. René Descartes (1596-1650) foi um filósofo francês que contribuiu imensamente com seus trabalhos para a matemática, a metafísica e a física. Foi ele quem desenvolveu a geometria analítica, na matemática, o método para se alcançar o conhecimento, na epistemologia, a lei da inércia (que mais tarde veio a se somar às duas leis do movimento newtonianas), na física, e o materialismo minimalista (cujas propriedades da matéria são apenas extensão e movimento), na metafísica. Uma das frases mais conhecidas da filosofia, "penso, logo existo" (*cogito ergo sum*), é de sua autoria. Seus trabalhos foram sobremaneira importantes à filosofia e, de certa forma, guiaram os estudos de alguns de seus sucessores, como Newton (no caso, seu maior crítico no que diz respeito à física).

Segundo Kenny (2009c), Descartes leva a cabo o empreendimento do ceticismo metódico de modo hiperbólico (exagerado), para revelar o que resta de nosso conhecimento. Na primeira das *Meditações* (Pessanha, 1988), Descartes faz uma sondagem em suas próprias ideias, por sugestão de Montaigne, e descobre que "o decisivo campo de batalha entre a certeza e a incerteza é o próprio eu" (Pessanha, 1988, p. XIV). Descartes combate o ceticismo com suas próprias armas. Nessa sondagem, ele percebe que as ideias que se referem a objetos físicos são obscuras, instáveis e incertas; mas há outras ideias que se apresentam ao espírito com nitidez, estabilidade e certeza, como as ideias da matemática (por exemplo, **figura** e **número**). São tais ideias claras e distintas e todos as concebem da mesma maneira, "constituindo o substrato inato da *pensée*" (Pessanha, 1988, p. XIV). Essas ideias parecem, dessa forma, independentes da experiência dos sentidos, ou seja, inatas. Elas "satisfazem plenamente o ideal de construir uma 'matemática universal'" (Pessanha, 1988, p. XIV), e passam a ser o objetivo de Descartes (Pessanha, 1988).

Somente com essas ideias seria possível construir uma **cadeia de razões**. Os seus elos seriam intuídos "com a clareza das evidências matemáticas" e conectados "com a coerência perfeita das demonstrações" (Pessanha, 1988, p. XIV), das quais a matemática oferece exemplos. A sabedoria perfeita (aplicável a todas as coisas) deveria ser "uma tessitura de ideias claras" (Pessanha, 1988, p. XIV), pois seria construída pelas intuições sucessivas conectadas por dedução. Desse modo, a clareza das ideias está garantida apenas subjetivamente, "porque são perfeitamente claras e distintas é que as ideias se impõem com a força das evidências" (Pessanha, 1988, p. XIV). Mas, o que garante que as ideias claras e distintas correspondem a algo real?

Nesse momento, Descartes torna a dúvida hiperbólica e a amplia ao máximo, num esforço para fundamentar a certeza científica. Para isso, é preciso duvidar inclusive das ideias claras e distintas. O artifício de Descartes é lançar a hipótese do **gênio maligno** (*malin génie*): "E se a realidade toda fosse regida por um *malin génie*, um princípio de malignidade e de malícia, que justamente manifestasse sua mais requintada maldade ao fazer com que o homem estivesse errando toda a vez em que tivesse a mais forte impressão de estar certo?" (Pessanha, 1988, p. XIV-XV). Essa hipótese levantada diz respeito justamente à objetividade dos conhecimentos científicos.

Para Descartes, "enquanto se permanece apenas no interior da consciência, onde a ciência aparece como uma representação, nada garante, nem mesmo a máxima clareza e o perfeito encadeamento lógico dessa representação, que ela possui uma correspondência 'lá fora', no mundo objetivo" (Pessanha, 1988, p. XV). Com a hipótese do gênio maligno, Descartes insere sobre o universo científico a ameaça de ele ser tão somente uma ficção, uma criação do sujeito, um sonho, mesmo que seja reincidente e extremamente coerente.

"No entanto, na medida mesma que é estendida até sua máxima dimensão e mostra seu tamanho ameaçador, é que a dúvida manifesta seu limite e pode dar lugar à sua superação" (Pessanha, 1988, p. XV). A dúvida permite extrair um núcleo de certeza para cada nível de conhecimento em que ela é aplicada (das ideias obscuras advindas das impressões dos sentidos até as ideias claras e universais), o qual cresce mais à medida que a dúvida se radicaliza. É indubitável que, "se penso, duvido" (Pessanha, 1988, p. XV), e a cada dúvida a mais isso se repete. "Se duvidar de que duvido, só posso fazê-lo pensando essa dúvida a respeito da própria dúvida inicial" (Pessanha, 1988, p. XV).

Contudo, essa é uma incerteza a respeito da própria subjetividade. Mas, e a realidade exterior? É uma questão de método: "basta uma primeira certeza plena para que a "ordem natural" faça jorrar luz sobre o que até então permanecia desconhecido" (Pessanha, 1988, p. XVI). Como nas progressões e nas séries matemáticas, a dinâmica inerente a qualquer série de termos racionalmente dispostos leva inevitavelmente à explicitação do que já estava contido em "se duvido, penso", ou seja, ao "penso, logo existo" (*cogito ergo sum*) (Pessanha, 1988, p. XVI).

O *cogito* é a certeza que aparece na aplicação metódica e hiperbólica da dúvida cética. Diferentemente de seus opositores céticos, Descartes afirmava que o ceticismo não leva à impossibilidade do conhecimento, mas sim à primeira certeza dada absolutamente, dependente do pensamento "penso, logo existo" ou de um desdobramento disso, "existo como coisa pensante" (Pessanha, 1988, p. XVI). O *cogito* tem dois sentidos na construção da filosofia cartesiana: "por um lado, ele se apresenta como o paradigma para as intuições que deverão suceder-se numa visão clara da realidade [...]; por outro lado, [...] repercute no plano metafísico, pois significa o encontro, pelo pensamento, de algo que subsiste, de uma substância." (Pessanha, 1988, p. XVI).

Essa passagem do pensamento para o ser que pensa é o salto por sobre o abismo que separa subjetividade de objetividade. Eis a confiança depositada na razão por parte de Descartes, ou substância pensamento, com a qual ele construirá todo o edifício do conhecimento certo e indubitável. Mas ainda falta um elemento importante nessa equação:

> *A única certeza contida no* **Cogito** *é a da existência do eu enquanto ser pensante. E Descartes estaria condenado filosoficamente à solidão se o exame de suas próprias ideias – partindo sempre do já conquistado – não o levasse a provar com evidência, critério jamais abandonado, outra existência que não a do seu espírito, essa "coisa que pensa". Assim, antes mesmo de tentar demonstrar racionalmente a existência do mundo físico – onde se situa seu próprio corpo –, Descartes procura provar a existência de Deus, garantia última de qualquer subsistência e, portanto, fundamento absoluto da objetividade.* (Pessanha, 1988, p. XVI, grifo do original)

Foi assim, como consta nas *Meditações*, que Descartes respondeu ao ceticismo de sua época: com um sistema racionalista de acesso a conhecimentos verdadeiros, restabelecendo o *status* da ciência e principalmente sua condição de possibilidade. Descartes não esteve livre de objeções e não deixou de responder a elas, mas não entraremos nesse mérito.

Veremos, na sequência, um representante de outra escola filosófica, o empirista inglês John Locke, e sua filosofia que estabelece conhecimentos verdadeiros por um viés oposto ao de Descartes – caminho que inclusive o filósofo francês rejeitou veementemente: o empirismo. Essa questão, que abrange a dupla racionalismo e empirismo, diametralmente opostos no que se refere ao acesso que temos ao conhecimento, vai se tornar mais relevante quando nos dedicarmos à filosofia natural moderna. Os proeminentes pensadores dessa linha, mais próxima do que temos hoje como imagem de ciência, pelo menos no que diz respeito à atividade científica, tiveram uma prática ou mais próxima das considerações racionalistas ou das empiristas. Por isso, depois de Descartes, que é considerado um ícone do racionalismo moderno, partiremos para a epistemologia empirista de Locke de modo que possamos apreender suas considerações acerca de um conhecimento verdadeiro cujo acesso é dado pela *empiria*.

4.1.3 Locke

John Locke (1632-1704) foi um grande filósofo, representante do empirismo, e médico inglês. Desenvolveu vários estudos no campo da política e da ética, mas abordaremos seus trabalhos sobre o conhecimento. Uma de suas obras mais relevantes nesse assunto foi o *Ensaio sobre o entendimento humano* (1690). É à filosofia do conhecimento contido nessa obra que vamos agora nos dedicar.

Locke, em seus estudos sobre a *scientia* aristotélica na filosofia natural, encontrou uma dificuldade que diz respeito às substâncias* (Kochiras, 2014). No que tange à filosofia natural, a *scientia* requer que tenhamos

---

* Segundo a filosofia de Aristóteles e a interpretação de Locke – quando esta fosse aplicada à filosofia natural –, conheceríamos as qualidades das substâncias sem que recorrêssemos às observações e às experiências. Nosso conhecimento derivaria da pura dedução com base em premissas autoevidentes (Kochiras, 2014).

conhecimento das essências reais e das conexões necessárias entre as qualidades, mas isso é impossível para o conhecimento humano. Diante dessa problemática, Locke considerou dois caminhos.

Um deles é o ceticismo: sem a certeza, absolutamente nenhum conhecimento a respeito das substâncias é possível. Mas isso foi rejeitado por Locke, pois a dúvida hiperbólica não é genuína para si próprio (Locke, 1999, p. 265, IV.ix.2*) e para objetos externos (Locke, 1999, p. 276, IV.xi.3). O outro caminho, aquele que Locke seguiu, é o de admitir um terceiro tipo de conhecimento, o qual carece de certeza: o conhecimento sensível.

O conhecimento sensível é o conhecimento dos "efeitos cotidianos com observação de nossos sentidos", sem o entendimento de suas causas, e "devemos nos contentar em sermos ignorantes [delas]" (Locke, 1999, p. 235, p. 235, IV.iii.29). Em vez de querermos saber sobre as essências, causas básicas das propriedades que percebemos, conhecemos apenas as propriedades percebidas das quais construímos essências nominais. Como alternativa, no lugar de empregar a dedução, somos forçados a depender do julgamento de observações e da indução. No lugar de conhecermos conexões necessárias fixadas pela essência da substância real e das suas qualidades, incluindo as terciárias, conhecemos apenas a coexistência de propriedades. Locke sustenta que não podemos saber com certeza que o mesmo conjunto poderá ser encontrado coexistindo em outros casos.

> *Ficamos [...] reduzidos apenas à mercê da assistência de nossos sentidos para nos fazer conhecer que qualidades elas [as substâncias] contêm. Pois esta coexistência não pode ser conhecida, mais do que é percebido, e não pode ser percebida a não ser em objetos*

---

* No decorrer deste livro, nas referências relativas às obras de Locke, com as entradas usuais (autor, data, página), adotaremos também a seguinte indicação: Livro, capítulo, parágrafo. Por exemplo: IV.iii.29 significa *Livro 4, capítulo 3, parágrafo 29*.

particulares, mediante observação de nossos sentidos, ou, em geral, pela conexão necessária das próprias ideias. (Locke, 1999, p. 227, IV.iii.14)

Nossas descobertas sobre a coexistência de propriedades – embora sejam particulares contingentes ou, na medida em que são aplicadas para além de casos particulares que observamos atualmente, sejam tão somente prováveis – podem ainda ser qualificadas como conhecimento real. Para isso, nossas ideias (Locke, 1999, p. 55-140, II) devem encontrar certas condições. Uma ideia complexa de uma substância precisa compreender todas e somente aquelas ideias que encontramos coexistindo na natureza. Aqui, Locke preocupa-se em mostrar que o conhecimento sensível merece certo apelo, uma vez que pode ser distinguido de reivindicações arbitrárias de um lado e, de outro, acaba por ser parcamente fundamentado. O conhecimento sensível é menos que *scientia*, porém mais que opiniões não fundamentadas.

Nisto, portanto, funda-se a realidade de nosso conhecimento a respeito das substâncias: todas as nossas ideias complexas delas devem ser semelhantes, e somente delas, como são formadas das simples, como se descobriu que coexistem na natureza. E nossas ideias, sendo assim verdadeiras, embora não talvez cópias muito exatas, são, não obstante, os objetos reais do conhecimento na medida em que temos algum [deste]. Estas [...] não alcançam muito longe, mas, na medida em que o conseguirem, continuarão ainda a ser conhecimento real. (Locke, 1999, p. 241, IV.iv.12).

Quanto à reivindicação geral acerca de substâncias baseadas em observações particulares de questões de fato, estas podem ser qualificadas como conhecimento real. Reconhecidamente, é apenas provável que, quando quatro ou cinco propriedades são previamente encontradas mais uma vez coexistindo, uma quinta estará presente também. Ainda podemos formar uma ideia abstrata do ouro como uma substância que tem todas as cinco propriedades e chamar isso de *conhecimento geral*, baseado na consideração de Locke de que, uma vez que encontramos tais propriedades unidas na natureza, podemos encontrá-las unidas outras vezes.

Por meio dessa rápida apresentação de alguns conceitos de Locke, de imediato observamos sua postura empirista diante do acesso ao conhecimento e, de certa maneira adjunta a essa posição, a sua contrariedade às ideias inatas de Descartes. Vejamos com Leibniz uma alternativa a um conhecimento que, ao fim e ao cabo, depende fundamentalmente das ideias simples.

4.1.4 Leibniz

Gottfried Wilhelm Leibniz (1646-1716), contemporâneo de Locke, foi um importante filósofo e matemático alemão. Tratou de assuntos como política, religião, história, lógica, metafísica, entre outros. Ele também é famoso por ter inventado, de maneira independente de Newton, o que hoje chamamos de *cálculo diferencial e integral*.

Apesar da extensão de seus trabalhos, trataremos aqui da sua objeção à tese lockeana de que todo conhecimento deriva da experiência. Em seus *Novos ensaios sobre o entendimento humano* (1693) e *Novos ensaios* (publicados postumamente em 1765), Leibniz discute a não aceitação por parte de Locke do inatismo, pois, para ele, era preciso avaliar "se todas as verdades provêm da experiência, ou seja, da indução e dos exemplos, ou se algumas têm outro fundamento" (Leibniz, citado por Rovighi, 1999, p. 412-413). Para o filósofo alemão, indução e experiência não são suficientes para fundamentar a necessidade de uma proposição, "o que demonstra que as verdades necessárias, como as que se encontram na matemática pura, especialmente na aritmética e na geometria, devem ter princípios cuja prova não dependa de exemplos, nem por consequência dos testemunhos dos sentidos" (Leibniz, citado por Rovighi, 1999, p. 412-413).

As verdades a que Leibniz se refere não se instituem repentinamente; elas pressupõem "algo que não é puro dado da experiência" (por Rovighi, 1999, p. 412-413). Isso, o conhecimento das verdades, é que distingue o homem dos animais. Rovighi (1999, p. 412-413) assevera que Locke concordaria com Leibniz em relação à admissão da reflexão da sensação como fonte do conhecimento, mas adverte que reflexão não é sinônimo de encontrar em si certas ideias. "Há em nós ser, unidade, substância, duração, e podemos apreender em nós mesmos essas realidades e formar ideias sobre elas" (Rovighi, 1999, p. 412-413) – ideias inatas. O sentido de ideia inata de Leibniz tem como recurso seu conceito de mônada* e de percepção inconsciente. "Creio que todos os pensamentos e [todas] as ações de nossa alma venham de seu íntimo, sem que possam ser dados a ela pelos sentidos [...] embora os sentidos nos deem ocasião de tomar a consciência deles" (Leibniz, citado por Rovighi, 1999, p. 412-413). A diferença entre Locke e Leibniz é que o primeiro considera a ideia um objeto imediato de nosso conhecimento, enquanto o segundo considera a ideia um objeto interno, uma expressão da natureza ou das qualidades das coisas.

Agora, os objetos externos sensíveis, por não poderem agir na alma imediatamente, são apenas objetos mediatos. Deus somente é objeto externo imediato. A alma é um objeto interno imediato, mas assim o é

---

* Segundo o *Dicionário básico de filosofia*, de Japiassú e Marcondes (2008, p. 191), Leibniz conceitua mônada como "uma substância simples que faz parte das compostas; simples quer dizer sem partes [...] ora, onde não há partes, não há extensão, nem figura, nem divisibilidade possível. E as mônadas são os verdadeiros átomos [espirituais] da natureza. Em uma palavra, os elementos de todas as coisas".

enquanto contém ideias, as quais correspondem às coisas. "*A alma é de fato um microcosmo, no qual as ideias distintas são uma representação de Deus, as ideias confusas são uma representação do universo*" (Leibniz, citado por Rovighi, 1999, p. 412-413, grifo do original). Leibniz interpreta a tese de Descartes de que a alma pensa constantemente (*cogito*), algo que Locke rejeita com seu conceito de virtualidade. A alma, segundo Leibniz, não tem consciência do pensar, mas isso prova que o pensamento não existe porque a alma pensa sempre virtualmente (Rovighi, 1999).

Quanto às ideias simples, base fundamental para o conhecimento em Locke, Leibniz as considera uma ilusão:

> Acredito que alguém pode dizer que as ideias dos sentidos parecem ser simples porque elas são confusas: elas não dão à mente espaço para distinguir seu conteúdo. É como o modo em que objetos distantes parecem ser redondos, porque não podemos distinguir seus ângulos, mesmo que tenhamos alguma confusa impressão sobre eles. É óbvio, por exemplo, que o verde é composto por azul e amarelo, misturados – de modo que você pode muito bem pensar que a ideia de verde é composta dessas duas ideias. E mesmo assim a ideia de verde aparece para nós como tão simples quanto aquelas de azul e morno. Assim, devemos acreditar que as ideias de azul e morno são apenas em aparência simples. (Leibniz, citado por Kenny, 2009c, p. 172)

Leibniz rejeita a distinção lockeana entre qualidades secundárias (como as cores, por serem subjetivas) e qualidades primárias (como as formas, por serem objetivas). Ele considera tanto as qualidades primárias quanto as secundárias como fenômenos.

Cabe a Berkeley desenvolver mais a fundo essa rejeição leibniziana. Sem mais, vamos neste momento tratar do apriorismo de Kant e da sua reabilitação do intelecto diante dos dados da sensibilidade, depois do ceticismo humeano (tratado rapidamente no Capítulo 2) que destronou a razão, quando indicou o hábito como responsável por conectar fatos (numa relação necessária tal como causa e efeito) e possibilitar a concepção de ideia de conexão necessária. De acordo com o próprio Kant (2012), a revolução copernicana do conhecimento (Kant, 2010, p. 23, BXXII*) foi a alternativa para o racionalismo e o empirismo.

4.1.5 Kant

Immanuel Kant (1724-1804) nasceu na pequena cidade prussiana de Königsberg, próxima da costa sudeste do Mar Báltico. Hoje, a cidade natal de Kant foi renomeada para Kaliningrad e é parte da Rússia. Ele estudou física, matemática e filosofia e, em 1770, tornou-se professor titular da Universidade de Königsberg, mediante a publicação de sua dissertação *De mundi sensibilis atque intelligibilis forma et principiis*. Suas obras mais importantes foram as três críticas: *Crítica da razão pura* (1781), *Crítica da razão prática* (1790) e *Crítica do juízo* (1793). Vamos nos dedicar à epistemologia kantiana, por isso, vejamos como Kant a construiu em sua primeira crítica.

Impulsionado pelo trabalho de Hume, Kant começou a *Crítica da razã pura* pelas distinções (de ordem epistemológica e lógica) entre diferentes tipos de proposição (Kenny, 2009c, p. 184-192). Além disso, ele distinguiu dois tipos de conhecimento, *a posteriori* (derivado da

---

* A edição padrão da *Crítica da razão pura* apresenta duas indicações. A primeira edição, de 1781, é indicada por **A**, e a segunda edição, de 1788, por **B**. Nesta Subseção, usaremos ora a edição A, de 1781, ora a edição B, de 1788, como referência. Os números representam a seção da obra que contém o trecho usado como referência às citações diretas ou indiretas. Neste caso, **BXXII** significa: *Edição B, Seção XXII (prefácio)* da *Crítica da razão pura* (Kant, 2010).

experiência) e *a priori* (independentemente de qualquer experiência). Há mais uma distinção, entre juízos, que podem ser analíticos ou sintéticos. Mas como distinguir entre esses dois juízos?

Para isso, consideremos um juízo da forma **A é B**: "Ou o predicado B pertence ao sujeito A como algo contido (ocultamente) nesse conceito A, ou B jaz totalmente fora do conceito A, embora esteja em conexão com o mesmo. No primeiro caso, denomino o juízo analítico. No outro sintético" (Kant, 2010, p. 42-43, B10-A7).

Os exemplos de Kant nós já vimos, contudo, é necessário revê-los. São eles, para o julgamento analítico, "todos os corpos são extensos", e para o julgamento sintético, "todos os corpos são pesados". No primeiro caso, a extensão explica parte do conceito de "corpo"; no segundo, "pesado" não explica o conceito de corpo. A intenção de Kant era produzir definições de proposições que fossem universais. Mas o problema dessa distinção entre proposições analíticas e sintéticas é que nem sempre as proposições são estruturadas na forma sujeito-predicado. Outro problema é que a noção de "contendo" é metafórica, embora seja aplicada com caráter lógico.

Para Kant, todas as proposições analíticas são *a priori*, porém o inverso não é verdadeiro. Ele não só admite proposições sintéticas *a priori* como quer chegar às condições de possibilidade de proposições desse tipo. "Nosso conhecimento da matemática é *a priori* porque as verdades matemáticas são universais e necessárias, enquanto nenhuma generalização a partir da experiência pode ter essas propriedades" (Kenny, 2009c, p. 185), embora muitas verdades da geometria e da aritmética sejam sintéticas. Nas palavras de Kant, "Que a linha reta seja a mais curta distância entre dois pontos é uma proposição sintética, porque o meu conceito de reta não contém nada de quantitativo, mas sim uma qualidade" (Kant, 2010, p. 47, B16). A física também tem princípios que são juízos sintéticos *a priori* – por exemplo: a lei da conservação da matéria. Agora, para Kant, uma metafísica só é possível se houver conhecimento *a priori* de verdades sintéticas.

Um dos problemas principais na filosofia é: Como são possíveis julgamentos sintéticos *a priori*? Kant encontrou uma forma de responder a essa pergunta. Para ele, o conhecimento humano resulta da combinação entre os conteúdos advindos pelos nossos sentidos e as operações de nosso entendimento que os tornam objetos pensáveis. Em outras palavras, a experiência nos fornece os dados do mundo segundo as formas da sensibilidade, do espaço e do tempo, ou das intuições sensíveis, e disso temos o conteúdo; já o entendimento por meio de suas categorias* estrutura esses conteúdos em conceitos. Os sentidos e o entendimento são necessários para o conhecimento humano:

> *Nenhuma destas qualidades tem primazia sobre a outra. Sem a sensibilidade, nenhum objeto nos seria dado; sem o entendimento, nenhum seria pensado. Pensamentos sem conteúdo são vazios; intuições sem conceitos são cegas. [...] O entendimento nada pode intuir e os sentidos nada podem pensar. Só pela sua reunião se obtém o conhecimento.*
> (Kant, 2010, p. 88, A51)

Qualquer objeto do sentido na experiência humana também é um objeto do pensamento: "o que é experimentado é classificado e codificado; vale dizer, é submetido pelo entendimento a um ou [a] mais conceitos" (Kenny, 2009c, p. 186).

---

* A tábua de categorias de Kant tem ao todo doze categorias, divididas em quatro grupos: quantidade (unidade, pluralidade, totalidade), qualidade (realidade, negação, limitação), relação (inerência e subsistência, causalidade e dependência, comunidade) e modalidade (possibilidade e impossibilidade, existência e não ser, necessidade e contingência) (Kant, 2010).

Adjunto ao entendimento, nós temos a faculdade do juízo. Enquanto o entendimento forma o conceito, o juízo o aplica. O entendimento opera palavras individuais, o juízo, sentenças inteiras. "Um conceito não é nada além de um poder de fazer juízos sobre certas coisas" (Kenny, 2009c, p. 186). Por exemplo, o conceito de planta nos habilita a fazer juízos de sentenças que contenham o termo *planta* ou um equivalente. Com relação aos juízos, eles podem ser, quanto à qualidade, afirmativos, negativos e indefinidos (ou limitativos); quanto à quantidade, universais, particulares e singulares; quanto à relação, categóricos, hipotéticos e disjuntivos; quanto à modalidade, assertóricos, problemáticos e apodíticos. Vejamos, no Quadro 4.1, alguns exemplos*.

Quadro 4.1 – Tábua dos juízos de Kant

		Forma lógica	Exemplos
Qualidade	*Afirmativos*	S é P	Sócrates é sábio.
	Negativos	S não é P	Sócrates não é sábio.
	Indefinido	S é não P	Sócrates é não sábio.
Quantidade	*Universais*	Todo S é P	Todo homem é mortal.
	Particulares	Algum S é P	Alguns vertebrados são mamíferos.
	Singular	Esse S é P	Esse homem é brasileiro.
Relação	*Categóricos*	S é P	Brasília é capital do Brasil.
	Hipotéticos	Se S, então P	Se chover, ele não virá.
	Disjuntivos	Ou S, ou P	Ou ele virá, ou não virá
Modalidade	*Assertóricos*	S é P	José é carioca.
	Problemáticos	É possível que S seja P	É possível que João seja eleito.
	Apodíticos	É necessário que S seja P	É necessário que a soma dos ângulos internos de qualquer triângulo seja 180°.

Juízos e conceitos, para Kant, podem ser empíricos ou *a priori*. Os juízos *a priori* são denominados *princípios*, e os conceitos *a priori*,

---

* Os exemplos são de Japiassú e Marcondes (2008).

categorias. Kant relaciona cada categoria a um juízo, numa dedução das categorias que segundo Kenny (2009c) não é convincente. "Por exemplo, ele relaciona a categoria de substância aos juízos categóricos, [os] juízos hipotéticos à categoria de causa, e [os] juízos disjuntivos à categoria de interação." (Kenny, 2009c, p. 187). Seja ou não convincente, não há como negar a importância de que há conceitos indispensáveis ao se considerarem as operações do entendimento. O que "quer que pensemos dos detalhes particulares da dedução transcendental das categorias, parece certo estabelecer a ligação entre conceitos e juízos, e afirmar que certos conceitos devem ser fundamentais para todo entendimento" (Kenny, 2009c, p. 187).

Rovighi (1976) ressalta um aspecto diferente da dedução transcendental kantiana, contrária à opinião de Kenny (2009c), vista anteriormente:

> *A dedução transcendental das categorias é uma das partes mais torturantes da* **Crítica da razão pura** *[...]. Kant mesmo diz, no Prefácio da primeira edição, que ela [a dedução transcendental] é uma das partes mais importantes da [sua] obra e distingue nela um lado (***Seite***) subjetivo e um [outro] objetivo: o primeiro parte das faculdades do espírito humano (sensibilidade, imaginação e entendimento) para mostrar como estas contribuem para constituir o objeto da experiência; o segundo parte do objeto [da experiência] para mostrar como entram na constituição deste os dados da sensibilidade e os conceitos do entendimento. Tanto em um como em outro aspecto, ou lado, a dedução transcendental pretende ser a demonstração de que as categorias são necessárias para constituir o objeto.* (Rovighi, 1976, p. 634, tradução nossa, grifo do original)

Com relação à segunda parte, ou lado, objetiva da dedução, Rovighi (1999) detém-se a um parágrafo da *Crítica da razão pura* que exprime a essência dessa dedução:

*O entendimento, falando em geral, é a faculdade dos conhecimentos. Estes consistem na relação determinada de representações dadas a um objeto. O **objeto**, porém, é aquilo em cujo conceito está **reunido** o diverso de uma intuição dada. Mas toda a reunião das representações exige a unidade da consciência na respectiva síntese. Por consequência, a unidade de consciência é o que por si só constitui a relação das representações a um objeto, a sua validade objetiva portanto, aquilo que as converte em conhecimentos, e sobre ela assenta, consequentemente, a própria possibilidade do entendimento.* (Kant, 2010, p. 136, B137, grifo do original)

O objeto do conhecimento não é o **diverso da intuição dada**, mas uma unidade. Essa unidade não pode vir do que é dado pela sensibilidade; ela vem do entendimento (unidade da consciência), do *eu penso* (B131), como diz o próprio Kant (2010). Ademais, "a unidade do objeto é aquela unidade que mantém estreitas, por assim dizer, as várias propriedades do objeto, é o que constitui o liame [destas] (*Verbindung*), e esse liame se exprime no juízo" (Rovighi, 1976, p. 635, grifo do original). O vínculo entre o vermelho e o peso do cinábrio (minério à base de sulfeto de mercúrio), exemplo de Kant (B101), é o que permite formular o juízo "o cinábrio (visto como vermelho) é pesado" (Rovighi, 1976, p. 635, tradução nossa). Kant considera que o juízo não exprime um vínculo subjetivo, como teria dito Hume com o **hábito**. Diferentemente de "à minha percepção de vermelho se associa a imagem de peso" (Rovighi, 1976, p. 635, tradução nossa), Kant diria que existe um vínculo necessário entre essas duas propriedades, e essa necessidade não pode vir do diverso da intuição sensível.

Assim, segundo Rovighi (1976, p. 635, tradução nossa, grifo do original), é deduzida, justificada ou demonstrada a presença unificadora do entendimento para construir o objeto, e "assim é resolvido o problema de como são possíveis juízos sintéticos *a priori*." Para esse autor:

> *Se, de fato, o objeto se constitui como tal pela atividade unificadora do intelecto, compreende-se que as leis da natureza, ou seja, dos objetos, possam ser conhecidas **a priori** e não pela generalização da experiência [como ocorre na indução]: é porque as leis da natureza são as leis impostas pelo próprio intelecto [entendimento], porque o intelecto com suas categorias constitui o objeto da experiência, é autor, não expectador, deste.* (Rovighi, 1999, p. 555, grifo do original)

Segundo Kant (2010, p. 165-166, B163-B164, grifo do original):

> *As categorias são conceitos que prescrevem leis **a priori** aos fenômenos e, portanto, à natureza como conjunto de todos os fenômenos (natura **materialiter spectata**); pergunta-se agora, já que as categorias não são derivadas da natureza e não se pautam por ela, como se fora seu modelo (caso contrário seriam simplesmente empíricas), como se pode compreender que a natureza tenha de se regular por elas, isto é, como podem determinar **a priori** a ligação do diverso da natureza, não a extraindo desta. Eis aqui a solução deste enigma.*
>
> *Que as leis dos fenômenos da natureza devam necessariamente concordar com o entendimento e a sua forma **a priori** [...] não é mais nem menos estranho do que os próprios fenômenos terem de concordar com a forma da intuição sensível **a priori**. Porque as leis não existem nos fenômenos, só em relação ao sujeito a que os fenômenos são inerentes, na medida em que este possui um entendimento; nem tão pouco os fenômenos existem em si, mas relativamente ao mesmo sujeito, na medida em que é dotado de sentidos.*

Kant assim pretende salvar a metafísica já arruinada pelos seus antecessores, contudo, segundo ele, numa constituição única para toda a futura metafísica do conhecimento. Para finalizar esta subseção, vejamos Kant direcionar-se diretamente a Locke e a Hume, apontando as falhas nas teorias de ambos para explicar qualquer conhecimento que possa ser considerado verdadeiramente ciência, numa passagem logo antes da dedução transcendental:

> O célebre Locke, por falta destas considerações e por ter encontrado na experiência conceitos puros do entendimento, derivou-os desta, mas procedeu **com tal inconsequência** que se atreveu alcançar, deste modo, conhecimentos que ultrapassam todos os limites da experiência. David Hume reconheceu que, para tal ser possível, seria necessário que esses conceitos tivessem uma origem **a priori**. Mas, não podendo de maneira nenhuma explicar, como era possível que o entendimento devesse pensar como necessariamente ligados no objeto, conceitos que não estão ligados, em si, no entendimento, e como não lhe ocorreu que o entendimento poderia, porventura, mediante esses conceitos, ser o autor da experiência onde se encontram os seus objetos, foi compelido a derivá-los da experiência (a saber de uma necessidade subjetiva, que resulta de uma frequente associação na experiência, e se chega a tomar falsamente por objetiva, que é o **hábito**); mas procedeu em seguida de modo muito consequente, considerando impossível ultrapassar os limites da experiência com estes conceitos ou com os princípios a que dão origem. Porém, a derivação **empírica**, a que ambos recorreram, não se coaduna com a realidade dos conhecimentos científicos **a priori** que possuímos, ou seja, os da **matemática pura** e os da **ciência geral da natureza**, sendo, por conseguinte, refutada pelo fato.
>
> O primeiro destes dois homens ilustres abriu de par em par as portas à **extravagância** porque a razão, quando tem direitos por seu lado, não se deixa facilmente sofrear por vagos incitamentos à moderação; o segundo entregou-se totalmente ao **ceticismo**, quando julgou descobrir que era ilusória a nossa capacidade de conhecimento, geralmente considerada razão. – Estamos agora prestes a tentar ver se não é possível conduzir a razão humana incólume por entre estes dois escolhos, procurando fixar-lhe limites determinados e, todavia, manter aberto todo o campo de sua legítima atividade.

> *Antes, porém, quero apenas retomar ainda a explicação das **categorias**. São conceitos de objetos em geral, por intermédio dos quais a intuição desse objeto se considera **determinada** em relação a uma das **funções lógicas** do juízo. Assim, a função do juízo **categórico** era a da relação do sujeito com o predicado; por exemplo: todos os corpos são divisíveis. Mas, em relação ao uso meramente lógico do entendimento, fica indeterminado a qual dos conceitos se queria atribuir a função de sujeito e a qual a de predicado. Pois também se pode dizer: algo divisível é um corpo. Pela categoria da substância, porém, se nela [se] fizer incluir o conceito de corpo, determina-se que sua intuição empírica na experiência deverá sempre ser considerada como sujeito, nunca como simples predicado; e assim em todas as restantes categorias.* (Kant, 2010, p. 125-127, B127-B129, grifo do original).

Até aqui, tratamos mais sobre a epistemologia, mas a subseção seguinte nos auxiliará a entender aspectos sobre o conhecimento científico verdadeiro, discutidos efetivamente na filosofia natural e na física. Veremos, também, quais foram as repercussões em torno principalmente do método para se chegar ao conhecimento.

4.1.6 Filosofia natural

Entramos finalmente no que é reconhecidamente o mais próximo ao que amplamente entendemos hoje por *ciência*. A filosofia natural (Kenny, 2009c) teve nos séculos XVI e XVII um período de grande importância. Os conteúdos que faziam parte desse domínio do conhecimento foram divididos em duas vertentes: filosofia da ciência natural e ciência da física. Ambas apresentam conteúdos comuns, porém, também tratam de conteúdos diversos. Enquanto "A filosofia da natureza busca um entendimento dos conceitos que empregamos na descrição e no relato dos fenômenos naturais: conceito como "espaço", "tempo", "movimento" e "mudança"" (Kenny, 2009c, p. 193), a ciência física procura "estabelecer e explicar os fenômenos em si, não por um raciocínio *a priori* ou por análise conceitual, mas por observação, experimento e hipótese" (Kenny, 2009c, p. 193). Ambas as divisões precisam uma da outra, contudo, é importante para nós termos em mente o que as distingue.

No início do período moderno, ocorreu essa separação, mais precisamente, nas objeções e nos questionamentos sofridos pela já esgarçada autoridade da filosofia natural de Aristóteles, cujo conteúdo é um misto indiscriminado da filosofia da ciência natural e da ciência física. Como vimos, essa filosofia aristotélica foi dominante nas universidades por um longo período, principalmente no medieval. Para Kenny* (2009c), não há dúvidas quanto ao freio que essa filosofia ofereceu ao desenvolvimento de ciências como mecânica e astronomia. Três grandes filósofos distantes do círculo escolástico atacaram o aristotelismo das escolas e acabaram por ganhar força posteriormente. Foram eles: Galileu, Bacon e Descartes. Contudo, o preço pago foi alto, pois "a liberação da física foi acompanhada de um empobrecimento da filosofia" (Kenny, 2009c, p. 194). A física científica de Aristóteles foi demonstrada, de modo lato, incorreta. Isso não implica que o esquema conceitual não tinha o seu valor. O problema foi que, com muita frequência, o descarte foi abusivo, pois tanto o que tinha de valor como o que não tinha foram por vezes eliminados.

Galileu sofreu as consequências dos aristotélicos mais irredutíveis com posicionamentos descritos por Kenny (2009c) como preconceituosos, protecionistas e obscurantistas. Por outro lado, a condenação feita por parte de historiadores aos professores escolásticos foi severa, pois eles foram frequentemente acusados de preferirem as especulações em

---

* Por trás dessa crítica de Kenny (2009c), existe um conceito progressista e cumulativo de ciência, ou seja, que a ciência traz necessariamente o desenvolvimento e que este é fruto do somatório dos trabalhos de toda uma comunidade de cientistas que se esforçaram e se esforçam para chegar cada vez mais próximo da verdade. Veremos adiante que ideias como essa são enfraquecidas com críticas como as de Thomas Kuhn.

detrimento da observação e do experimento (Kenny, 2009c). Contudo, a recusa a esse modo experimental de se fazer ciência por parte desses professores escolásticos não somente restringiu seus próprios trabalhos como também os de outrem. Foi o que ocorreu com Galileu, quando um professor de Pádua se recusou a sequer observar o céu pelo telescópio confeccionado por ele.

Agora, é preciso fazer justiça a dois aspectos dessa história. Um deles é o de que muitos astrônomos jesuítas, mesmo contrários a Galileu, eram muito respeitados por mérito próprio. O outro aspecto é que Aristóteles não era ele próprio contrário à empiria como alguns de seus seguidores. "Devemos confiar na observação antes que na teoria, e confiar nas teorias somente se os seus resultados se adequarem à observação dos fenômenos" (Aristóteles, citado por Kenny, 2009c, p. 195). De fato, esse mesmo argumento pode ser usado (como de fato o foi) contra Galileu: "o heliocentrismo era apenas teoria, mas o movimento do Sol era algo que podíamos ver com nossos próprios olhos"(Kenny, 2009c, p. 195). Kenny (2009, p. 195) nos mostra sua justificativa para a recusa dos aristotélicos da ciência de outra teoria que não fosse a por eles praticada:

As obras do próprio Aristóteles são repletas de observações originais e ponderadas, e não é motivo de vergonha para ele se foi demonstrado que sua física estava equivocada depois de terem se passado dezoito séculos. É um paradoxo que um dos maiores cientistas da Antiguidade fosse tornar-se o maior obstáculo ao progresso científico nos primórdios da Modernidade. A explicação, contudo, é simples. Quando as obras de Aristóteles foram redescobertas no Ocidente latino, elas foram apresentadas a uma sociedade que era predominantemente literata. O cristianismo, à semelhança do judaísmo e do islamismo, era uma "religião do livro". A autoridade suprema repousava na Bíblia: a função da Igreja era preservar, proclamar e interpretar as mensagens contidas naquele livro, além de promover os ideais e práticas que nele eram apresentados. Tão logo os textos de Aristóteles asseguraram sua aceitação na academia latina, em vez de serem lidos como estímulos para novas investigações, foram tratados com a reverência apropriada a um livro sagrado. Daí as autênticas contradições de Galileu a Aristóteles terem causado tanto escândalo quanto as suas imaginadas contradições à Bíblia.

Com relação ao método científico, como vem sendo entendido ao longo dos últimos séculos, ele é composto de quatro estágios principais. Primeiro, observamos sistematicamente o fenômeno a ser explicado. Segundo, propomos uma teoria que proporcione uma explicação desse fenômeno. Terceiro, essa teoria deve prever fenômenos futuros não incluídos na investigação anterior. Quarto, testamos empiricamente a previsão. Disso se segue que, se a previsão não se confirmar, rejeitamos a teoria que a produziu, mas, se a previsão se confirmar, então a teoria estará confirmada até esta última previsão e consequentemente será submetida a outros testes. "A cada um desses estágios, a matemática desempenha um papel crucial: na precisa medição dos fenômenos a ser explicados e do resultado do experimento verificador; e na formulação das hipóteses apropriadas e da derivação de suas esperadas consequências." (Kenny, 2009c, p. 196).

Quatro filósofos em especial contribuíram, durante o período proposto, com exemplos do eventual consenso sobre ciência: Aristóteles, Galileu, Bacon e Descartes. Por outro lado, cada um deles também falhou ao dar apreço a um ou a outro elemento que fosse necessário para a síntese de seus estudos sobre o tema. De modo geral, ainda não estava muito clara a relação entre a ciência e a matemática.

Aristóteles, mesmo que tenha sido um investigador empírico muito admirado, apresentou em seus *Segundos analíticos* um modelo irreal de ciência com base na geometria, naquele tempo o ramo da matemática mais avançado. "Ele acreditava que uma ciência completa poderia ser apresentada como um sistema axiomático *a priori*, semelhante ao que seria posteriormente desenvolvido por Euclides" (Kenny, 2009c, p. 196).

Descartes, um exímio matemático, buscou nas proposições da aritmética simples e da geometria básica as verdades que tivessem apelo intuitivo imediato. Desse modo, a ciência imitaria a matemática.

Bacon, entre eles, foi quem se dedicou mais cautelosamente à "descrição dos procedimentos para a coleta sistemática de dados empíricos e para a formação de hipóteses apropriadas" (Kenny, 2009c, p. 196). Ele dava pouca importância à matemática nessas duas tarefas, pois a considerava um mero apêndice da ciência.

Galileu foi o único a apreciar completamente o papel fundamental da matemática na ciência. Para ele, o livro da natureza foi escrito na linguagem da matemática: no lugar dos tipos, têm-se triângulos, círculos e outras figuras geométricas, sem as quais é humanamente impossível entendê-lo (Kenny, 2009c). Galileu falhou, e isso foi ressaltado por seus opositores aristotélicos, ao reconhecer que uma hipótese era confirmada somente pelo sucesso de uma previsão, não confirmada com certeza.

> *Foi este ponto que foi assumido pelos filósofos da ciência do século XX, tais como Pierre Duhem e Karl Popper, que consideravam ter sido Belarmino o vencedor no debate sobre o heliocentrismo. Eles foram talvez excessivamente generosos ao atribuir ao cardeal um domínio total do método hipotético-dedutivo.* (Kenny, 2009c, p. 197)

4.1.7 Galileu Galilei

Galileu Galilei (1564-1642) nasceu em Pisa, na Itália. Começou seus estudos em medicina, mas não chegou a tornar-se médico. Foi a matemática que o encantou e o fez mudar os rumos de seus estudos.

Ele foi um experimentador meticuloso e um grande estudioso da mecânica, da astronomia e da termologia. É famoso na história da ciência por ter: defendido publicamente o heliocentrismo; desenvolvido a lei da queda dos corpos; construído o telescópio refrator; descoberto as manchas solares, as montanhas da Lua, as fases de Vênus, as fases dos satélites de Júpiter e os anéis de Saturno; construído o termoscópio; entre outros feitos de inestimável valor à filosofia natural. Mas ele também contribuiu com suas ideias a respeito do rigor na ciência. Galileu foi contrário à ciência literata, ou seja, avesso ao dedutivismo lógico não observacional dos aristotélicos escolásticos. Em linhas gerais, Galileu atribuiu à ciência a observação rigorosa e a experimentação metódica, e na matemática encontrou uma aliada na interpretação da linguagem da natureza.

Segundo Rovighi (1999), no texto *As mecânicas,* de 1593, Galileu defendeu que uma ciência rigorosa (demonstrativa) deve proceder tal como a geometria, por definições e axiomas que "como de fecundíssimas sementes, pululam e brotam consequentemente as causas e as verdadeiras demonstrações" (Galileu, citado por Rovighi, 1999, p. 53). Na visão desse cientista, devemos começar pelas definições e pelos axiomas para chegar à demonstração de teoremas. Contudo, precisamos nos assegurar do valor das definições, uma tarefa difícil mesmo quando tratamos de fenômenos físicos. As definições devem ter como base a experiência. Aristóteles e seus seguidores medievais consideravam simples alcançar as definições, opinião muito contrária à de Galileu.

> *Com o método que Galileu indica [...] vinha a constituir-se um novo tipo de saber, aquele que hoje chamamos* **ciência***, distinto da filosofia. Para Aristóteles e para os escolásticos, existia um único tipo de saber – ainda que subdividido em três graus: física, matemática e metafísica –, no qual, por abstração, se colhem [sic] as essências e seus atributos fundamentais; predicando das essências esses atributos fundamentais, formulam-se os axiomas ou hipóteses*

ou postulados, e, quando se reconhece num caso particular uma essência, demonstra-se dedutivamente um teorema. (Rovighi, 1999, p. 57, grifo do original)

Galileu desenvolveu e dispôs abertamente um método de um novo tipo de saber. Ele buscou leis, limitando-se a algumas "afecções" (medidas) dos corpos a fim de decifrar o comportamento dos fenômenos. Fez hipóteses em termos matemáticos e deduziu previsões a serem verificadas. O processo de verificação de Galileu pode ser mais bem explicado por meio de um exemplo, para o qual usaremos o problema da queda dos corpos. Primeiramente, Galileu experimentou a hipótese aristotélica dos graves: a velocidade de queda dos corpos é proporcional à sua característica massiva. A experiência de Galileu refutou tal hipótese. Ele, então, lançou outra hipótese, a de que o movimento de queda dos corpos é uniformemente acelerado. Com base nisso, formulou a expressão matemática desse movimento e demonstrou que, para que ele seja acelerado, deve ser proporcional ao quadrado do tempo de duração dele mesmo:

Para verificar se a hipótese corresponde à realidade, se os graves caem segundo a fórmula do movimento uniformemente acelerado, é preciso fazer este raciocínio: a velocidade proporcional aos quadrados dos tempos é característica do movimento uniformemente acelerado; ora, a experiência nos diz que no movimento dos graves a velocidade é proporcional aos quadrados dos tempos, portanto os graves caem com movimento uniformemente acelerado. (Rovighi, 1999, p. 57)

A característica principal desse saber iniciado por Galileu é que ele reduz uma essência (ou propriedade) do fenômeno a uma definição matemática. Em vez de especular sobre as essências que não conhecia para, com base nelas, deduzir teoremas que, depois, com recurso da experiência, eram negados, Galileu definiu a essência do fenômeno com base na lei de seu comportamento, expressa matematicamente. Uma vez que a linguagem da natureza é a matemática, o que Galileu faz fundamentado nesse pressuposto é desvendar essa linguagem. Desse modo, o rigor e a certeza das ciências são tomados emprestados das matemáticas.

Vejamos, em seguida, como Francis Bacon se diferencia de Galileu, apesar de ambos serem considerados fundadores da ciência moderna.

4.1.8 Francis Bacon

Francis Bacon (1561-1626), além de ter sido um homem da ciência, foi um homem da política, ocupando cargos importantes durante o reinado de Jaime I no Reino Unido. Porém, foi acusado de corrupção, condenado a pagar uma multa severa e obrigado a deixar a vida pública.

Ele, assim como Galileu e Descartes, viveu o período de declínio do aristotelismo escolástico (Rovighi, 1999), que ocorreu muito em função da incapacidade da ciência de Aristóteles em se corresponder com os fenômenos da experiência. A estrutura lógico-dedutiva desse filósofo em pouco ou em nada se parecia com os resultados que pesquisas particulares de fenômenos naturais vinham obtendo. Digamos que corriam em direções diferentes: o aristotelismo para o seu colapso, e o movimento de uma nova ciência para o seu surgimento. O que precisava ser encontrado era um novo método, um método diferente do de Aristóteles que tivesse uma correspondência empírica. Então, os três cientistas modernos (Bacon, Galileu e Descartes) foram sobremaneira importantes para esse processo.

Bacon havia declaradamente escolhido Aristóteles como o adversário a ser batido. Isso fica claro já no título da obra daquele primeiro: *Novum organum*. Sua intenção era substituir o conjunto dos escritos lógicos de

Aristóteles, o *Organum*, pelo seu novo método de fazer ciência. Ainda mais patente é o posicionamento de Bacon quando escreve, já nas primeiras páginas de seu livro, "Ora, a ciência dos antigos, puramente contemplativa, é estéril; portanto, é necessária uma nova ciência, orientada para a técnica" (Bacon, citado por Rovighi, 1999, p. 18). Bacon queria, por meio da técnica científica, dominar a natureza; esse era seu objetivo. Para tal, era preciso dispor de procedimentos diferentes dos de Aristóteles.

O método de Bacon tem como novidade essencialmente o seguinte:

> 1) o momento fundamental da aquisição do saber é a **indução**, não a dedução silogística; 2) na indução, não é preciso passar de imediato da experiência dos particulares aos axiomas mais universais, mas deve-se ir gradativamente da experiência dos particulares aos axiomas menos universais (axiomas médios) e, então, destes passar aos mais universais; 3) para encontrar os axiomas médios, não é preciso entregar-se ao acaso, mas cumpre seguir certas regras. (Rovighi, 1999, p. 18-22, grifo do original)

Essas regras certas são uma tentativa de Bacon de construir uma terceira via entre o ceticismo e o dogmatismo, no que diz respeito ao saber. Sua via purgatória dos *idola* busca, de certa maneira, isso:

> [As] **Idola** são nossas imaginações, em relação às **ideias** divinas: as ideias divinas são criadoras da realidade, que traz rastros delas em sua estrutura, e nós homens só poderemos alcançar um conhecimento verdadeiro se tentarmos seguir estes rastros, se tentarmos nos adequar a eles; se, ao contrário, quisermos antecipar com nossa mente aquilo que deve ser na realidade, se quisermos projetar nossas ideias sobre as coisas, não alcançaremos o saber [...]. (Bacon, citado por Rovighi, 1999, p. 22)

A mente humana, diria Bacon, não é uma "tábula rasa" (Klein, 2012). Em vez de nossa mente ser um plano ideal do mundo em sua totalidade, ela mais se assemelha a um espelho curvo com distorções que lhe são implícitas (ocasionada pelos *idola*). Para nós, torna-se claro que Bacon não tem uma epistemologia bem estruturada, contudo acaba por desenvolver um esboço de uma imagem da mente que nos revela de início nossa incapacidade de tomar uma figura objetiva dos verdadeiros objetos.

> As **idola** são as falácias mais profundas da mente humana porque elas não enganam em detalhes, como as outras o fazem, nublando em ardis o julgamento; mas [enganam] por uma predisposição corrupta e mal-ordenada do espírito, que, por assim dizer, perverte e infecta todas as antecipações do intelecto." (Bacon, citado por Klein, 2012, tradução nossa).

As *idola* de Bacon são as seguintes:

> **Idola tribus:** têm sua origem na produção de falsos conceitos por conta da própria natureza humana. O entendimento humano é influenciado pelo influxo da vontade e dos afetos e com isso tende a afirmar aquilo que agrada ao homem, em detrimento do que é verdadeiro.
>
> **Idola specus:** consistem de concepções ou doutrinas que estimam quem as deseja, sem possuir qualquer evidência de suas verdades. Esses ídolos estão radicados no temperamento individual de cada um de nós no que tange à nossa educação, aos nossos costumes, à nossa experiência acidental ou contingente.
>
> **Idola fori:** baseiam-se em falsas concepções derivadas do uso da linguagem, quando usamos palavras sem nos darmos conta de seus significados. Nossa razão governa as palavras, mas elas reagem ao nosso entendimento.
>
> **Idola theatri:** são preconceitos decorrentes ou recebidos de sistemas filosóficos tradicionais. Esses sistemas se assemelham a mundos ficcionais que nunca foram expostos à verificação experimental ou testados pela experiência. Esses ídolos têm sua origem na filosofia dogmática ou em leis de demonstração erradas. (Klein, 2012, tradução nossa)

Mas qual alternativa apresenta Bacon para a possibilidade da ciência verdadeira? Para elaborar uma ciência verdadeira, é preciso ter uma ideia exata do objetivo desse saber. "Ora, a única meta verdadeira e legítima de todo o caminho das ciências é dotar a vida humana de novas descobertas e substâncias" (Bacon, citado por Rovighi, 1999, p. 23).

Para Bacon, existem duas vias para o saber (busca ou descoberta da verdade). Uma delas parte "do sentido e dos particulares, voa subitamente para os axiomas mais gerais, e julga, de acordo com estes princípios, já definidos em sua verdade imutável, obtendo os axiomas médios" (Bacon, citado por Rovighi, 1976, p. 22, tradução nossa); essa é a via mais comum de ser seguida pelos aristotélicos. A outra também parte do sentido e dos particulares, mas extrai os axiomas, ascendendo ininterruptamente, passo a passo, até chegar finalmente aos axiomas mais gerais; essa é a verdadeira via: a via da verdadeira indução.

Aqui subjaz um pressuposto: construir a física com base no que colhemos da experiência. Mas, para Bacon, se o que procuramos colher for as essências das coisas, não descobriremos nada de novo e isso não nos fará prever algum fenômeno natural. O silogismo tem seu valor como instrumento lógico, mas, se suas premissas são confusas, diria Bacon (Rovighi, 1999), a conclusão delas extraída também o será, ou seja, não terá valor. Bacon conclui que o que resta é a verdadeira indução:

> *Observa-se, portanto, que a crítica não se dirige ao silogismo como procedimento lógico, mas às premissas de certos silogismos e à pressa com que se chega a tais premissas. Ora, já que o procedimento para chegar às premissas universais, aos axiomas, com o qual se sobe da experiência dos particulares às proposições universais é a indução, a esperança de obter premissas válidas estará toda no fazer bem a indução: na **indução verdadeira**.* (Rovighi, 1999, p. 25, grifo do original).

Antes de entrarmos na indução verdadeira de Bacon, precisamos distinguir alguns de seus conceitos. **Corpos indivíduos** são concretos e as únicas coisas existentes; **natureza simples** é o que caracteriza os corpos, ou seja, as suas qualidades (por exemplo, cor, peso, maleabilidade etc.); **forma** é a qualidade profunda da qual se originam as qualidades sensíveis. No entanto, para Bacon, descobrir a forma é descobrir a **lei** segundo a qual os corpos operam de acordo com um **processo oculto** (*latens processus*) e um **esquematismo oculto** (*latens schematismus*). Em linhas gerais, o primeiro é a investigação do que permanece nos processos de transformação, já o segundo é a investigação da organicidade do fenômeno.

O processo e o esquematismo, embora oculto, está relacionado às qualidades sensíveis, portanto, objetos da física. Contudo, são expressões de um objeto da metafísica, a *forma*. Esta, como vimos, identifica-se com a lei do comportamento de um fenômeno e se exprime por um axioma, princípio fundamental e universal da natureza. Esse axioma é descoberto pelo processo da verdadeira indução, que parte da observação dos fatos de "uma história natural e experimental que seja suficiente e exata" (Bacon, citado por Rovighi, 1999, p. 26), e a ordenação desses fatos coletados está nos passos seguintes:

1. Primeiro passo: *tabula praesentiae*, é preciso "fazer uma citação diante do intelecto de todas as instâncias conhecidas que se combinam numa mesma natureza, ainda que se encontrem em matérias muito diferentes" (Bacon, citado por Rovighi, 1999, p. 26). Em outras palavras, devemos enumerar todos os fatos nos quais se apresenta determinado fenômeno.

2. Segundo passo: *tabula absentiae*, "deve-se fazer uma citação, diante do intelecto, daquelas instâncias de que está privada a natureza dada [...] naqueles sujeitos que são muito semelhantes aos outros, nos quais está presente e comparece a natureza dada" (Bacon, citado por Rovighi, 1999, p. 27). A semelhança desse passo em relação ao anterior é a enumeração; já a diferença é

que se devem enumerar casos diferentes nos quais o mesmo fenômeno está presente.
3. Terceiro passo: *tabula graduum*, enumeramos casos em que a "natureza" estudada está parcialmente presente. Em seguida, faz-se a **exclusão**, ou seja, retiramos as instâncias que sejam incompatíveis coma natureza daquilo que está sendo estudado (Rovighi, 1999).
4. Finalmente, "pode-se fazer uma *vindemiatio prima*, ou seja, uma primeira hipótese, que deverá, em seguida, ser verificada pela experiência, especialmente com os exemplos privilegiados (*praerogativae instantiarum*) [...]" (Rovighi, 1999, p. 28, grifo do original).

Como vimos, Bacon criou um método detalhado para se chegar ao princípio ou ao axioma ou, ainda, à lei da natureza que descreve um fenômeno por meio de um processo nomeado por ele de *verdadeira indução*. Ele nos apresenta, portanto, um método experimental, um processo longo e trabalhoso para se chegar a esse princípio.

Em se tratando de método, nada mais justo que trazer à discussão, novamente, Descartes, outro importantíssimo filósofo que se dedicou a construir um método, ao mesmo tempo abrangente, necessário e suficiente para se chegar à verdadeira ciência. Veremos que o tratamento desse filósofo francês também é meticuloso como o de Bacon, porém seus princípios são outros.

4.1.9 Descartes (parte 2)

Na obra *Regras para a orientação do espírito* (1628), Descartes apresenta como Regra I o seguinte: "Os estudos devem ter por meta dar ao espírito uma direção que lhe permita formular juízos sólidos e verdadeiros sobre tudo o que se lhe apresenta" (Descartes, 2012, p. 1). Ele tinha em mente chegar a um método capaz de formular "juízos sólidos e verdadeiros" como condição para conhecer a verdade.

Descartes estava certo que "tinha [se] dado conta desde cedo na [sua] vida universitária que nenhuma opinião, por mais absurda e incrível, pode ser imaginada não ter sido sustentada por alguns dos filósofos" (Descartes, 2011, p. 23-24). Entre os filósofos, Descartes afirma, na *Carta do autor ao tradutor francês, ao jeito do prefácio*, em seus *Princípios da filosofia*, que Platão e Aristóteles haviam tentado estabelecer as "primeiras causas" e os "verdadeiros princípios" (Descartes, 1997, p. 15-25). Disso advém que as razões de tudo o que pode ser conhecido podem ser deduzidas. Todos aqueles que se disseram filósofos seguiram Platão e Aristóteles, sobretudo este último.

A principal disputa que os discípulos de Aristóteles tiveram foi ou de "pôr todas as coisas em dúvida" ou de encontrar "se havia algumas que fossem certas" (Descartes, 1997, p. 17). Isso, segundo Descartes, levou a grandes erros, e aqueles primeiros que defendiam a dúvida, como consequência, "logo a tornavam extensiva às acções da vida [...] desprezavam o uso da prudência para se conduzirem" (Descartes, 1997, p. 17), ao passo que aqueles outros sustentavam a certeza, "supondo que [esta] devia depender dos sentidos, fiaram-se neles [...] completamente" (Descartes, 1997, p. 18). Para Descartes, na maior parte das polêmicas, a verdade encontra-se no meio de duas opiniões, e cada uma destas se afasta da outra "conforme a tendência para se contradizer" (Descartes, 1997, p. 18).

O erro daqueles que pendiam para a dúvida não foi seguido por muito tempo, e o erro em relação aos sentidos, dos outros, logo foi corrigido, pois foi reconhecido que os sentidos nos enganam. Mas, mesmo considerando que a certeza não se encontra nos sentidos – "a certeza provém somente do entendimento quando este tem percepções evidentes" (Descartes, 1997, p. 18) –, tem-se que: por um lado, fia-se o conhecimento unicamente nos quatro graus de sabedoria*– ora, não se deve duvidar daquilo que se afigura verdadeiro (Descartes, 1997) –; por outro lado, não podemos considerar isso que se afigura verdadeiro tão certo a ponto de não mudar de opinião acerca disso diante de evidência racional que nos obrigue a essa atitude. Em relação a tais dificuldades, conclui Descartes:

> *quando temos maus princípios [,] afastamo-nos do conhecimento da verdade e da sabedoria quanto mais nos esforçamos por nos cultivarmos e nos aplicarmos cuidadosamente a extrair deles as diversas consequências pensando que isso é filosofar: donde se deve concluir que aqueles que menos têm aprendido com aquilo que até agora se chamou Filosofia são os mais capazes de aprender a verdadeira [filosofia].*
> (Descartes, 1997, p. 19)

Numa descrição autobiográfica, no *Discurso sobre o método* (1637), Descartes deixou claro seu desejo de se livrar das opiniões falsas e obscuras que lhe serviram um dia de sustento para seu conhecimento. Como desde criança já era voltado às letras, como ele próprio disse, acreditou que a instrução formal poderia conduzi-lo às verdades, distanciando-o, pois, do conhecimento vulgar. Uma vez que se estabeleça o conhecimento sobre os sentidos, verificamos frequentemente o mesmo equívoco do vulgo de tomar "cobre e vidro" por "ouro e diamante" (Descartes, 1997). Essa mesma questão é reforçada nas *Meditações metafísicas* (1641):

---

* Segundo Descartes,"O primeiro grau contém noções tão claras em si próprias que as podemos adquirir sem meditação; o segundo compreende tudo o que a experiência dos sentidos nos leva a conhecer; o terceiro é aquilo que a conversa dos outros homens nos ensina; e a este sepodemos acrescentar o quarto grau, a leitura, não de todos os livros, mas particularmente daqueles que foram escritos por pessoas capazes de nos darem boas instruções" (Descartes, 1997, p. 17).

Há já algum tempo eu me apercebi de que, desde meus primeiros anos, recebera muitas falsas opiniões como verdadeiras, e de que aquilo que depois eu fundei em princípios tão mal assegurados não podia ser senão mui duvidoso e incerto; de modo que me era necessário tentar seriamente, uma vez em minha vida, desfazer-me de todas as opiniões a que até então dera crédito, e começar tudo novamente desde os fundamentos, se quisesse estabelecer algo de firme e de constante nas ciências. (Descartes, 1988a, p. 17)

O que está presente nesse excerto, podemos dizer, é justamente o que deu a tônica ao início do período moderno: a urgência de se estabelecer um novo método de se fazer ciência. Como vimos, uma crise no pensamento aristotélico, sobretudo na física, estava instaurada. O método escolástico, principalmente, não se sustentava. Os crescentes estudos em mecânica colocavam à prova o conhecimento vigente até então tido como verdadeiro. As exigências técnicas de pesquisas particulares sobre fenômenos naturais contestavam frequentemente a física de Aristóteles.

Não só um "cientista" como Galileu, mas também um filósofo como Descartes se opôs aos princípios teorizados no *Organum* aristotélico. Bacon diria que, para se dominar a natureza, é preciso seguir procedimentos diferentes aos do filósofo estagirita (Rovighi, 1999). Inspirado no ideal de um saber útil, de um saber para poder, ele escreveu o *Novum organum*. Percebemos que a ciência dos antigos era vista como predominantemente contemplativa e, portanto, estéril. Assim, tornara-se importante desenvolver uma nova ciência. Esse foi o espírito da época e Descartes estava também embebido dele.

Na Regra II, Descartes vislumbrava uma ciência: "Os objetos com os quais devemos nos ocupar são aqueles que nossos espíritos parecem ser suficientes para conhecer de uma maneira certa e indubitável" (Descartes, 2012, p. 5), ou seja, devemos nos limitar a objetos dos quais podemos ter um conhecimento "certo e indubitável". Das ciências já encontradas, são a aritmética e a geometria que conduzem, segundo a regra apresentada, ao conhecimento "certo e indubitável"; os outros casos são meras opiniões, não ciência.

Descartes examina essa afirmação, da aritmética e da geometria serem isentas de qualquer defeito de falsidade ou de incerteza, por duas vias, as quais conduzem ao conhecimento das coisas: a experiência e a dedução. Para ele, a primeira leva ao erro porque, por vezes, temos experiência de algo enganoso. Contudo, a segunda, que é o mesmo que a operação pura pela qual se infere uma coisa da outra, pode até ser omitida, mas jamais malfeita por nosso entendimento. Logo, os homens erram ou porque efetuam juízos irrefletidos e sem fundamento ou porque partem de experiências pouco compreendidas. O projeto de Descartes foi, então, tomar a aritmética e a geometria como modelos para todo o saber. Isso não é o mesmo que limitar-se a elas, mas usá-las para alcançar o conhecimento científico.

Até aqui, sabemos que a aritmética e a geometria auxiliarão na aquisição de conhecimentos tidos por Descartes como científicos. Mas, de que modo? Na Regra III, encontramos o seguinte: "No que tange aos objetos considerados, não é o que pensa outrem ou o que nós mesmos conjecturamos que se deve investigar, mas o que podemos ver por intuição com clareza e evidência, ou o que podemos deduzir com certeza: não é de outro modo, de fato, que se adquire a ciência" (Descartes, 2012, p. 11).

Assim, as duas atividades que levam ao conhecimento seguro são, pois, a intuição e a dedução:

> *Por intuição[,] entendo não a confiança instável dada pelos sentidos ou o juízo enganador de uma imaginação com más construções, mas o conceito que a inteligência pura e atenta forma com tanta facilidade e clareza que não fica absolutamente nenhuma dúvida sobre o que compreendemos; ou então, o que é a mesma coisa, o conceito que a inteligência pura e atenta forma, sem dúvida possível, conceito que nasce apenas da luz da razão [...].* (Descartes, 2012, p. 13-14)

Descartes apresenta alguns exemplos de intuição, como a intuição intelectual de que se existe, de que se pensa, de que um triângulo é limitado por três linhas e de que um corpo esférico é formado por uma única superfície (Descartes, 2012). São intuições quaisquer raciocínios, como vemos na relação necessária entre proposições, por exemplo, $2 + 2 = 3 + 1$. O sentido da visão aqui é manifesto não por um quesito retórico, mas por um cuidado rigoroso. Isso fica evidente no princípio 45 dos *Princípios da filosofia* (1644), quando Descartes explica "o que é a percepção clara e distinta" (Descartes, 1997, p. 43):

> *Chamo conhecimento claro àquilo que é manifesto a um espírito atento: tal como dizemos ver claramente os objectos perante nós, os quais agem fortemente sobre os nossos olhos dispostos a fitá-los. E o conhecimento distinto é aquela apreensão de tal modo precisa e diferente de todas as outras que só compreende em si aquilo que aparece manifestadamente àquele que a considera de modo adequado.*

Apesar de haver uma sutileza acerca da diferença entre a clareza e a distinção, pois esta última parece depender de um juízo, a percepção clara de um objeto é o princípio para o conhecimento, em contraste com aquilo que nos parece obscuro (ou não claro).

A dedução, por sua vez, é o outro modo de conhecer pelo "qual entendemos toda conclusão necessária tirada de outras coisas conhecidas com certeza" (Descartes, 2012, p. 15). A intuição se conecta à dedução, e "sabemos a maioria das coisas de uma maneira certa sem que elas sejam evidentes, contanto somente que as deduzamos de princípios verdadeiros e conhecidos, por meio de um movimento contínuo e sem nenhuma interrupção do pensamento que vê nitidamente por intuição cada coisa em particular" (Descartes, 2012, p. 15).

A dedução é uma espécie de movimento ou de sucessão dependente de princípios verdadeiros, diferentemente da intuição, que requer uma evidência atual. A dedução exige da memória sua certeza. As proposições, consequências imediatas dos primeiros princípios, são conhecidas ora por intuição, ora por dedução. Mas os primeiros princípios são conhecidos somente por intuição, enquanto as conclusões distantes são conhecidas por dedução, como, por analogia, o primeiro e o último elo de uma corrente, respectivamente.

Quanto ao método, Descartes (2012, p. 19) afirma, na Regra IV, ser ele "necessário para a busca da verdade." Para explicar essa necessidade, ele faz uma analogia da busca da verdade com a história de um homem que vagueia sem rumo pelas praças públicas movido pelo desejo estúpido de encontrar um tesouro. Por vezes, ao acaso, por meio de um método errático, "todos os Químicos, a maior parte dos Geômetras e grande número de Filósofos" (Descartes, 2012, p. 19) encontram a verdade. Mas, na sua opinião, "é muito melhor jamais pensar em procurar a verdade de alguma coisa a fazê-lo sem método" (Descartes, 2012, p. 19). Aqueles que estão acostumados a errar em trevas, sob a luz do dia claro não suportariam olhar com acuidade. Portanto, vemos "aqueles que nunca se consagraram às letras julgarem o que se lhes apresenta com muito mais solidez e clareza do que aqueles que sempre frequentaram as escolas" (Descartes, 2012, p. 20). O filósofo entende o método como:

> *regras certas e fáceis cuja exata observação fará [com] que qualquer um nunca tome nada de falso por verdadeiro, e que, sem despender inutilmente nenhum esforço de inteligência, alcance, com um crescimento gradual e contínuo de ciência, o verdadeiro conhecimento de tudo quanto for capaz de conhecer.* (Descartes, 2012, p. 20).

Essa é a extensão e a profundidade que Descartes deseja que seu método atinja. Mas foi na aritmética e na geometria que ele percebeu a maneira de se atingir o conhecimento verdadeiro. Assim, por meio do "modo de escrever dos geômetras", ele, ao distinguir ordem e maneira de demonstrar, pretendeu (usando da prática dos matemáticos) estabelecer o modo seguro para se alcançar a ciência:

> A ordem consiste apenas em que as coisas propostas primeiro devem ser conhecidas sem a ajuda das seguintes, e que as seguintes devem ser dispostas de tal forma que sejam demonstradas só pelas coisas que as precedem. [...] A maneira de demonstrar é dupla: uma se faz pela análise ou resolução, e a outra pela síntese ou composição. (Descartes, 1988a, p. 98)

Síntese é o "método dos geômetras antigos", ou seja, parte do simples (definições, axiomas, postulados) para chegar ao complexo; a análise salta do complexo para o simples. Em outras palavras: "A síntese [,] [...] como que examinando as causas por seus efeitos [...], demonstra na verdade, claramente o que está contido em suas conclusões, e serve-se de uma longa série [...] [mas] não ensina o método pelo qual a coisa foi descoberta." (Descartes, 1988a, p. 98). Já "A análise mostra o verdadeiro caminho pelo qual uma coisa foi metodicamente descoberta e revela como os efeitos dependem das causas" (Descartes, 1988a, p. 98).

A síntese é a ordem com que se reconstrói o processo depois de ter descoberto uma verdade, mas não é a ordem em que se descobre efetivamente a verdade. A análise, ao contrário, é aquela que mostra o caminho pelo qual a verdade foi efetivamente descoberta (o momento inventivo no qual se descobre o princípio universal que está na base da dedução). Descartes justifica o uso desse método extraído da matemática da seguinte maneira:

> As longas cadeias de raciocínios simples e fáceis por meio dos quais os geômetras estão acostumados a chegar às conclusões das suas demonstrações mais difíceis tinham-me levado a imaginar que estão conectadas mutuamente da mesma maneira todas as coisas ao conhecimento do qual o homem é competente, e que não há nada remoto a nós que esteja tão longe além de nosso alcance, ou tão escondido que não possamos

descobri-lo, desde que deixemos de aceitar o falso como verdadeiro, e sempre preservemos em nossos pensamentos a ordem necessária à dedução de uma verdade de outra. (Descartes, 2011, p. 26)

Mas no que exatamente consiste tal método? Descartes responde a essa dúvida por meio da Regra V, "O método todo consiste na ordem e na organização dos objetos sobre os quais se deve fazer incidir uma penetração da inteligência para descobrir alguma verdade" (Descartes, 2012, p. 29). Assim, ele continua, "se reduzirmos gradualmente as proposições complicadas e obscuras a proposições mais simples, e, em seguida, se, partindo da intuição daquelas que são as mais simples de todas, procurarmos elevar-nos pelas mesmas etapas ao conhecimento de todas as outras." (Descartes, 2012, p. 29). Descartes assume que essa regra estabelece o caminho seguro, o qual, negligenciado por astrólogos, físicos e filósofos, faz com que, ao desconsiderar a ordem, estes todos tentassem alcançar as questões mais complexas e, como que por um salto, tentassem ascender do solo ao topo de um edifício.

Agora, em maiores obscuridades caem aqueles que seguirem o método se não souberem reconhecer qual ordem é essa. Assim, Descartes, em sua Regra VI, esclarece:

Para distinguir as coisas mais simples daquelas que são mais complicadas e pôr em ordem em sua investigação, cumpre, cada série das coisas em que deduzimos diretamente algumas verdades umas das outras, observar o que é mais simples e como dele se distancia, mais ou menos, ou igualmente, o resto. (Descartes, 2012, p. 31)

Com essa regra, Descartes pretende ensinar que tudo pode ser distribuído em séries, à medida que podem ser conhecidas umas coisas por outras.

Ao encontrarmos alguma dificuldade, podemos verificar algumas delas de imediato, porém, quais e em que ordem? É necessário separar as coisas absolutas das relativas. As primeiras contêm em si a natureza pura e simples sobre o que versam; as segundas reportam-se ao absoluto e dele podem ser deduzidas constituindo uma série porque compartilham da mesma natureza, ou pelo menos um de seus elementos a compartilha.

O exemplo de análise que Descartes (2012) oferece no comentário a essa regra é este: se penso que 6 é o dobro de 3, e me pergunto qual é o dobro de 6, encontro 12; de 12, 24, e assim por diante. Daí deduzo que *3 : 6 = 6 : 12 = 12 : 24*. Por isso, os números 3, 6, 12, 24, 48 etc. estão em proporção contínua, "uma reflexão contínua me fez compreender de que maneira se complicam todas as questões relativas às proporções ou relações entre as coisas que se podem propor, e a ordem que sua investigação exige: e isso, apenas, abarca o conjunto de toda a ciência das matemáticas puras" (Descartes, 2012, p. 36).

Descartes ainda esclarece seu exemplo para evidenciar que o ponto fundamental do método está em descobrir sob qual razão estão conectadas tantas verdades particulares, ou seja, que proposição mais universal (absoluta) explica todas aquelas proposições particulares (relativas) (Descartes, 2012).

Por fim, ainda como passos de seu método, Descartes apresenta a Regra VII. Esta diz que, "Para o acabamento da ciência, é preciso passar em revista, uma por uma, todas as coisas que se relacionam com a nossa meta por um movimento de pensamento contínuo e sem nenhuma interrupção, e é preciso abarcá-las numa enumeração suficiente e metódica" (Descartes, 2012, p. 39). Essa última regra, que visa verificar como as proposições se relacionam num movimento contínuo e metódico, segundo Descartes, não deve se separar das demais porque concorre igualmente para a perfeição do método.

Muitas vezes, a série de deduções, advindas de princípios primeiros, é feita por um encadeamento tão longo de consequências que, ao se atingir certas verdades, torna-se difícil lembrarmo-nos do caminho que a elas nos conduziu. Por isso, Descartes sugere que se deve remediar a fraqueza da memória com uma espécie de revisão procedida de um movimento contínuo ininterrupto (porque a menor das omissões faz romper o encadeamento) de enumerações necessárias (porque somente elas podem ajudar a formular sempre um juízo seguro e certo) e de forma metódica (porque a ordem remedia eficazmente os defeitos na enumeração por um exame cuidadoso).

As Regras IV, V, VI e VII expõem detalhadamente o método proposto por Descartes. Vale aqui apresentar uma versão mais sucinta contida em seu *Discurso* para mostrar melhor a unidade que esse método apresenta, em quatro passos:

> *[1] O primeiro era de [eu] nunca aceitar qualquer coisa como verdadeira que não percebesse claramente ser tal; isto é, cuidadosamente evitar precipitação e preconceito, e não incluir nada mais em meu juízo que os [fatos] apresentados tão clara e distintamente à minha mente, de modo a excluir toda base de dúvida.*
>
> *[2] O segundo era de dividir cada [uma] das dificuldades sob exame em tantas partes quanto possíveis, como necessárias à sua solução adequada.*
>
> *[3] O terceiro, orientar meus pensamentos em tal ordem que, começando com objetos mais simples e de mais fácil conhecimento, [eu] poderia ascender aos poucos e, como se fosse passo a passo, [chegar] ao conhecimento do mais complexo; nomeando até mesmo em pensamento uma ordem certa para objetos os quais, por sua própria natureza, não sugerem relação de antecedência e sequência.*
>
> *[4] E o último, fazer em todos os casos enumerações tão completas, e as revisões tão gerais, que possa ser assegurado que nada foi omitido.* (Descartes, 2011, p. 25-26)

Agora, todo esse método de inspiração matemática – ou melhor, inspirado na aritmética e na geometria dos antigos – faz suscitar uma passagem das *Regras*, na qual Descartes diz: "Daí resulta que deve haver uma ciência geral que explique tudo quanto se pode procurar referente à ordem e à medida, sem as aplicar a uma matéria especial: essa ciência se designa, [...] pelo nome, já antigo e consagrado pelo uso, Matemática universal [*mathesis universalis*]" (Descartes, 2012, p. 27).

Para a *mathesis* se tornar de fato *universalis*, é preciso concebê-la como um método, não somente como um conjunto de soluções para problemas curiosos. "Não estimaria muito minhas regras, se elas só bastassem para resolver os vãos problemas que servem normalmente de jogo para os Calculadores ou para os Geômetras em seus lazeres" (Descartes, 2012, p. 22). Continua Descartes (2012, p. 23-24):

lia sobre os números uma profusão de desenvolvimentos cujo cálculo fazia-me constatar a verdade; quanto às figuras, nelas havia muitas coisas que eles me punham de certo modo diante dos próprios olhos e que eram a sequência de consequências rigorosas; [...] Mais tarde, perguntei-me de onde vinha o fato de outrora os primeiros criadores da Filosofia não quererem admitir no estudo da sabedoria qualquer um que fosse ignorante da Matemática, como se essa disciplina lhes parecesse de todas a mais fácil e a mais necessária para ensinar os espíritos a aprender outras ciências mais importantes e para prepará-los para elas. Desconfiei nitidamente então [de] que eles haviam conhecido uma espécie de Matemática muito diferente da Matemática comum de nossa época, sem nem por isso avaliar que eles tivessem tido a ciência perfeita [...].

Essa matemática, como método, é, portanto, a *mathesis universalis*. Isso fica mais claro quando Descarte afirma que "não penso aqui [...] nas matemáticas comuns [...] [mas] exponho uma outra disciplina da qual elas são antes as vestes do que [as] partes", e "Essa disciplina deve, de fato, conter os primeiros rudimentos da razão humana e estender sua ação até fazer jorrar as verdades de qualquer assunto que seja" (Descartes, 2012, p. 22-23).

Sob esse grande método, Descartes fundamenta sua *matemática geométrica-algebrizada* e, também, sua própria filosofia. Ele deixa isso muito claro em suas *Objeções e respostas*, com a ressalva "pedagógica" de expor as *Meditações* sob o modo analítico (pois ele considera que somente essa é a via de "descoberta") sem deixar de, em suas "Razões que provam a existência de Deus e a distinção que há entre o espírito e o corpo humano dispostas de uma forma geométrica" (Descartes, 1988a, p. 101), apresentar a síntese de suas principais teses antes dispostas. Nas palavras do próprio Descartes:

> *segui somente a via analítica em minhas* **Meditações**, *porque me parece ser mais verdadeira e mais própria ao ensino; mas, quanto à síntese, que é sem dúvida a que desejais aqui de mim, ainda que no tocante às coisas tratadas na Geometria ela possa ser utilmente colocada após a análise, não convém todavia, tão bem às matérias que pertencem à Metafísica. [...] Mas, não obstante, para testemunhar o quanto condescendo com vosso conselho, procurei aqui imitar a síntese dos geômetras e efetuarei um resumo das principais razões que usei para demonstrar a existência de Deus e a distinção que há entre o espírito e o corpo humano [...].* (Descartes, 1988a, p. 99-100)

Fica claro que o método serviu também à filosofia de Descartes. Ao lembrarmo-nos dos passos dispostos em seu *Discurso* como também em suas *Regras*, verificamos rapidamente que ele não deixou de efetuá-los. Nas *Meditações*, tratou de avaliar (num sentido mais exploratório) as verdades a respeito de Deus e a respeito da distinção entre corpo e alma ao modo analítico para, adiante, nas *Objeções e respostas* às *meditações*, proceder sinteticamente. Fez da mesma forma em sua *Geometria*. Por isso, julgamos não ter sido em vão Descartes ter publicado, em 1637, *A geometria* como anexo do *Discurso sobre o método*, porque, nesse anexo, ele expõe seu método para servir-lhe na matemática, enquanto na obra principal, ele o expõe para explicá-lo. Adiante, em 1641-1642, ele publica as *Meditações metafísicas* servindo-se do mesmo método.

4.1.10 Isaac Newton

Para finalizarmos nosso estudo sobre a história da ciência no período moderno, não podemos deixar de falar sobre o matemático mais influente desse período, Isaac Newton (1642-1727).

Newton nasceu numa região rural da Inglaterra chamada Woolsthorpe, em Lincolnshire, distante aproximadamente cem quilômetros de Londres. De uma família de fazendeiros, Newton teve uma infância pobre. Ele perdeu seu pai antes mesmo de nascer e foi criado por sua avó materna. Sua primeira escola, King's School, foi em Grantham, uma cidade próxima de Wollsthorpe.

Aos 20 anos (1661), como não tinha vigor físico e muito menos interesse nas rotinas da fazenda, entrou no Trinity College Cambridge. Em apenas oito anos, Newton deixou de ser aquele aluno *subsizar* (aluno subsidiado pela universidade que, em troca, presta pequenos serviços) para ser empossado professor lucasiano (importante cadeira da Universidade de Cambridge). Entre 1665 e 1666 (conhecido como *annus mirabilis*), desenvolveu o teorema fundamental do cálculo e também muitos outros estudos relevantes.

De fato, Newton foi uma figura importante tanto para a matemática quanto para a astronomia, a física e a óptica, entre outras (Rovighi, 1999). Apesar das muitas obras de relevo de Newton, trataremos aqui sobre sua influência na concepção de um método para o conhecimento científico.

Newton, assim como Galileu e Descartes, aplicou a matemática para conhecer os processos físicos do mundo. Isso o levou a conceber uma estrutura matemática do mundo como este fosse uma máquina regulada por leis exprimíveis mecanicamente (ou seja, o mundo não tem lugar para imprevistos causados por almas ou forças vitais).

Ele foi capaz, com o uso da matemática, de considerar que os efeitos dos graves* se estendiam para além da superfície da Terra, atingindo astros como a Lua, e de concluir que o que mantém a Lua em órbita é a mesma força que atrai os corpos para a Terra: a força da gravidade.

Newton é autor da famosa frase *"hypotheses non fingo"* ("não imagino hipótese"). Isso não implica que ele fosse totalmente avesso a hipóteses, pois a gravitação nasceu de uma hipótese matemática testável empiricamente. O problema dele era com as hipóteses não "matematizáveis" e que não podiam ser testadas, tal como os vórtices de Descartes. Aliás, Newton foi um crítico ferrenho de Descartes e rompeu com a concepção aristotélica de mundo sublunar e supralunar, cujos fenômenos eram exclusivos de cada "mundo" e seus entes (corpos que os povoavam) tinham naturezas distintas.

Ao aceitar a existência de forças na natureza que podem, por tudo o que sabemos, não ter explicação em termos de matéria ou movimento, a física newtoniana realizou uma ruptura completa com o mecanismo de Descartes. E, ao submeter a uma única lei não apenas o movimento dos corpos em queda na Terra, mas também o movimento da

---

* Na Física de Aristóteles, todos os corpos são compostos por quatro elementos: fogo, ar, água e terra. Todos eles têm seu lugar natural e, quando forçados a sair de seu lugar natural, eles buscam para lá retornar. Por isso, dizemos que a física aristotélica é uma *física teleológica*, porque o movimento dos corpos tem sempre um fim, a saber, o lugar natural. Os elementos fogo, ar, água e terra estão em ordem do mais leve para o mais pesado (ou grave). O movimento natural dos corpos compostos pelos elementos mais leves é subir, enquanto o movimento natural dos corpos compostos pelos elementos mais graves é descer. Por exemplo, uma pedra apresenta mais elemento terra, e quando abandonada de determinada altura, busca seu lugar natural: o chão. Eis a qualidade dos graves – ou a gravidade. Por isso que, para Aristóteles, os corpos mais graves (pesados) caem mais rapidamente que os corpos menos graves (leves).

> Lua em redor da Terra e dos planetas em torno do Sol, Newton rejeitou para sempre a ideia aristotélica de que os corpos terrenos e celestes seriam totalmente diferentes uns dos outros. Sua física era bem diferente dos sistemas competidores que ele substituiu, e pelo menos nos dois séculos que se seguiram a física *foi* a física newtoniana. (Kenny, 2009c, p. 203, grifo do original)

Faremos aqui uma pausa em nosso levantamento sobre as "respostas" à pergunta *O que é ciência?* propostas durante o período moderno para nos dedicarmos aos vários conceitos de ciência contemporâneos.

4.2
Idade Contemporânea (1789-dias atuais)

Acabamos de ver que a concepção de ciência ao longo da história, desde os gregos até o período moderno, por vezes, ou se apoiava numa abordagem empirista, ou se apoiava numa visão racionalista. Prestigiamos, aliás, várias versões do empirismo e do racionalismo. Além disso, Kant vislumbrou uma terceira via, o apriorismo, que, salvo engano, trata-se de um amálgama dos outros dois.

Independentemente do acesso ao conhecimento, seja pela experiência, seja pela razão, encontramos no período moderno ao menos uma preocupação comum: alcançar axiomas, princípios ou leis que pudessem descrever, justificar e prever com rigor e certeza um fenômeno. Isso foi ponto pacífico para Galileu, Bacon, Descartes e Newton. Encontramos essa mesma busca em outros cientistas desse período e, assim, podemos dizer que ela foi uma tendência da época, uma vez que o grande método aristotélico escolástico falhara constantemente quando comparado à experiência. Essa disparidade entre teoria e experiência era ainda maior porque os métodos de experimentação, principalmente na mecânica, tinham se especializado muito, e a técnica experimental foi uma marca desse período.

Tínhamos, em linhas gerais, duas concepções de ciência: a hipotético-dedutiva, do racionalismo, e a hipotético-indutiva, do empirismo. A questão é que, no período contemporâneo, principalmente entre os séculos XVIII e XIX, surgiu outra concepção de ciência: o construtivismo. Encontramos em Chaui (1994) uma explicação para uma concepção construtivista da ciência. Como o próprio nome diz, essa concepção aproxima a ciência a "uma construção de modelos explicativos para a realidade e não uma representação da própria realidade" (Chaui, 1994, p. 252-253). Isso permite combinar aspectos do racionalismo e do empirismo em um terceiro aspecto, próprio do construtivismo, e considerar o modelo uma aproximação corrigível do fenômeno **ciência**.

Quais aspectos a concepção construtivista reúne? Do racionalismo, a concepção construtivista exige a garantia de "estabelecer axiomas, postulados, definições e deduções sobre o objeto científico" (Chaui, 1994, p. 252-253). Do empirismo, a experiência deve guiar as modificações na teoria quando elas forem colocadas em teste, e entendemos por *teoria* justamente o conjunto de axiomas, postulados, definições e demonstrações (Chaui, 1994). Contudo, não é esperado por parte do cientista que seu trabalho apresente a realidade em si mesma porque ele considera o objeto uma construção lógico-intelectual e uma construção experimental. O cientista construtivista espera que sua construção teórico-prática ofereça uma explicação dos fenômenos observados. De outro modo, ele não espera encontrar uma verdade absoluta, mas uma aproximação da verdade a qual pode ser corrigida, modificada e abandonada. Outra aproximação, ou modelo, ou estrutura, substituirá a anterior por produzir resultados mais satisfatórios e condizentes com a experiência. São três as exigências de seu ideal de cientificidade:

> *1. que haja coerência (isto é, que não haja contradições) entre os princípios que orientam a teoria;*

2. que os modelos dos objetos (ou estruturas dos fenômenos) sejam construídos com base na observação e na experimentação;

3. que os resultados obtidos possam não só alterar os modelos construídos, mas também alterar os próprios princípios da teoria, corrigindo-a. (Chaui, 1994, p. 252-253)

A partir de agora, vamos tratar da concepção construtivista de ciência. Com isso, nossa pergunta guia, *O que é ciência?*, não terá mais a verdade ou o conhecimento verdadeiro como horizonte para a sua justificação, como era nos estudos a respeito de ciência dos antigos, dos medievais e dos modernos. Neste período contemporâneo, o horizonte será essa nova concepção de ciência como uma atividade que procura explicar e prever aproximativamente os fenômenos com base na experiência e na coerência interna do modelo axiomático. A tarefa para a filosofia da ciência é, portanto, "responder" à pergunta guia, tendo em vista justificar essa atividade científica, em vez do conhecimento verdadeiro.

Trabalharemos com três correntes recentes da filosofia da ciência: o **positivismo lógico**, do Círculo de Viena; o **falseacionismo**, de Sir Karl Popper; e a **estrutura das revoluções científicas**, de Thomas S. Kuhn.

4.2.1 Positivismo ou empirismo lógico

O Círculo de Viena foi um grupo formado por cientistas e filósofos do início do século XX que procurava retomar o empirismo sob o ponto de vista particular dos avanços recentes da física e das ciências formais (Uebel, 2011). Sua postura radical antimetafísica é apoiada pelo critério empirista do significado e pelo conceito de uma matemática amplamente logicizada. Seus membros negavam que qualquer princípio fosse sintético *a priori*. Além do mais, procuravam explicar teorias científicas organizando-as num quadro lógico, de modo que o papel das convenções tornou-se importante, seja na forma de definições, seja num quadro analítico de princípios.

Os participantes desse círculo se autointitulavam *revolucionários*, e propuseram-se a purgar a metafísica da filosofia acadêmica porque a consideravam falsa, cognitivamente vazia e desprovida de significado. Apesar dessa postura comum de seus membros, é importante ressaltar que havia entre eles certas discordâncias. Dizer que todos respondiam em uníssono, para todos os casos, aos mesmos preceitos seria um erro. Em se tratando do Círculo de Viena, é importante destacar sempre a quem determinadas ideias estão vinculadas.

Embora o Círculo de Viena tenha tido uma existência efêmera, algumas de suas teses centrais foram submetidas a mudanças radicais. Seus membros não concordavam absolutamente em certas questões importantes. Em alguns casos, apresentavam perspectivas tão diferentes entre si que até mesmo as questões em que concordavam declaradamente podiam ser postas em dúvida.

Apesar disso, por um tempo houve uma figura central nesse grupo, um líder, Moritz Schlick, professor da antiga cadeira de Ernst March de filosofia das ciências indutivas da Universidade de Viena. Ele desempenhou esse papel entre os anos de 1924 e 1936. Os outros membros foram o matemático Hans Hahn, o físico Phillip Frank, o cientista social Otto Neurath, sua esposa formada em matemática Olga Hahn-Neurath, o filósofo Victor Kraft, os matemáticos Theodor Radacovic e Gustav Bergmann e, a partir de 1926, o filósofo e lógico Rudolf Carnap. Havia ainda os simpatizantes do movimento. No decorrer dos anos, alguns membros do Círculo de Viena saíram, enquanto outros entraram. Contudo, a base, desde o manifesto de 1929, foi composta pelas pessoas citadas.

Das ideias do Círculo de Viena, veremos, mais especificamente, o empirismo ou positivismo lógico do jovem Rudolf Carnap. Sobretudo, trataremos de seu texto *A superação da metafísica pela análise lógica da linguagem*, de 1932 (Carnap, 2009). Esse texto tem dois objetivos: o primeiro é superar ou até mesmo eliminar de uma vez por todas a metafísica da filosofia; o segundo, apresentar o empirismo lógico como via alternativa para a linguagem, principalmente a científica, ter significado.

A doutrina da metafísica, para Carnap (2009, p. 293), é falsa, porque "contradiz nosso conhecimento empírico"; incerta, porque "seus problemas transcendem os limites do conhecimento humano" e suas questões são estéreis. A lógica moderna tem como objetivo "clarificar o conteúdo cognitivo dos enunciados científicos" (Carnap, 2009, p. 293). O uso dessa lógica no domínio da ciência empírica teve um resultado positivo, pois esclareceu "vários conceitos de vários ramos da ciência" em função de tornar explícitas as "conexões lógico-formais e epistemológicas" (Carnap, 2009, p. 293) de seus enunciados. Já no domínio da metafísica, a análise lógica implica o "resultado negativo *de que os enunciados tratados nesse domínio são inteiramente sem significado*" (Carnap, 2009, p. 294, grifo do original).

Carnap (2009) esclarece que o significado de uma palavra dentro de uma linguagem definida é designado por um conceito. Quando a palavra não designa um conceito, então é um caso de pseudoenunciado. Para encontrarmos o significado de uma palavra, devemos primeiro fixar sua forma sintática, sua sentença elementar (S). Por exemplo, a sentença elementar da palavra "pedra" é *X é uma pedra*, e X ocupa o lugar de uma categoria de coisas, nesse caso, "esta pedra" – o mesmo vale para outras coisas existentes, como, por exemplo: "este diamante" ou "esta maçã", para as sentenças elementares *X é um diamante* e *X é uma maçã*, respectivamente. Em segundo lugar, devemos perguntar à sentença elementar (S): *De quais sentenças S é dedutível e quais sentenças são dedutíveis de S?*

A biologia descreve *artrópode* da seguinte forma (Carnap, 2009): animais com corpos segmentados e extremidades articuladas. A sentença elementar de nosso termo científico que tomamos como exemplo é *X é um artrópode*. Essa sentença elementar é dedutível de premissas (ou outras sentenças) da forma *X é um animal, X tem um corpo segmentado, X tem extremidades articuladas* e vice-versa. "É por meio dessas estipulações sobre a dedutibilidade (em outras palavras: sobre as condições de verdade, sobre o método de verificação, sobre o significado) da sentença elementar sobre 'artrópode' que o significado da palavra 'artrópode' é fixado" (Carnap, 2009, p. 295). Essa é forma com que todas as palavras da linguagem são reduzidas a outras e com que, ao fim e ao cabo, ocorrem em "sentenças de observação" ou "sentenças protocolares" que se referem a dados segundo a teoria do conhecimento usual.

> *Não obstante essa diversidade de opiniões [acerca do que são dados], é certo que uma sequência de palavras tem um significado apenas se as relações de dedutibilidade entre sentenças protocolares são fixadas, quaisquer que sejam as características que as sentenças protocolares possam ter; e [,] da mesma forma, que uma palavra é significativa apenas se as sentenças nas quais ela possa ocorrer são redutíveis a sentenças protocolares.* (Carnap, 2009, p. 296)

Uma vez que o significado de uma palavra é determinado segundo o seu critério de aplicação (as relações de dedutibilidade e de verdade e o método de verificação), a liberdade em decidir o que se deseja "significar" é suprimida. "O significado [de um termo] está implicitamente contido no critério; tudo o que resta a ser feito é tornar o [seu] significado explícito" (Carnap, 2009, p. 296). Carnap (2009) nos fornece, por fim, um resumo para a sua teoria do significado de termos científicos que respalda toda a linguagem. Portanto, se quisermos falar em termos científicos e nos exprimir segundo a verdade de alguma coisa no mundo, devemos respeitar a seguinte análise, sob o risco de proferirmos um *nonsense*, caso não a sigamos:

> Seja *"a"* alguma palavra e *"S(a)"* a sentença elementar onde [sic] ela ocorre. A condição necessária e suficiente para *"a"* ser significativa pode ser dada por cada uma das seguintes formulações, que em última instância dizem a mesma coisa:
> 1. Os **critérios empíricos** para *"a"* são conhecidos.
> 2. Foi estipulado a partir de quais sentenças protocolares *"S(a)"* é **dedutível**.
> 3. As **condições de verdade** para *"S(a)"* foram fixadas.
> 4. O método de **verificação** de *"S(a)"* é conhecido. (Carnap, 2009, p. 296-297, grifo do original)

Para Carnap (2009), uma sentença deve ser usada para afirmar uma proposição empírica; se não for assim, ou seja, se se deseja afirmar algo para além da experiência sensível, então isso não pode ser dito, pensado e sequer questionado. Enunciados significativos são divididos em dois tipos: lógicos (verdadeiros em virtude da forma) e empíricos (cuja verdade ou falsidade depende da experiência). "Qualquer enunciado que alguém pretenda construir, e que não se encaixe nessas categorias, torna-se automaticamente sem significado" (Carnap, 2009, p. 305).

O alvo de Carnap é muito claro: a metafísica. A ciência empírica e a lógica são os únicos domínios científicos em que se pode proferir verdades. Seu esforço se concentra, portanto, em explicar como isso ocorre. Assim, Carnap (2009) acaba por conformar a ciência significativa à maneira como vimos anteriormente, ou seja, uma ciência dependente de uma verificação empírica segundo uma forma lógica determinada, de redução de termos a proposições protocolares.

A empreitada de Carnap sofreu várias críticas. Contudo, as mais severas partiram de um filósofo que chegou a frequentar alguns encontros do Círculo de Viena e desenvolveu discussões muito produtivas com Carnap e Tarski. Estamos falando de Willard van Orman Quine (1908-2000). Grande parte de sua obra foi dedicada à desconstrução do empirismo lógico.

Mas um artigo em especial chama nossa atenção: *Dois dogmas do empirismo* é um grande marco da filosofia contemporânea (Quine, 1975). Nele, Quine expõe sua crítica ao conceito de analiticidade ou da divisão considerada incontestável desde Kant entre enunciados analíticos e sintéticos. Para Quine (1975), nenhuma definição do conceito de analiticidade permite a classificação de enunciados analíticos, ou seja, necessariamente verdadeiros, em nossa linguagem natural. A crença na divisão sintético-analítico é um dogma do empirismo (tanto do empirismo de Hume, Locke e Berkeley como do empirismo lógico do Círculo de Viena). O outro dogma do empirismo está na crença da possibilidade de reduzir qualquer enunciado da linguagem significativa a enunciados protocolares ou, o que seria o mesmo, sensoriais. Contudo, Quine (1975) nos deixa uma alternativa: ele propõe um empirismo moderado, livre de dogmas; coloca ainda como fundamento do sistema teórico a experiência, mas acrescenta a revisibilidade dos enunciados (valor de verdade alterado) em função de questões de fato. Quine, como vimos, não distingue enunciados analíticos *a priori* (necessariamente verdadeiros) de enunciados sintéticos *a posteriori* (verdadeiros ou falsos, dependendo da experiência), porque não há como dividi-los dessa maneira.

Não entraremos em mais detalhes sobre as críticas de Quine e a sua alternativa de um empirismo não dogmático. O fato é que as objeções ao empirismo foram severas e o projeto de Carnap e de seus colegas do Círculo de Viena foi afetado. Sua empreitada foi considerada um fracasso. Contudo, a retomada da lógica feita por esses filósofos da ciência ganhou força no âmbito da justificação da ciência, e essa tarefa foi desempenhada por Karl Popper e seu falseacionismo.

4.2.2 Falseacionismo

Sir Karl Raimund Popper(1902-1994) foi um filósofo inglês de origem austríaca. Ele é considerado um dos grandes filósofos da ciência do século XX. Desenvolveu muitos trabalhos, contudo é bastante reconhecido pela sua rejeição ao indutivismo como método científico, em favor do método de justificação empírica, o falseacionismo. Sua tese, em linhas gerais, refuta o verificacionismo das ciências empíricas por ser impossível prová-lo, mas essas ciências podem ser falseadas por experimentos. Basta um experimento contradizer as previsões de uma teoria para que ela seja abandonada e rotulada de teoria falseada. Agora, se uma teoria resistir ao severo método de Popper, se ela acumular instâncias falseadoras ou, em outras palavras, tornar-se falseável, então ela provou sua resiliência. Contudo, isso não significa que uma teoria falseável não seja também, em algum momento, falseada.

Bem, antes de entrarmos nos detalhes do falseacionismo, é válido fazer uma introdução aos seus pressupostos. Para isso, trazemos as palavras de Chalmers (2010, p. 63):

O falsificacionista admite livremente que a observação é orientada pela teoria e a pressupõe. Ele também abandona com alegria qualquer afirmação que fazem [sic] supor que as teorias podem ser estabelecidas como verdadeiras ou provavelmente verdadeiras à luz da evidência observativa. As teorias são interpretadas como conjecturas especulativas ou suposições criadas livremente pelo intelecto humano no sentido de superar problemas encontrados por teorias anteriores e dar uma explicação adequada do comportamento de alguns aspectos do mundo ou universo. Uma vez propostas, as teorias especulativas devem ser rigorosas e inexoravelmente testadas por observação e experimento. Teorias que não resistem a testes de observação e experimentais devem ser eliminadas e substituídas por conjecturas especulativas ulteriores. A ciência progride por tentativa e erro, por conjecturas e refutações. Apenas as teorias mais adaptadas sobrevivem. Embora nunca se possa dizer legitimamente de uma teoria que ela é verdadeira, pode-se confiantemente dizer que ela é a melhor disponível, que é melhor do que qualquer coisa que veio antes.

Tal como Popper defende (citado por Thornton, 2013), o problema central da filosofia da ciência é a demarcação, ou seja, a distinção entre ciência e não ciência (lógica, metafísica, psicologia etc.). Popper, ao contrário dos filósofos contemporâneos, aceita a validade da crítica humeana da indução. Ele vai além, ao argumentar que a indução nunca foi usada de fato na ciência, embora não admita que isso acarrete ceticismo, o qual é associado a Hume. Ele argumenta que a insistência de Bacon e de Newton na primazia da observação "pura" como passo inicial na formação de teorias é um equívoco, pois toda observação é seletiva e carregada de teoria (não existe observação pura ou livre de teoria). Desse modo, ele desorienta a visão tradicional de que a ciência pode ser separada da não ciência com base no método indutivo. Popper sustenta que não existe uma metodologia única específica da ciência. Esta, como qualquer atividade humana, para Popper, consiste amplamente em solucionar problemas.

Consequentemente, Popper repudia a indução e rejeita a visão que a caracteriza como um método científico de investigação e inferência: ele a substitui pelo falseacionismo (Thornton, 2013). Ele afirma ser simples obter evidência em favor de qualquer teoria e sustenta que tal "corroboração" deve contar cientificamente somente se resultar como positiva uma previsão genuinamente de risco que poderia ter sido falsa. Uma teoria é científica somente se for refutável por um evento concebível. Qualquer teste genuíno de uma teoria científica, então, é logicamente uma tentativa de refutá-la ou falseá-la, e um verdadeiro contraexemplo falsifica toda a teoria. Num sentido crítico, a ideia de demarcação de Popper é baseada em sua percepção de uma lógica assimétrica que se sustenta entre uma verificação e uma falsificação. É logicamente impossível verificar conclusivamente uma proposição universal reportando-se à experiência (à maneira de Hume), mas um simples contraexemplo falsifica conclusivamente a correspondente lei universal.

Então, toda teoria científica genuína, na visão de Popper (citado por Thornton, 2013), é proibitiva no sentido de impedir, por implicação, eventos particulares de ocorrerem. Como tal, ela pode ser testada e falseada, mas nunca logicamente verificada. Desse modo, Popper enfatiza que disso não pode ser inferido que uma teoria resistiu ao mais rigoroso teste – seja pelo tempo que for – e por isso foi verificada. Antes, devemos reconhecer que tal teoria recebeu um alto nível de corroboração e pode ser provisoriamente considerada a melhor teoria existente sobre algo, até que seja finalmente falseada (se de fato o for) ou substituída por outra melhor.

Popper (citado por Thornton, 2013) esboçou uma diferença não muito clara entre a lógica do falseacionismo e a sua aplicação metodológica. A lógica de sua teoria é simples: por exemplo, se um único metal ferroso for inerte ao campo magnético, não pode ser o caso de que todos os metais ferrosos são afetados por campos magnéticos. Logicamente falando, uma lei científica é conclusivamente falseável, embora não seja conclusivamente verificável. Metodologicamente, contudo, a situação é muito mais complexa, pois nenhuma observação está livre de erros; consequentemente, é preciso perguntar se o resultado experimental foi o que de fato aparentava ser.

Assim, enquanto defendia o falseacionismo como um critério de demarcação para a ciência, Popper explicitamente permitiu que, na prática, um único fato conflitante ou um contraexemplo nunca sejam suficientes para falsificar uma teoria, e que teorias científicas sejam mantidas mesmo que muitas das evidências disponíveis conflitem com elas ou que sejam a elas anômalas. Teorias científicas podem, e assim o fazem, surgir espontaneamente de muitas formas, e a maneira com que um cientista particular as formula pode ser um dado interessante à biografia deste, mas não oferece qualquer consequência à filosofia da ciência. Popper enfatiza que não há uma única maneira nem um método singular, como a indução, que funcione como uma rota para a teoria científica. Essa visão foi endossada por Eisntein: "não há um caminho lógico que leve às leis universais da ciência", elas apenas podem "ser alcançadas pela intuição, com base em algo como um amor intelectual aos objetos da experiência" (Einstein, citado por Thornton, 2013, tradução nossa). Ciência, para Popper, começa com problemas, em vez de observações – de fato, precisamente no momento em que se depara com um problema, um cientista faz observações numa primeira instância: suas observações são seletivamente designadas para testar a extensão em que dada teoria funciona como uma solução satisfatória para o problema.

Então, a teoria de demarcação de Popper pode ser formalizada do seguinte modo: uma vez que o **enunciado-base** seja entendido como uma proposição protocolar, podemos dizer que uma teoria é científica se e somente a classe de enunciados-base for dividida em duas subclasses não vazias:

1. subclasse de enunciados-base com a qual é inconsistente ou proibitiva – esta é a subclasse dos falsificadores potenciais (ou seja, enunciados que, se forem verdadeiros, falsificam toda a teoria);
2. subclasse de enunciados-base com a qual é compatível ou permissiva (ou seja, enunciados-base que, se forem verdadeiros, corroboram ou sustentam toda a teoria).

Nós já tínhamos adiantado um problema que o falseacionismo apresenta (Chalmers, 2010). Seu tendão de Aquiles reside no fato de que há uma diferença entre a lógica dessa teoria e sua metodologia. Digamos que nesse par lógica/metodologia é que encontramos tanto sua fortaleza quanto sua fraqueza, pois, uma vez dadas as proposições de observação, é possível deduzir logicamente sua falsidade; contudo, sua verdade, não. Isso ocorre porque todas as proposições de observação são falíveis. E esse é justamente o ponto forte, mas também o ponto fraco do falseacionismo. Ora, consideremos uma teoria composta por um complexo de proposições universais e contra ela temos uma proposição de observação. O que garante a certeza dessa proposição de observação? A lógica é incapaz disso. Essa é também a fraqueza do método porque o falseacionismo defende que a teoria deve ser rejeitada quando for falseada por uma proposição de observação, ou seja, quando se apresenta uma proposição de observação contrária à teoria. Agora, pode ser que as circunstâncias levem justamente ao contrário disso, ou seja, abandona-se a proposição de observação, por ser falível e mantém-se a teoria.

De fato, a história da ciência nos mostra inúmeros exemplos disso. Temos um exemplo na teoria da gravitação universal de Newton. Nos primeiros anos após a descrição da teoria por Newton, ela foi falseada por observações da órbita da Lua. Foram necessários 50 anos para que a discrepância observada não tivesse sua causa identificada com a teoria de Newton, e sim com outras teorias. O mesmo ocorreu com a órbita de Mercúrio, na qual um desvio foi encontrado. A teoria newtoniana foi incapaz de explicar isso; contudo, ela se manteve até a teoria da relatividade geral de Einstein mostrar-se mais adequada a explicar os fenômenos. Outro exemplo foi dado por Lakatos (1974) e diz respeito à teoria do átomo de Bohr:

> As versões iniciais da teoria [do átomo, de Bohr,] eram inconsistentes com a observação [de] que alguma matéria seja estável por um tempo que exceda cerca de 10^{-8} segundos. De acordo com a teoria, elétrons carregados negativamente dentro de átomos orbitam

> *em torno de núcleos carregados positivamente. Mas, de acordo com a teoria eletromagnética clássica pressuposta pela teoria de Bohr, os elétrons em órbita deveriam irradiar. A radiação resultaria numa perda de energia do elétron em órbita com seu colapso no núcleo. Os detalhes quantitativos do eletromagnetismo clássico produzem um tempo estimado de cerca de 10^{-8} segundos para ocorrer esse colapso. Felizmente, Bohr perseverou com sua teoria [...]*. (Chalmers, 2010, p. 97)

O que dizer então dos mais de mil e quinhentos anos de prevalência da teoria de Ptolomeu? Manteve-se firme mesmo diante das observações que a contradiziam veementemente, de maneira mais intensa em seus últimos anos de vigência. De modo que os artifícios matemáticos, como deferentes e epiciclos, foram criados apenas para "salvar os fenômenos", mas não exprimiam ou explicavam de maneira realista o que acontecia nas órbitas dos planetas. Até vir a teoria de Copérnico (1473-1543) para revolucionar a astronomia.

Devemos aos trabalhos de Thomas S. Kuhn reivindicações da história das ciências como essas. Vejamos, na subseção seguinte, como ele constituiu sua explicação para a ciência quanto ao seu funcionamento. O surpreendente é que, pela primeira vez, não falaremos em ciência como a busca pela verdade.

4.2.3 Estrutura das revoluções científicas

Thomas Samuel Kuhn (1922-1996) formou-se físico pela Universidade de Harvard, pela qual também concluiu seu doutorado seis anos depois, em 1949. Mas foram em seus primeiros anos como professor assistente em Harvard – até 1956, no Departamento de Humanidades, onde lecionou ciência segundo as determinações do currículo estabelecido pela instituição – que Kuhn desenvolveu o esboço de sua teoria. Em 1962, ele publicou o que veio a ser o seu maior trabalho, cuja influência e repercussão foram enormes para a filosofia da ciência: *A estrutura das revoluções científicas*.

Como vimos, a análise historiográfica guiou as críticas direcionadas ao falseacionismo ao mesmo tempo que forneceu a base para a teoria de Kuhn. Para começar, vamos dar atenção ao título da obra desse filósofo da ciência norte-americano. O termo *estrutura* refere-se à sustentação das ciências; as *revoluções* dizem respeito aos episódios de mudança nos compromissos dos cientistas; e *científicas*, é claro, é o adjetivo que qualifica as revoluções, pois as restringe ao campo científico. Kuhn considera que a história da ciência apresenta o seguinte caminho cíclico ou estrutura: "atividades desorganizadas (ciência pré-paradigmática), ciência normal, época de crise, ciência extraordinária, revolução científica e, por fim, um novo período de ciência normal e o consequente reinício cíclico do mesmo percurso" (Tozzini, 2014).

Figura 4.1 – Esquema kuhniano da estrutura das revoluções científicas

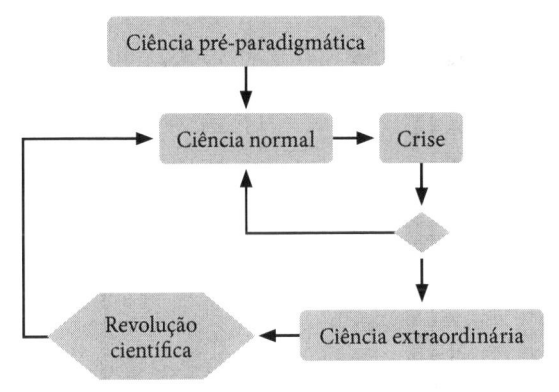

Durante a ciência normal, o cientista está voltado para a articulação dos fenômenos com a teoria fornecida por um paradigma. "Esse paradigma é, basicamente, um conjunto de suposições teóricas e realizações exemplares que guiam a atividade científica, impondo-lhe modelos, padrões e limites" (Tozzini, 2014, p. 11). A educação científica, para

Kuhn, desempenha uma função importante para a ciência normal e o seu desenvolvimento dentro das universidades (ou mesmo das escolas) ocorre por meio de manuais (livros didáticos). Kuhn considera o ensino científico repleto de crenças e, entre os outros ramos do empreendimento teórico, o único que pode ser comparado a ele é o da teologia. Desse modo, "o aprendizado de um cientista é fruto de uma educação destinada a preservar e disseminar a autoridade de um corpo já articulado de problemas, dados e teorias [da ciência]" (Tozzini, 2014, p. 11). Essa visão particular de Kuhn a respeito da educação científica considera seu maior êxito a baixa disposição dos cientistas em produzir novidades e, principalmente, na incapacidade de propor novas abordagens para a solução de antigos problemas da ciência.

Qual a atividade do cientista normal? A principal atividade dos cientistas adeptos a uma tradição normal é a resolução de quebra-cabeças (*puzzles*). A analogia a um quebra-cabeças não é em vão, pois um jogador desse interessante enigma inicia a montagem já sabendo qual figura a forma final do jogo deve ter. Aliás, é a figura, que frequentemente se encontra impressa na tampa da caixa que contém esse jogo, o guia para a montagem. Portanto, temos uma solução assegurada: a figura à qual devemos chegar. Da mesma forma, segundo Kuhn, acontece com os cientistas, pois "Nessa atividade, eles se detêm em problemas com soluções [também] asseguradas [...] cujas respostas somente a falta de criatividade pode impedi-los de encontrar" (Tozzini, 2014, p. 12).

Para ser considerado um genuíno quebra-cabeça, o problema "deve limitar-se à natureza de soluções aceitáveis e aos métodos para obtê-las" (Tozzini, 2014, p. 12). Em geral, quando a tentativa de solucioná-lo for frustrada, não é sobre o paradigma que recai a falha, e sim sobre o cientista. Mas nem sempre é assim: por vezes, o cientista se depara com um fenômeno que não se encaixa ao paradigma. Esses acontecimentos são chamados *anomalias*. Quando isso ocorre, os cientistas dificilmente abandonam o paradigma ao qual são adeptos. É usual que façam adaptações nesse paradigma a fim de adequá-lo à natureza do fenômeno estudado. Contudo, nem sempre as anomalias são solucionadas ou assimiladas por essa via. No caso de ocorrer assimilação, a solução dessa anomalia está associada a uma descoberta (interna ao paradigma). "Com ela, o cientista torna-se capaz de explicar um número maior de fenômenos previamente conhecidos, visto que muitas vezes requer a substituição de uma crença ou [de] algum procedimento" (Tozzini, 2014, p. 13). Se for o caso de a anomalia persistir e, com isso, gerar um alto grau de insegurança nos cientistas e em suas atividades profissionais, consequência danosas ocorrerão no paradigma. "Além disso, apesar [de esse assunto] não ser tratado em profundidade por Kuhn, pressões sociais também podem influenciar o surgimento de uma crise" (Tozzini, 2014, p. 13).

Kuhn afirma que o fracasso do paradigma em solucionar uma anomalia e sobretudo a persistência dela são o prelúdio para a busca por novas regras, novas teorias e novos procedimentos; instaura-se, então, o período de crise. Contudo, apenas resultados negativos não são suficientes para garantir a substituição de paradigmas e, ainda, o quadro de crise no paradigma não é condição necessária para que ocorra uma revolução científica, mesmo que seja, em geral, prelúdio para isso. (Tozzini, 2014). Acima de tudo isso, "a existência de uma anomalia [é] considerada significativa pelos cientistas" (Tozzini, 2014, p. 14).

O estado de crise pode ser finalizado de três formas diferentes: ou o problema pode ser solucionado pelo paradigma vigente; ou pode ser posto de lado, para uma tentativa de resolução futura, quando e se houver condições para isso; ou pode fazer emergir um novo candidato a paradigma (Tozzini, 2014).

Sendo esse último o início da ciência extraordinária. Começa então a disputa para habilitar um novo paradigma. Em disputas como essas, concepções teóricas rivais são sustentadas por cientistas, membros de um mesmo grupo, que recorrem aos seus próprios recursos metodológicos e conceituais para ter argumentos a favor de suas teorias. Uma vez que os paradigmas rivais são incompatíveis e incomensuráveis*, as disputas entre eles, segundo Kuhn, assemelham-se a um diálogo entre surdos, ou seja, "O resultado é uma comunicação falha entre partidários de paradigmas rivais" (Tozzini, 2014, p. 16). Em geral, para um paradigma ser substituído por outro, é preciso que ocorra uma combinação de fatores, como:

resolver os problemas que precipitam a crise do antigo paradigma; possuir maior precisão quantitativa; predizer novos fenômenos, ao lado de outros fatores de natureza social e comunitária, tais como possuir maior poder de persuasão e de influenciar os compromissos da comunidade científica que promove um novo paradigma; criar teorias com maior valor estético, entre outros. (Tozzini, 2014, p. 15)

Com isso, fica muito claro que, para Kuhn, o teste de teorias é uma das partes integrantes, entre muitas outras, para que uma teoria seja substituída por outra.

---

* Com base na geometria, Kuhn se apropria do termo *incomensurável* e dá a ele um novo significado. Na geometria, havia um problema acerca da incomensurabilidade da diagonal de um quadrado com seus lados, ou seja, não existia uma medida comum que pudesse ser usada para expressar a extensão do lado de um quadrado e de sua diagonal. Kuhn usa esse conceito de "falta de medida comum" e o transporta para as ciências. Para ele, paradigmas não são entre si possíveis de serem mensurados pela mesma medida, portanto, são incomensuráveis. Existem mais detalhes que omitimos, pois essa palavra, *incomensurabilidade*, foi um termo caro à filosofia kuhniana, sendo alvo de uma série de críticas. Para mais detalhes, consulte Tozzini (2014).

Kuhn, de certa forma, concorda que a ciência seja um empreendimento cumulativo e progressivo dentro da ciência normal (ou dentro de um paradigma em vigor). Contudo, diferentemente de outros sistemas filosóficos que se dedicaram a responder *O que é ciência?*, para Kuhn, a ciência não caminha em direção da verdade como fim último. Quando um novo paradigma é aceito pela totalidade de uma comunidade de cientistas logo após uma revolução, ele é capaz, sobretudo, de explicar justamente aqueles fenômenos extraordinários que seu antecedente era incapaz de explicar, mas muitos dos problemas considerados antes relevantes são seguramente abandonados.

Síntese

Neste capítulo, vimos que, no período moderno, os aspectos epistemológicos (e, de certa maneira, também ontológicos) da ciência ficaram por conta dos estudos de Montaigne, Descartes, Locke, Leibniz e Kant.

Abordamos também a apresentação da filosofia natural de acordo com Galileu, Francis Bacon, Descartes (novamente) e Newton.

Para finalizar, tratamos das concepções contemporâneas sobre ciência do Círculo de Viena, de Sir Karl Popper e de Thomas Kuhn.

Atividades de autoavaliação

1. O ceticismo de Montaigne conclui que é impossível conhecer. Seus argumentos foram emprestados:
    a) do zoroastrismo (ação dos planetas sobre a realidade) e do cristianismo (conhecimento das escrituras sagradas).
    b) do helenismo (conhecimento é intelecto) e do atomismo (existe um único elementar simples).
    c) do estoicismo (sentidos são falíveis) e do epicurismo (o conhecimento não empírico é impossível).
    d) do estoicismo (o conhecimento não empírico é impossível) e do epicurismo (sentidos são falíveis).

2. Para Descartes, o *cogito* é:
    a) a dúvida perene e, portanto, o conhecimento verdadeiro é impossível.
    b) a cópia da verdade judicativa "estou vivo" de Agostinho.
    c) a dúvida que permanece na aplicação metódica e hiperbólica da certeza cética.
    d) a certeza que aparece na aplicação metódica e hiperbólica da dúvida cética.

3. Locke admite o conhecimento:
    a) falso, por meio do agente do intelecto.
    b) inato, por meio do julgamento de observações e da extrapolação.
    c) sensível, por meio do julgamento de ideias e da dedução.
    d) sensível, por meio do julgamento de observações e da indução.

4. Qual é a principal diferença entre Locke e Leibniz?
    a) O primeiro considera a ideia um objeto imediato de nosso conhecimento, enquanto o segundo a considera um objeto interno, uma expressão da natureza ou das qualidades das coisas.
    b) O primeiro considera a ideia um objeto mediato de nosso conhecimento, enquanto o segundo a considera um objeto externo, uma representação da natureza ou das qualidades das coisas.
    c) O primeiro considera o objeto imediato uma ideia de nosso conhecimento, enquanto o segundo considera o objeto interno uma ideia da natureza ou das qualidades das coisas.
    d) Essa pergunta não faz sentido porque ambos concordam e têm teorias do conhecimento equivalentes.

5. A frase de Kant, "Pensamentos sem conteúdo são vazios; intuições sem conceitos são cegas" resume que: a experiência nos fornece os dados do mundo por meio _____; disso, temos o conteúdo. Já o entendimento por meio _____ estrutura esses conteúdos em conceitos. Marque a alternativa que preenche corretamente os espaços em branco.
    a) da razão; do intelecto.
    b) das intuições matemáticas; das deduções empíricas.
    c) das intuições do espaço e do tempo; das categorias.
    d) das categorias; das intuições do espaço e do tempo.

6. Considerando a filosofia natural, relacione as colunas e marque a alternativa que apresenta a sequência correta:

1. Galileu	a) Dominar a natureza pela técnica e abandonar a ciência estéril aristotélica.
2. Francis Bacon	b) Observação rigorosa, experimentação metódica e matemática como linguagem da natureza.
3. Descartes	c) Privilegia hipóteses matematizadas testadas empiricamente (*hypotheses non fingo*).
4. Newton	d) Adquirimos ciência quando vemos por intuição com clareza e distinção ou deduzimos com certeza.

a) 1-a, 2-b, 3-d, 4-c.
b) 1-b, 2-a, 3-d, 4-c.
c) 1-a, 2-b, 3-c, 4-d.
d) 1-a, 2-d, 3-c, 4-b.

7. Segundo o positivismo lógico de Carnap, uma palavra é significativa se:
   a) apenas as sentenças nas quais ela possa ocorrer não são redutíveis a sentenças protocolares.
   b) necessariamente as sentenças nas quais ela possa ocorrer são redutíveis a sentenças elementares.
   c) possivelmente as sentenças nas quais ela possa ocorrer são estendidas a sentenças elementares.
   d) apenas as sentenças nas quais ela possa ocorrer são redutíveis a sentenças protocolares.

8. Para o falseacionismo, uma teoria é científica quando for:
   a) corroborada e falseada.
   b) corroborada e falseável.
   c) verificada e confirmada.
   d) verificada e confirmável.

9. Em linhas gerais, para Kuhn, um paradigma é:
   a) um conjunto de suposições teóricas e de realizações exemplares que guia a atividade científica, impondo-lhe modelos, padrões e limites.
   b) um conjunto de superstições e de realizações exemplares que guia a atividade, impondo-lhe modelos, padrões e limites.
   c) um conjunto de suposições teóricas e de realizações exemplares que guia a atividade científica, mas não lhe impõe modelos, padrões e limites.
   d) um conjunto de regras que pode guiar a atividade científica sem restringi-la a qualquer modelo ou padrão.

Atividades de aprendizagem

Questões para reflexão

Entre os modelos de ciência vistos nos períodos moderno e contemporâneo, qual deles se aproxima mais de seu modo de entender ciência e por quê. Caso o seu modo de entender ciência seja tal como vimos no capítulo anterior (pois essa questão foi elaborada à semelhança da daquele capítulo), trace ao menos uma distinção entre o seu modo de entender ciência e um modelo exposto neste capítulo.

Escolha um modelo de ciência contemporâneo e estabeleça ao menos uma relação com o modo de fazer ciência natural. Faça o mesmo escolhendo um modelo de ciência moderno. Ao final, construa um quadro comparativo.

Atividade aplicada: prática

Escolha um modelo de ciência e, com base nos filósofos estudados neste capítulo, desenvolva um questionário de até cinco questões (quatro objetivas e uma discursiva) capaz de exprimir a opinião de um entrevistado acerca dessa ciência. Aplique esse questionário e, em seguida, verifique se as respostas convergem ou divergem em relação ao modelo escolhido.

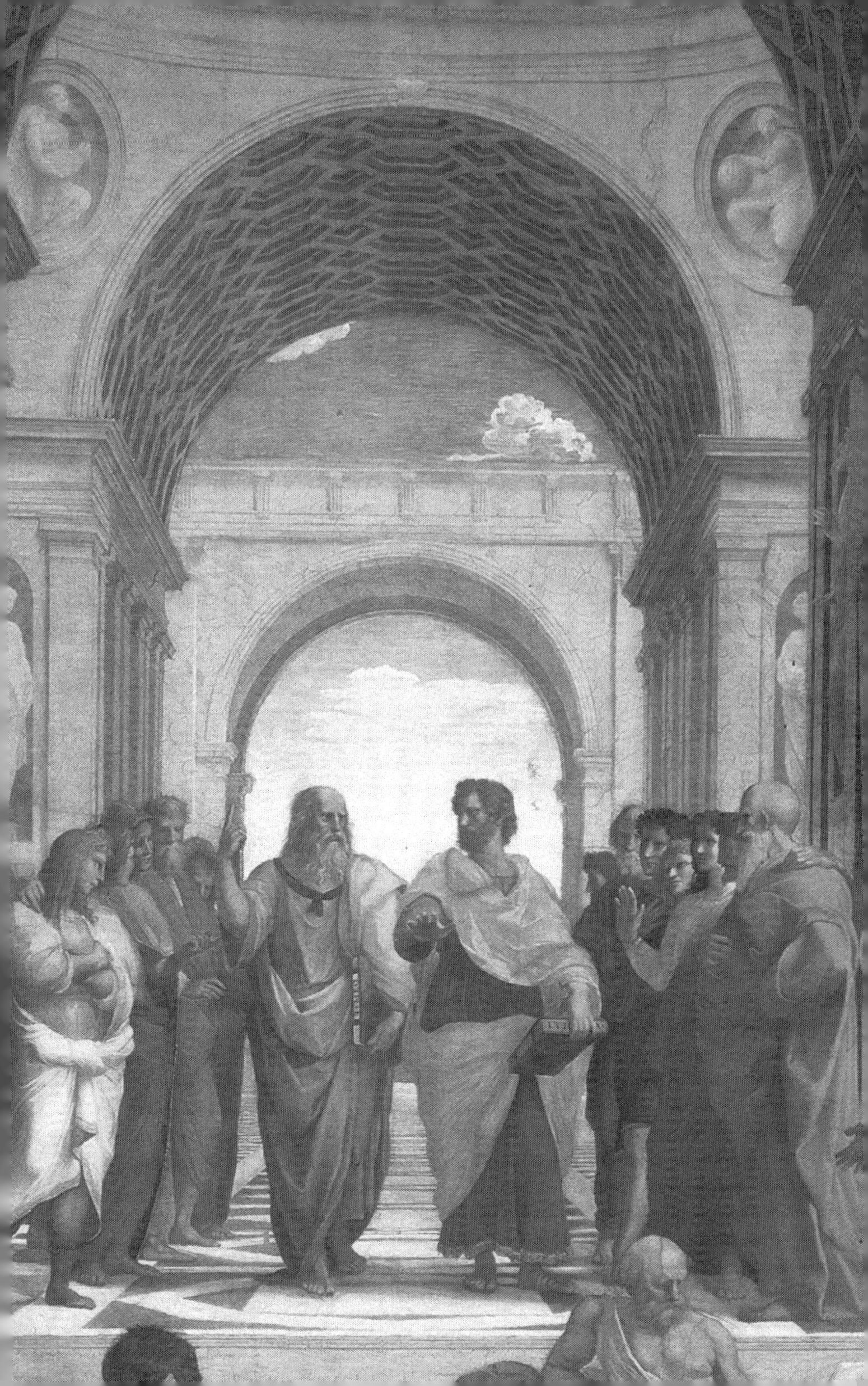

5

Ciências naturais versus ciências humanas

Em uma pesquisa científica, o método, de certo modo, a guia. Mas em se tratando de domínios do saber, que se dedicam a estudar objetos tão distintos, como é o caso das ciências naturais e das ciências humanas, existe um método apenas ou uma pluralidade deles? Serão essas ciências, tal como explicitado pelos seus próprios nomes, distintas no todo, em função de seus objetos e métodos?

Essas perguntas são provocativas e servem para, de certa forma, guiar você na leitura deste capítulo. Vamos explicitar, aqui, semelhanças e diferenças entre essas duas ciências e pontuar dificuldades em aceitar tanto uma visão monista quanto uma visão dualista de método. Para abordar esse tema, apresentaremos um belíssimo texto do Dr. Rui Sampaio da Silva, o qual exprime com muita habilidade as **nuances** desse terreno pedregoso. Com ele, pretendemos expor as características que põem em confronto esses dois domínios de nosso saber que gozam, sem dúvida, de cientificidade. O desafio principal deste capítulo é, portanto, oferecer condições para adentrarmos no debate que circunda justamente as questões de método a respeito das ciências humanas e naturais, na compreensão de possíveis semelhanças e diferenças entre elas.

5.1
Círculo hermenêutico: breve introdução histórica

Silva (2012) inicia sua exposição apresentando-nos Friedrich Ast. Ora, ele é normalmente requerido quando a questão é introduzir uma formulação clara do círculo hermenêutico, por ser considerado um dos primeiros a apresentá-la. Ast (1808, citado por Silva, 2012, p. 56) afirma que "A lei fundamental de toda a compreensão e de todo o conhecimento é encontrar o espírito do todo a partir do singular e apreender o singular através do todo". A circularidade que Ast quer denunciar, no contexto de seus estudos, é a da interpretação e da interdependência que ocorrem "entre a compreensão do espírito da Antiguidade (o todo) e a compreensão de cada autor antigo (o singular)" (Silva, 2012, p. 56). Silva (2012) também apresenta essa mesma circularidade em Schleiermacher: "do mesmo modo que o todo é compreendido a partir do singular, também o singular só se deixa compreender a partir do todo" (Schleiermacher, 1977, citado por Silva, 2012, p. 56), quando a parte refere-se à relação texto-frase, e o todo, à relação autor-texto.

Martin Heidegger (1889-1876) e Hans-Georg Gadamer (1900-2002) deram uma nova dimensão existencial à noção de *círculo hermenêutico*, na qual este refere-se à relação, também circular, entre a pré-compreensão do intérprete (inclusive a sua autocompreensão) e o *interpretandum**. Para Heidegger (1993, citado por Silva, 2012, p. 56), em *Ser e tempo (Sein und Zeit)*, "a nossa experiência no mundo só é possível a partir do sentido que é projetado a partir de nossa rede de práticas e do nosso contexto histórico, permanecendo inelutavelmente condicionada pelo horizonte do intérprete". Desse modo, a compreensão está sujeita a uma estrutura de antecipação (ou rede conceitual).

Uma consequência epistemológica que podemos tirar dessa conceituação de Heidegger é a relação inversa entre interpretação e compreensão, quando comparada aos seus antecessores. O momento culminante do processo interpretativo não é a compreensão. Heidegger considera a compreensão "uma apreensão e projeção de possibilidades de ser e de agir" (Heidegger, 1993, citado por Silva, 2012, p. 56) – possibilidades essas exploradas pela interpretação. Outra consequência epistemológica que diz respeito à interpretação, Heidegger não a considera nem subjetiva nem objetiva, mas projetiva, pois, para o autor, ela consiste em uma "elaboração ou exploração de possibilidades" (Silva, 2012, p. 57), de modo que a interpretação está sempre condicionada pela pré-compreensão do intérprete (o que acaba por conduzir a um processo cíclico interminável).

Contrário a Heidegger, Gadamer (1990, citado por Silva, 2012, p. 57), em *Verdade e método (Wahrheit und Methode)*, afirma que "o nosso

---

*   *Interpretandum* (do latim), representa, em nosso estudo, o *termo a ser interpretado*.

acesso à realidade é necessariamente condicionado por um horizonte de compreensão ou um conjunto de conce[p]ções prévias que permitem a atribuição de sentido às coisas, à experiência." O que se apresenta como pré-condição para a inteligibilidade é o preconceito, por isso ele não pode ser eliminado. Gadamer combina a visão tradicional de círculo hermenêutico entre parte e todo com a de Heidegger, entre a pré-compreensão do intérprete e o *interpretandum*. "Interpretar não é reconstruir na sua integridade um sentido preexistente à interpretação, mas recontextualizar o objeto da interpretação no horizonte do intérprete" (Silva, 2012, p. 58). O autor considera a compreensão como uma "fusão de horizontes" (Gadamer, citado por Silva, 2012, p. 58).

Como escapar à crítica do relativismo hermenêutico? Ambos, Heidegger e Gadamer, estão vulneráveis a ela, mas o segundo oferece três estratégias de defesa contra a arbitrariedade interpretativa (ou relativismo hermenêutico). Na primeira, Gadamer "alega que a pertença do intérprete e do *interpretandum* a uma tradição comum limita o perigo da aplicação de preconceitos inadequados ao objeto da interpretação" (Silva, 2012, p. 59). Os problemas dessa primeira resposta são: mesmo que esteja o intérprete inserido em uma tradição, a distância temporal pode levá-lo a abordar seu objeto de interpretação com preconceitos inadequados; e não se pode apelar a uma tradição comum em uma comunicação intercultural. Na segunda estratégia, Gadamer recorre à coerência, o que implica em pressupor que uma "projeção de sentidos ou preconceitos inadequados a um texto" (Silva, 2012, p. 59) não permite seu relato coerente. Na terceira, a qual foi atribuída a Gadamer por Warnke, considera-se "a presunção da verdade do que é dito" (Silva, 2012, p. 59). Ora, Gadamer defende que se deve presumir a verdade do texto, e isso pode restringir as interpretações admissíveis.

5.2
O círculo hermenêutico e a autonomia metodológica das ciências humanas

As noções de círculo hermenêutico, como afirma Silva (2012), desenvolvidas por Heidegger e Gadamer, conduzem a uma crítica ao objetivismo nas ciências humanas. Aquele primeiro, como vimos, defendeu uma interpretação projetiva e não objetiva (pois toda interpretação contém pressupostos). "Para além disso, nas ciências humanas, interpretam-se os entes a partir de um horizonte de compreensão constituído pela tradição cultural e pelas práticas sociais do intérprete, o que contrasta com a descontextualização dos entes que é promovida pela ciência natural" (Silva, 2012, p. 60).

Similarmente, Gadamer defendeu que, nas ciências humanas, a forma de conhecimento é substancialmente diferente do ideal de método das ciências modernas. As ciências humanas oferecem a nós "não um conhecimento objetivo, mas uma multiplicidade de perspectivas sobre a realidade, que constituem enquanto tal uma forma de conhecimento" (Silva, 2012, p. 60).

Faz-se importante, neste momento, para aprofundar as consequências da hermenêutica das ciências humanas e sociais ao nível de suas epistemologias, trazermos as considerações de Charles Taylor. Considerado o primeiro representante da hermenêutica nas ciências humanas da comunidade anglo-saxônica, Taylor se opõe a uma concepção nomológica das ciências sociais orientada à descoberta de relações causais. Para isso, ele se baseia num paralelismo entre a interpretação dos textos e a investigação da realidade social.

Para Taylor (1985), segundo Silva (2012), o comportamento pode ser somente estudado à luz dos "sentidos" das ações, das práticas e das instituições humanas, e isso aponta para uma concordância com a tradição hermenêutica. Da seguinte forma, "as ciências humanas envolvem necessariamente a interpretação e um movimento circular de validação de interpretações com base noutras interpretações" (Silva, 2012, p. 61). O que ocorre nas ciências naturais, para ele, é muito diferente porque essas ciências fundamentam-se em "'dados brutos' [...] cuja validade não pode ser questionada oferecendo outra interpretação ou leitura, dados cuja credibilidade não pode ser fundada ou minada por raciocínio posterior" (Taylor, citado por Silva, 2012, p. 61). Assim, as ciências naturais, numa concepção positivista das ciências empíricas, escapam do círculo hermenêutico de interpretações sem críticas.

Para reivindicar a autonomia epistemológica das ciências humanas diante das naturais, Taylor sustenta que "o estudo do comportamento humano não pode ser reduzido à procura de regularidades ou generalizações de tipo nomológico, uma vez que ele é caracterizado de forma essencial por ter *sentido*" (Silva, 2012, p. 61, grifo do original). Então, esse sentido que caracteriza o comportamento humano é holístico porque envolve necessariamente não apenas a relação entre sujeito e objeto, mas também um "campo de contrastes", segundo o qual um sentido é identificado em relação a outros sentidos.

Heidegger também apresenta essa defesa de uma característica holística do sentido quando afirma que "o utensílio[*] manifesta-se sempre no seio de uma totalidade instrumental [...] e o seu sentido depende das relações que o articulam com outros utensílios e com os nossos fins" (Silva, 2012, p. 62).

---

*   Silva (2012, p. 61) nos esclarece que *utensílio*, para Heidegger, é "o modo de ser que caracteriza os entes na nossa experiência quotidiana". Ora, entes são como utensílios: têm sentido em virtude "do papel que desempenham nas nossas práticas e projetos" (Silva, 2012, p. 62).

A dependência de sentido mediante um "campo de contrastes" e de sentido dado previamente fragiliza a ideia de objetividade na interpretação. "A interpretação varia [...] em função do repertório de sentimentos, situações e conceitos que o intérprete traz consigo" (Silva, 2012, p. 62).

As ciências humanas, em contraste com as ciências naturais, baseiam-se em "leituras de sentidos " e não em "dados brutos" (Taylor, citado por Silva, 2012, p. 62). Isso exige do intérprete investigador certa capacidade de "intuição", e parece-nos, então, que a porta está aberta para que ocorram divergências de interpretações.

5.3
Hermenêutica nas ciências naturais

As *ciências humanas* têm sido de interesse maior para a hermenêutica do que as naturais, e podemos compreender essa tendência sob o ponto de vista de que a interpretação e a compreensão, objetos da hermenêutica, parecem muito mais próximos daquelas primeiras. Contrário ao movimento de universalidade da hermenêutica, de certa forma guiado por Heidegger e Gadamer, Silva (2012) declara que o círculo hermenêutico acabou por privilegiar as ciências humanas. Os estudos de Heidegger e de Gadamer também apontam para isso, pois o primeiro filósofo defendeu que a compreensão constitui seu modo de ser (mas não como um comportamento particular do *Dasein**) (Silva, 2012). A concepção de ciência de Heidegger deve ser analisada à luz da diferença entre dois modos de ser: disponibilidade e subsistência. "Heidegger alega que os entes se manifestam 'imediata e regularmente' sob o modo da disponibilidade como utensílios, *i.e.*, como entes

---

*   De acordo com Japiassú e Marcondes (2008, p. 65, grifo do original), *Dasein* é um "Termo heideggeriano que significa *realidade humana*, *ente humano*, a quem somente o ser pode abrir-se. Mas [sic] como é ambíguo, correndo o risco de abrir uma brecha para o humanismo, Heidegger prefere utilizar a expressão *ser-aí*".

que têm um sentido e um papel no âmbito das nossas práticas" (Silva, 2012, p. 63). Para Heidegger, afirma Silva (2012), a investigação científico-natural e a ontologia tradicional privilegiam a subsistência em vez da disponibilidade porque abstraem os entes do contexto prático em que se manifestam dotados de sentido. Contudo, apesar de a ciência descontextualizar o ente do seu contexto prático, recontextualiza-o num quadro de teorias, modelos ou práticas científicas. Agora, a ontologia tradicional "se limita a descontextualizar ou desmundanizar os entes, que são compreendidos do ponto de vista da *mera* subsistência" (Silva, 2012, p. 63, grifo do original). Gadamer, embora defenda a universalidade da hermenêutica, mostra-se desinteressado de uma filosofia hermenêutica das ciências naturais, por estar atrelado a uma concepção indutivista. Da mesma forma, Taylor, como vimos, também influenciado por essa mesma concepção, admite a existência de "dados brutos" (ou base observacional neutra) no domínio das ciências naturais (Silva, 2012).

O desinteresse desses filósofos em uma filosofia hermenêutica das ciências naturais pode ser revisto sob a luz dos trabalhos pós-positivistas de Popper e de Kuhn, bem como de outros defensores do impregnacionismo teórico das observações. Eles apresentam objeções severas contra a tese indutivista tradicional, cuja visão de ciência baseia-se em observações neutras que ascendem a teorias de forma gradual, lenta e cumulativa pela indução de leis universais. Segundo Popper, informa-nos Silva (2012), temos acesso, nas ciências naturais, à realidade por intermédio de expectativas e conjecturas; segundo Kuhn, a ciência normal progride entre um paradigma que opera como uma rede interpretativa que guia a investigação científica pela indicação de princípios teóricos fundamentais (modelos ontológicos e heurísticos), valores e realizações exemplares. "Entendida como matriz disciplinar, a noção kuhniana de paradigma assemelha-se à noção hermenêutica de horizonte de compreensão." (Silva, 2012, p. 64).

A hermenêutica pode contribuir com a filosofia das ciências naturais? A filosofia da ciência vista sob as lentes da filosofia analítica e da filosofia continental revela diferenças; a mais relevante é que a última apresenta uma sensibilidade à dimensão cultural, social e histórica. Na hermenêutica isso se exprime pela valorização do contexto prático e do horizonte de sentido nos quais as ciências se sustentam. Para Heelan (citado por Silva, 2012, p. 64, grifo do original), a hermenêutica deve tratar as ciências de modo geral como "uma *forma de cultura humana* construída pela investigação e *busca de sentido*". Heelan propõe um programa de investigação direcionado à análise do campo pré-científico no qual as ciências se edificam, por uma herança de Husserl e Heidegger, ou seja, por uma fenomenologia do **mundo-da-vida** (solo onde se enraízam as idealizações científicas) e do **ser-no-mundo**, respectivamente. O campo pré-científico, de acordo com Heelan (citado por Silva, p. 64), é caracterizado pela "historicidade, visão englobante, [...] facticidade e temporalidade". Ele também defende uma "prioridade da cultura sobre a teoria, ou de fins humanos sobre o conhecimento teórico" (Heelan, citado por Silva, 2012, p. 64).

5.4
Problema da naturalização do círculo hermenêutico

Segundo a distinção de Habermas (*Erkenntnis und Interesse*), para Silva (2012), as ciências naturais se caracterizam pelo método hipotético-dedutivo, ao passo que as ciências humanas se fundamentam em métodos hermenêuticos.

Føllesdal, apresenta-nos Silva (2012), critica essa distinção porque *"o método hermenêutico é o método hipotético-dedutivo aplicado a materiais com sentido (textos, obras de arte, ações, etc.)"* (Føllesdal, citado por Silva, 2012, p. 65, grifo do original). Há semelhanças relevantes entre os dois métodos. O método hipotético-dedutivo decompõe-se na formulação de hipóteses e na dedução de consequências observacionais a partir delas, o que acaba por ser uma confrontação entre hipótese e experiência: "Um ponto particularmente relevante deste método é o facto de ele envolver, como Føllesdal salienta, uma justificação das nossas crenças a partir de baixo, *i.e.*, a partir das consequências deduzidas, e não a partir de cima, das hipóteses ou premissas do raciocínio científico" (Silva, 2012, p. 65).

Dessa forma, o método hipotético-dedutivo se assemelha ao círculo hermenêutico descrito por Gadamer. Como vimos, a interpretação envolve projeções e antecipações de sentido com base em pressupostos ou preconceitos do intérprete; isso se assemelha ao desenvolvimento de hipóteses, e a revisão das projeções de sentido, ao teste de hipóteses por meio da confrontação com a experiência. As semelhanças não param por aqui, uma delas diz respeito à dificuldade alertada por Gadamer – de que preconceitos inadequados podem levar a antecipações de sentido incorretas e, consequentemente, à incapacidade de fornecer uma interpretação coerente do objeto em estudo – que se apresenta em forma de hipóteses incorretas que geram consequências incongruentes com os dados da experiência; a outra, à tese hermenêutica do pluralismo das interpretações, pois, nas ciências empíricas, há uma subdeterminação da teoria pelos dados (diferentes hipóteses para um mesmo conjunto de dados).

Michael Martin segue uma argumentação semelhante à de Føllesdal (Silva, 2012). Ele acusa Taylor de ter uma concepção ingênua das ciências naturais por crer numa base observacional neutra. Para Martin, descreve Silva (2012), a circularidade que Taylor afirma existir nas ciências humanas deveria se estender às ciências naturais, uma vez que se admite o impregnacionismo teórico da observação sob a forma de uma circularidade entre a teoria e os dados observacionais. Sem os "dados brutos" nas ciências naturais, não sobram razões para Taylor, na visão de Silva (2012), sustentar que há uma barreira separando as ciências humanas das naturais.

Da argumentação de Martin a respeito do impregnacionismo teórico da observação nas ciências naturais, Silva (2012) destaca três questões. Na primeira questão, Martin sustenta que "o facto de a linguagem observacional conter *categorias* teóricas não impede o surgimento de enunciados observacionais que contradizem *premissas* teóricas" (Silva, 2012, p. 66, grifo do original). Mas, para Silva (2012), apesar de ser uma observação correta, o alcance é limitado. Isso porque os fatos que permitem refutar uma teoria só podem ser descobertos a partir de outra teoria, tal como Feyerabend sustenta em *Against the Method* (1993), segundo Silva (2012). Martin reconhece isso ao admitir que "dados [...] negativos em relação a uma teoria não são frequentemente reconhecidos pelos cientistas por causa de seus compromissos teóricos prévios" (Silva, 2012, p. 66). Contudo, é possível detectar e corrigir eventuais contaminações teóricas de observação. Em comparação à interpretação de textos, podemos distinguir entre categorias e premissas interpretativas e detectar preconceitos e pressuposições inadequadas ao texto sem sair do círculo hermenêutico, por meio do critério de coerência proposto por Gadamer. "O próprio confronto com outras interpretações contribui para detetar os preconceitos operantes nas nossas interpretações" (Silva, 2012, p. 67). Feyerabend, para Silva (2012, p. 67), de maneira análoga, afirma que, quando os cientistas exploram simultaneamente teorias diferentes e rivais, "os preconceitos são encontrados por contraste, não por análise", ao defender seu pluralismo teórico. Essa afirmação vai totalmente ao encontro da abordagem de Gadamer acerca do círculo hermenêutico, pois é, segundo esse último filósofo, por meio do confronto com outras perspectivas que tomamos consciência dos nossos preconceitos.

Na segunda questão, em relação à defesa da objetividade diante da dificuldade apresentada pelo impregnacionismo teórico da observação, Martin alega que, no teste empírico de uma teoria, "é frequentemente possível recorrer a observações independentes da teoria que está a ser testada" (Silva, 2012, p. 67). Em comparação com o círculo hermenêutico, "Uma leitura de uma passagem particular, embora baseada nalguma interpretação, pode não estar baseada na interpretação particular que está a ser validada por esta leitura" (Martin, citado por Silva, 2012, p. 67).

Finalmente, chegamos à terceira questão, para casos em que "diferentes dados de diferentes proveniências apontam para propriedades diferentes de uma mesma entidade ou processo" (Silva, 2012, p. 67). Martin, para Silva (2012), defende que a observação, mesmo impregnada de teoria, desempenha bem sua função de controle de teorias porque estabelece suficientemente a existência de uma entidade ou de um processo. Em comparação com o círculo hermenêutico, muitas vezes também é possível "validar uma interpretação através de uma convergência e de diferentes fontes de informação" (Silva, 2012, p. 67).

A redução do círculo hermenêutico ao método hipotético-dedutivo das ciências naturais não é de todo tão simples. Existem pelo menos duas boas razões para isso. Em primeiro lugar, ao considerar os pontos de partida da investigação empírica e da interpretação da ação humana, "As hipóteses científicas podem ter múltiplas origens; podem ser sugeridas pela observação, mas também podem resultar de rasgos imaginativos, especulações metafísicas ou mesmo de crenças religiosas" (Silva, 2012, p. 68). Lembra Silva (2012), a respeito de Popper, que regras metodológicas são empregadas somente para o teste empírico das hipóteses, cuja formação (liberal) não depende de quaisquer regras. Isso é bem diferente daquilo que Gadamer assevera em relação ao círculo hermenêutico, pois, "na interpretação de entidades ou acontecimentos com sentido, o ponto de partida é constituído por *pressuposições de racionalidade*" (Silva, 2012, p. 68, grifo do original). Essa expressão é mais comum no círculo anglo-saxônico em discussões acerca da interpretação e da explicação da ação humana. Gadamer diria se tratar de um princípio do círculo hermenêutico, a saber, "antecipação da perfeição" (Gadamer, citado por Silva, 2012, p. 68). É um princípio consequente do círculo hermenêutico que consiste na compreensão exclusiva diante da apresentação efetiva de uma unidade de sentido perfeita e na pressuposição da verdade do que é dito (Gadamer, 1990). Esse último ponto vai de encontro a um sentido da hermenêutica gadameriana: "que a interpretação do sentido é indissociável de uma busca da verdade sobre o tema em questão" (Silva, 2012, p. 68). Essas são as pressuposições de racionalidade das quais o círculo hermenêutico parte, e isso marca a sua especificidade em relação à investigação científico-natural.

Ainda segundo Silva (2012), Donald Davidson foi um dos filósofos que mais enfatizou o papel de pressuposições de racionalidade no nível de interpretações do discurso e da ação humana. Esse filósofo analítico partilha com a tradição hermenêutica "a tese de que a explicação da ação humana envolve métodos interpretativos claramente distintos da metodologia das ciências naturais" (Silva, 2012, p. 69) – expressamente em acordo com o famoso princípio da caridade, no qual um intérprete deve necessariamente considerar que o falante é, em geral, coerente e que tem um conjunto de crenças amplamente verdadeiras.

> *A pressuposição da verdade do que é dito seria legitimada, por um lado, por uma teoria verocondicional do significado, segundo a qual o significado de uma frase é dado pelas suas condições de verdade, e, por outro, por uma conce[p]ção holística do domínio psicológico, de acordo com a qual o conteúdo de um estado mental como um desejo ou uma crença é parcialmente constituído pelas suas relações com os outros estados mentais, o que esvazia de sentido a noção de um falante com um sistema de crenças largamente falsas.* (Silva, 2012, p. 69)

Assim, as normas que governam as investigações de fenômenos físicos (ciências naturais) e mentais (ciências humanas) são diferentes. Para Davidson, segundo Silva (2012), em uma interpretação da fala de uma pessoa, impomos necessariamente as seguintes condições: coerência, racionalidade e consistência, as quais, definitivamente, não encontramos na física. Então, interpretar é racionalizar o comportamento de outrem com base em nosso sistema de crenças e valores.

Ao fato de hipóteses em procedimentos interpretativos envolverem pressuposições de racionalidade e não implicarem uma diferença significativa entre métodos interpretativos e empíricos é possível objetar. Silva (2012, p. 69) retoma Føllesdal no que diz respeito ao seu reconhecimento de que a interpretação é movida por "hipóteses de racionalidade". Contudo, ele pouco considera essa diferença:

> *As hipóteses científicas são construções* **teóricas** *que, apesar de terem origem num determinado contexto social ou histórico, autonomizam-se de tal contexto, ao passo que as pressuposições de racionalidade remetem de forma essencial para o contexto* **prático** *do intérprete; a um mundo da vida ou, para utilizar uma expressão cara a Wittgenstein, para uma forma de vida.* (Silva, 2012, p. 69, grifo do original)

Portanto, a interpretação, segundo essa leitura, é uma capacidade prática e exige afinidades significativas de ordens práticas sociais ou de tradições culturais entre intérprete e *interpretandum*. Sem essas afinidades, a compreensão pode falhar e esse problema não encontra correspondência no domínio das ciências naturais.

Contudo, aqueles que defendem a naturalização do círculo hermenêutico podem objetar no sentido de que a explicação da ação envolva pressuposições de racionalidade. Um representante dessa ideia, aponta Silva (2012), é Mantzavinos, que estipula uma diferença entre a explicação da ação e a reconstrução racional da ação. Ele defende a apreensão nomológica de conexões de sentido (Silva, 2012), além de preferir adotar uma postura cética diante da existência de leis do comportamento humano, uma vez que essas leis são formuladas com o recurso de noções intencionais. Fiquemos, por ora, com a sua tese de que a reconstrução racional de uma ação pode ser arbitrária. Há racionalizações da ação humana que são boas e outras que são ruins. As boas se diferenciam "pela capacidade de oferecer um relato coerente e abrangente do comportamento do agente, de se basearem em valores e normas que estruturam o contexto social do agente e de apelarem a princípios psicológicos plausíveis" (Silva, 2012, p. 70), e por serem testáveis. Mesmo que a reconstrução racional não seja uma explicação científica, isso não implica de imediato em uma explicação insatisfatória.

Uma diferença objetiva fundamental entre o círculo hermenêutico das ciências humanas e o método hipotético-dedutivo das ciências naturais é que "o próprio objeto da investigação move-se num domínio normativo e regula-se por interpretações" (Silva, 2012, p. 70). Outra diferença toca o âmbito do método e, para entendê-la melhor, Silva (2012) apela à tese de uma "hermenêutica dupla" nas ciências humanas. Enquanto nas ciências naturais o cientista tem acesso à realidade empírica a partir de uma tradição científica determinada em certo quadro conceitual, as ciências humanas apresentam sua questão epistemológica complexificada em função do objeto (comportamento ou ação que se pretende explicar) e de seu intérprete (sujeito da investigação), os quais se caracterizam por uma rede interpretativa.

O domínio das ciências humanas não é só estudado a partir dos princípios normativos de racionalidade, como além disso é constituído por normas e racionalidade; não é só investigado a partir de um quadro interpretativo, como além disso se regula por quadros interpretativos. (Silva, 2012, p. 71)

Nas palavras de Taylor, sintetiza Silva, os seres humanos são "self-interpreting animals" (Taylor, citado por Silva, 2012, p. 71), ou seja, são seres capazes de definirem a si próprios de modos múltiplos, "moldando com estas interpretações o próprio objeto estudo das ciências humanas, que se caracteriza, assim, por uma instabilidade que não tem paralelo nas ciências naturais." (Silva, 2012, p. 71). Essa é uma das razões por que explicações nomológicas têm um alcance limitado nas ciências humanas e sociais. Ora, pelo fato de o homem caracterizar-se como um ser capaz de inovar no âmbito do pensamento (com novos conceitos e novas interpretações), isso se reflete no nível da ação (com novos comportamentos e novas práticas). Assim, regularidades no comportamento humano (mesmo que estáveis) não devem ser confundidas com regularidades naturais, pois a imprevisibilidade e a instabilidade são características próprias de um animal que se interpreta por si próprio. Contudo, muitas generalizações nas ciências humanas não deixam de ser úteis e de ter, em certos casos, um poder explicativo relevante. O problema é que "terão de ser complementadas por métodos interpretativos que apreendam as razões da ação ou as crenças e valores que dão sentido ao comportamento humano" (Silva, 2012, p. 71). Métodos como esses têm a capacidade de explicar exceções às generalizações das ciências humanas e esclarecem uma importante dimensão de nossa ação que não se revela quando fazemos uso de uma concepção de ciência orientada apenas para a descoberta de regularidades e de correlações entre variáveis. Silva (2012, p. 71) conclui seu belíssimo artigo, base de nosso capítulo, afirmando que:

devemos evitar quer um unitarismo epistemológico que defende a existência de um modelo metodológico comum a todas as ciências, quer a tese de um abismo metodológico entre ciências humanas e ciências naturais. Tal como a análise do círculo hermenêutico aqui proposta procurou mostrar, os procedimentos hermenêuticos revelam afinidades importantes com a metodologia das ciências empíricas, não sendo, todavia, redutíveis a estas.

Síntese

Vimos, neste Capítulo, que Silva (2012) defende que os procedimentos hermenêuticos apresentam afinidades relevantes em relação à investigação científico-natural. Ele configura duas vias clássicas: monismo epistemológico (método comum a todas as ciências) e abismo metodológico entre as ciências humanas e as ciências naturais.

O mesmo autor salienta que o círculo hermenêutico é traço caracterizante das ciências humanas, razão principal para afirmar sua autonomia metodológica em relação às ciências naturais. Contudo, alguns autores, como Føllesdal (1994), Mantazavinos (2005) e Martin (1994), desafiam essa tese e defendem que o círculo hermenêutico pode ser reduzido à metodologia das ciências naturais.

Atividades de autoavaliação

1. Com relação às diferentes definições do círculo hermenêutico, assinale as afirmativas a seguir como verdadeiras (V) ou falsas (F), com base em Silva (2012):
    - ( ) Friedrich Ast (1808) afirma que "a lei fundamental de toda a compreensão e de todo conhecimento é encontrar o espírito do todo a partir do singular e apreender o singular através do todo".
    - ( ) Schleiermacher (1977) sustenta: "do mesmo modo que o todo é compreendido a partir do singular, também o singular só se deixa compreender a partir do todo".
    - ( ) Heidegger (1993) declara que "a nossa experiência no mundo só é possível a partir do sentido que é projetado a partir de nossa rede de práticas e do nosso contexto histórico, permanecendo inelutavelmente condicionada pelo horizonte do intérprete".
    - ( ) Gadamer (1990) defende que "o nosso acesso à realidade é condicionado de forma contingente por um horizonte de

compreensão ou um conjunto de concepções prévias que permitem a atribuição de sentido às coisas, à experiência".

Marque a alternativa que corresponde à sequência correta é:
a) V, V, V, F.
b) F, V, F, V.
c) V, F, V, F.
d) F, V, V, F.

2. Para Charles Taylor (1985), as ciências naturais e as ciências humanas estão separadas por um abismo metodológico de investigação porque:
   a) as ciências humanas envolvem racionalidade interpretativa; já as ciências naturais, verdades formais.
   b) as ciências naturais envolvem interpretações e validação (subjetivo); já as ciências humanas estão fundamentadas em "dados brutos" e em observações neutras (objetivo).
   c) as ciências humanas envolvem interpretações e validação (subjetivo); já as ciências naturais estão fundamentadas em "dados brutos" e observações neutras (objetivo).
   d) as ciências naturais são mais rigorosas e dispõem de maior certeza devido ao método hermenêutico que as ciências humanas, fundamentadas no objetivismo relativo metodológico.

3. Heidegger, Gadamer e Taylor, quanto à naturalização do método hermenêutico, são:
   a) contrários, porque todos defendem um monismo metodológico entre as ciências naturais e as humanas.
   b) contrários, pois o primeiro defende uma investigação científica que privilegia a subsistência, e os outros dois apresentam uma

concepção de ciência muito próxima do empirismo lógico e, portanto, fundamentado em "dados brutos" e na observação neutra.

c) a favor, pois o primeiro defende uma investigação científica que privilegia a subsistência, e os outros dois têm uma concepção de ciência muito próxima do empirismo lógico e, portanto, fundamentado em "dados brutos" e na observação neutra.

d) a favor, porque todos defendem um dualismo metodológico entre as ciências naturais e as humanas.

4. Heelan empenha-se a favor de uma hermenêutica das ciências naturais. Isso fica claro na seguinte afirmação:

a) Ciências naturais são acessíveis à realidade por intermédio de expectativas e de conjecturas.

b) Ciências naturais são uma forma de cultura humana construída pela investigação e pela busca de sentido.

c) Ciência normal progride entre um paradigma que opera como uma rede interpretativa que guia a investigação científica pela indicação de princípios teóricos fundamentais.

d) Ciência, cultura, sociedade e razão são todos um só ente que reúne o desígnio interpretativo do cientista.

5. Michel Martin critica Taylor, pois, uma vez que assuma a tese do impregnacionismo teórico da observação, então:

a) com as "razões de interpretação" nas ciências naturais, não sobram razões para Taylor sustentar que há uma barreira separando as ciências humanas das naturais.

b) sem os "dados brutos" nas ciências naturais, sobram razões para Taylor sustentar que há uma barreira separando as ciências humanas das naturais.

c) com os "dados brutos" nas ciências naturais, sobram razões para Taylor sustentar que há uma barreira separando as ciências humanas das naturais.

d) sem os "dados brutos" nas ciências naturais, não sobram razões para Taylor sustentar que há uma barreira separando as ciências humanas das naturais.

Atividades de aprendizagem

Questões para reflexão

1. Procure no texto razões características do círculo hermenêutico e compare-as com uma teoria das ciências humanas de sua escolha, buscando por afinidades e divergências entre elas.

2. Procure no texto razões características do método hipotético-dedutivo e compare-as com uma teoria das ciências naturais de sua escolha, buscando por afinidades e divergências entre elas.

Atividade aplicada: prática

Use as teorias investigadas nas duas atividades anteriores e construa um quadro comparativo sucinto que apresente explicitamente o método delas. De acordo com o texto, justifique se há para esse caso um abismo metodológico ou semelhanças entre o método hipotético-dedutivo e o método interpretativo.

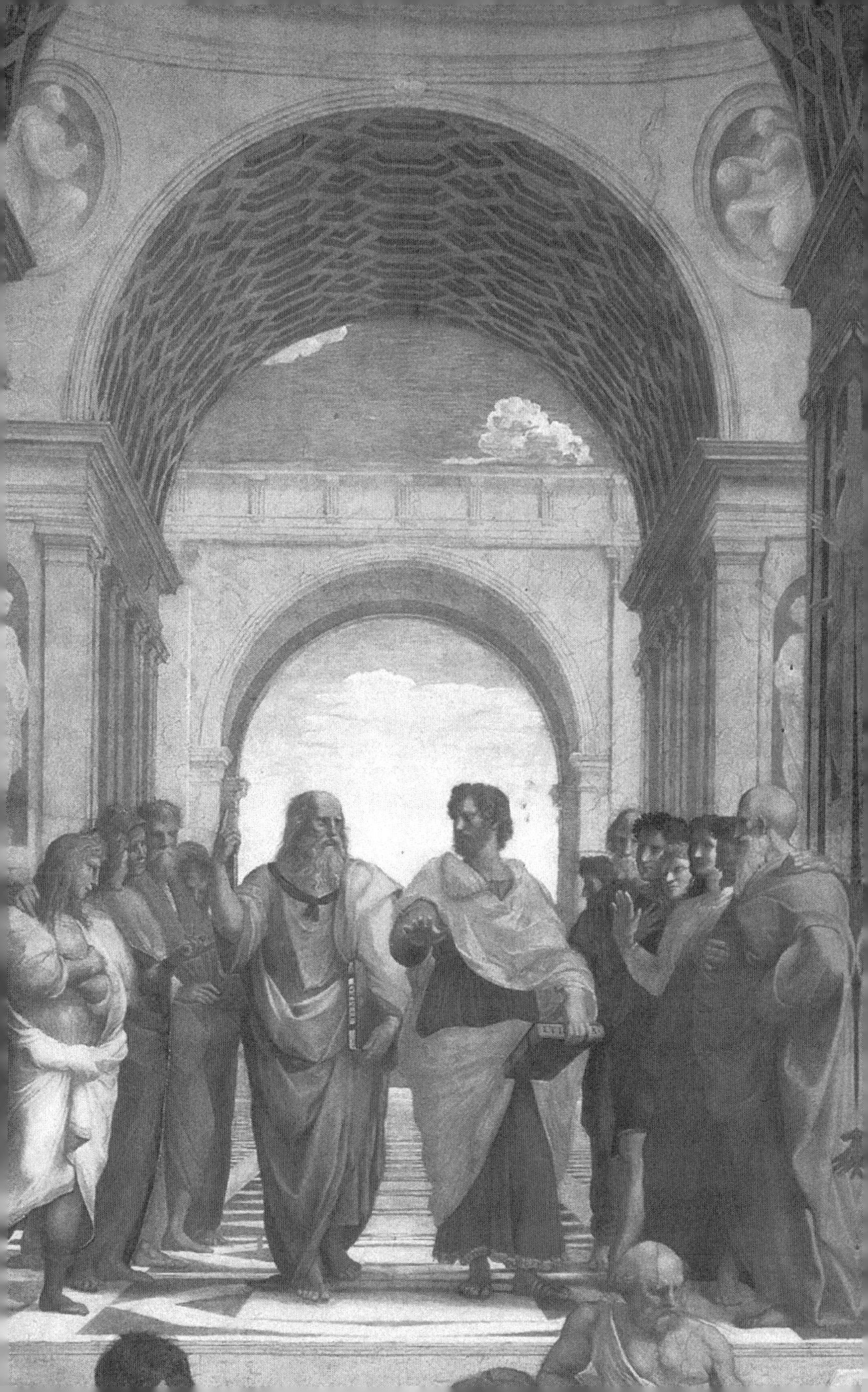

6

*A prática
da ciência
e a razão*

A prática da ciência e a razão parecem ser indissociáveis. Nos capítulos anteriores, tivemos a oportunidade de apreciar diversos casos em que prática da ciência e a razão correm lado a lado. Nos dois casos clássicos de justificação do acesso ao conhecimento, o racionalismo e o empirismo, encontramo-las associadas de maneiras diferentes.

No empirismo, por exemplo, temos uma justificação (a razão), a observação e um método (a indução). No racionalismo, da mesma forma, temos uma justificação (razão), que depende de cada filósofo – em Descartes, por exemplo, temos as ideias claras e distintas, ou as formas, em Platão –, e um método (a dedução).

Neste capítulo, veremos, à maneira de Karl Popper, como justificar a ciência ou dar razões ao produto da prática desta.

6.1
Um tema plural e uma escolha de abordagem

O tema a que este capítulo se dedica é plural e, com isso, pretendemos dizer que há diversas maneiras de abordá-lo em função da miríade de contextos nos quais a prática da ciência e a razão estão inseridas. Podemos optar por um período da história da ciência (antiga, medieval, moderna ou contemporânea), por um filósofo, por um problema, entre outros. Por trás dessa vagueza quanto à forma de abordar o tema, uma coisa é certa: é preciso fazer uma escolha. Sem ela, sequer podemos iniciar qualquer apresentação ou discussão sobre o assunto. Aliás, se formos rigorosos, todos os temas deste livro permitem uma pluralidade de escolhas de abordagem. De todas as maneiras em potencial, apenas uma acaba por se encontrar neste e nos outros capítulos.

Escolhemos tratar uma questão de um filósofo que já tivemos anteriormente a oportunidade de conhecer: Sir Karl Raimund Popper. A questão principal de seu trabalho diz respeito ao critério de demarcação das ciências. Mas por que essa questão e por que esse filósofo? A resposta é simples: porque ele, em uma espécie de relato acadêmico autobiográfico, deixou-nos um artigo – que foi escrito originalmente para uma conferência em Peterhouse, Cambridge, no verão de 1953, como parte do curso chamado *A evolução e as tendências da filosofia inglesa contemporânea*. Quatro anos depois, essa conferência foi publicada na British Philosophy in Mid-Century, sob o título de *Philosophy of Science: a Personal Report* – na qual o autor nos apresenta as motivações para a formulação de seu problema e, consequentemente, sua resposta a ele. De que maneira isso se relaciona ao nosso tema? Para responder a essa pergunta, é preciso especificar de que modo estamos entendendo a prática da ciência e a razão. Comecemos pela primeira delas, a prática da ciência (ou científica).

Se compreendermos que a prática da ciência é justamente a atividade do cientista, cujo resultado é a própria ciência, então temos definida uma das partes desse tema. A segunda parte, a razão, entendemo-la como justificação. Pois bem, temos, portanto, a justificação da ciência. Popper estava preocupado com isso, ou seja, em ter razões (ou justificações) bem estabelecidas para a ciência, o que implica saber discriminar *ciência* e *não ciência*. Essa é uma maneira de entender o tema. Poderíamos, por outro lado, ater-nos à prática, e esse caminho nos levaria aos já anteriormente discutidos métodos (indutivo, hipotético-dedutivo etc.). Agora, a razão ou justificação nada nos interessa se a ela não estiver definindo um objeto para ser justificado.

6.2
Ciência: conjecturas e refutações

Popper (1980) defende conjecturas e refutações como as únicas vias para a ciência. Assim, ele aborda a ciência na forma de um problema filosófico, o que torna esse assunto mais rico. Popper utiliza um problema que, de certa forma, exprime a essência do que estamos discutindo: o **problema da demarcação**, o qual o filósofo nos apresenta de maneira magistral no artigo *Philosophy of Science: a Personal Report*, ao qual nos referimos anteriormente. A tradução brasileira foi publicada como *Conjecturas e* *refutações: o processo do conhecimento científico* (Popper, 1980). Nele, o autor nos apresenta sua maneira de delimitar o problema (justificação da ciência) e suas razões mais adequadas para responder tal problema (o qual não foi muito bem explorado por outros filósofos, segundo Popper, como Hume e Kant).

6.2.1 Motivações para o falseacionismo de Popper

Popper (1980) foi convidado para ministrar uma conferência a colegas filósofos do curso sobre *As evoluções e as tendências da filosofia inglesa* em Cambridge, em 1953. Por isso, ele achou mais interessante apresentar à sua plateia um relato sobre seus trabalhos desde 1919, quando primeiramente se debruçou sobre a seguinte questão: *Quando pode uma teoria ser classificada como científica?*, ou, de outro modo, *Existe um critério para classificar uma teoria como científica?* (Popper, 1980, p. 1, grifo do original). Essas questões não se direcionavam à verdade ou à aceitabilidade das teorias, mas à distinção entre o que podemos considerar *ciência* e o que não podemos considerar *ciência* (ou *pseudociência*, ou *metafísica*). Contudo, ele queria desviar-se da resposta mais comum a essas questões, ou seja, que a diferença se resumia à prática metodológica, qual seja, o **método empírico**, em essência a **indução** (que, como vimos, decorre da observação ou da experimentação). Ele queria tomar o caminho contrário e, por isso, justifica Popper, seu esforço transpareceu na formulação e na reformulação do problema para encontrar a justa medida entre o método genuinamente empírico e o não empírico, ou pseudoempírico (que, mesmo que utilize a observação como base, não atinge um padrão empírico, como a astrologia).

Para Popper, sua motivação não partiu de exemplos de pseudociências, mas do clima pelo qual a Áustria estava passando nos idos de 1918, com o fim do império austríaco, momento em que circulavam teorias novas e frequentemente extravagantes. Popper se referiu a quatro delas: a relatividade geral de Einstein (mais importante), o materialismo histórico de Marx, a psicanálise de Freud e a psicologia individual de Alfred Adler. Muito se falava dessas teorias na época, principalmente a respeito da relatividade geral, pelo fato de ter ocorrido uma observação importante de um eclipse empreendida por Eddington, em 1919, a qual confirmou a predição da gravitação einsteiniana. Com relação às outras teorias, Popper relata que elas também foram importantes para compor o clima da ciência da época. Ele teve um contato especial com Alfred Adler, pois chegou a cooperar com seus trabalhos em clínicas de orientação social voltadas às crianças e aos jovens de bairros proletários de Viena.

Mesmo assim, estava insatisfeito com a teoria de Adler, assim como com as de Marx e Freud. Ele se perguntava sobre o que havia de errado nelas e por que eram tão diferentes das teorias de Newton e de Eisntein. Mais uma vez, sua preocupação não era com a verdade dessas teorias, muito menos com as suas exatidões ou mensurabilidades. Para ele, havia um sentimento de que aquelas três teorias (materialismo histórico, psicanálise e psicologia individual) se aproximavam mais da astrologia (pseudociência) do que da astronomia (ciência).

Sua questão de certa forma se expressava na admiração de seus colegas pela **capacidade de explicação** que aquelas três teorias apresentavam. Praticamente, elas explicavam tudo em seus campos de atuação! Parecia, para Popper, que elas produziam um efeito similar ao de uma revelação intelectual ou mesmo de uma conversão daqueles que se dedicavam a estudá-las. A esses, parecia que o mundo estava repleto de **verificações ou confirmações** das verdades contidas nessas teorias. A característica principal delas era o fluxo incessante e constante de confirmações, de observações que as verificavam. Por exemplo, os jornais as confirmavam pelas notícias presentes (e também ausentes) e evidenciavam o preconceito a determinadas classes oprimidas (teoria de Marx); as observações clínicas verificavam abundantemente as teorias de Freud; bem como de Adler, com sua teoria do sentimento de inferioridade, a qual era capaz de generalizar, para muitos casos, verificações em situações nas quais caberiam muito bem controvérsias (a um custo de uma **certeza indutiva** fundamentada em casos anteriores).

Depois de certa reflexão, admite Popper, qualquer caso poder ser uma confirmação, seja para a psicanálise, seja para a psicologia individual. Ele usa como exemplo o caso de um homem que tenta afogar uma criança jogando-a intencionalmente na água e de outro que arrisca a vida para salvá-la. À luz da psicanálise, o primeiro homem sofria de repressão (por algum componente do complexo de Édipo), e o segundo alcançara a sublimação. À luz da psicologia individual, ambos sofriam de um sentimento de inferioridade, pois o primeiro quis provar a si ser capaz de cometer um crime, e o segundo, ser capaz de salvar uma criança.

> *Não conseguia imaginar qualquer tipo de comportamento humano que ambas as teorias fossem incapazes de explicar. Era precisamente esse fato – elas sempre serviam e eram sempre confirmadas – que constituía o mais forte argumento a seu favor. Comecei a perceber aos poucos que essa força aparente era, na verdade, uma fraqueza.* (Popper, 1980, p. 3)

Popper enfatiza que o mesmo não ocorria com a relatividade geral, e a confirmação observacional efetuada por Eddington desempenhou um papel fundamental para isso. Einstein, com sua teoria, havia chegado à conclusão de que a luz também era atraída por corpos celestes, como o Sol, devido a suas grandes massas, da mesma forma que os corpos materiais. Isso produziria um efeito especial na posição das estrelas para um observador na Terra, porque as luzes das estrelas, ao passarem próximas do Sol, sofreriam uma atração. Esta as desviaria de suas trajetórias originais devido à atração gravitacional, ocasionando uma posição aparente mais distante em relação ao Sol, para quem as observa da Terra, do que elas realmente se encontram. Só poderíamos identificar esse desvio durante um eclipse solar, pois, quando a luz intensa do Sol é ofuscada pela Lua, conseguimos ver as estrelas no céu mesmo durante o dia.

Figura 6.1 – Esquema do experimento de Eddington (1990)

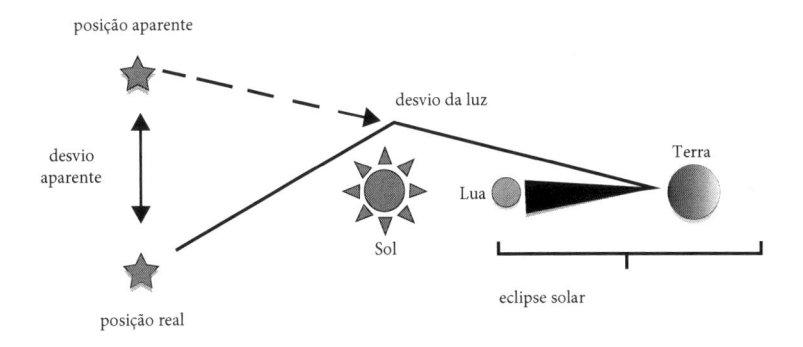

*O mais impressionante neste caso é o risco envolvido numa predição desse tipo. Se a observação mostrar que o efeito previsto definitivamente não ocorreu, a teoria é simplesmente refutada: ele é **incompatível com certos resultados passíveis da observação**; de fato, resultados que todos esperariam antes de Einstein. Essa situação é bastante diferente da que descrevi anteriormente, pois tornou-se evidente que as teorias em questão eram incompatíveis com o comportamento humano extremamente divergente, de modo que era praticamente impossível descrever um tipo de comportamento que não servisse para verificá-las.* (Popper, 1980, p. 4, grifo do original)

Popper nos apresenta, então, suas conclusões preliminares que começam a delinear sua teoria do falseacionismo (critério metodológico capaz de justificar, por um método não indutivo, e, principalmente, discriminar o que é o resultado da prática científica, ou seja, a própria ciência):

(1) É fácil obter confirmações ou verificações para quase toda teoria – desde que as procuremos.

(2) As confirmações só devem ser consideradas se resultarem de predições arriscadas; isto é, se, não esclarecidos [sic] pela teoria em questão, esperarmos um acontecimento incompatível com a teoria e que a teria refutado.

(3) Toda teoria científica "boa" é uma proibição: ela proíbe certas coisas de acontecer. Quanto mais uma teoria proíbe, melhor ela é.

(4) A teoria que não for refutada por qualquer acontecimento concebível não é científica. A irrefutabilidade não é uma virtude, como frequentemente se pensa, mas um vício.

(5) Todo **teste** genuíno de uma teoria é uma tentativa de refutá-la. A possibilidade de testar uma teoria implica igual possibilidade de demonstrar que [a teoria] é falsa. Há, porém, diferentes graus na capacidade de se testar uma teoria: algumas são mais "testáveis", mais expostas à refutação do que outras; correm, por assim dizer, mais riscos.

(6) A evidência confirmadora não deve ser considerada **se não resultar de um teste genuíno da teoria**; o teste pode-se apresentar como uma tentativa séria porém malograda de refutar a teoria. (Refiro-me a casos como o da "evidência corroborativa").

(7) Algumas teorias genuinamente "testáveis", quando se revelam falsas, continuam a ser sustentadas por admiradores, que introduzem, por exemplo, alguma posição auxiliar **ad hoc**, ou reinterpretam a teoria **ad hoc** de tal maneira que ela escapa à refutação. Tal procedimento é sempre possível, mas salva a teoria da refutação apenas ao preço de destruir (ou pelo menos aviltar) seu padrão científico. (Mais tarde comecei a descrever essa operação de salvamento como uma "**distorção convencionalista**" ou um "**estratagema convencionalista**"). (Popper, 1980, p. 4-5, grifo do original)

Em suma, podemos dizer que a capacidade de uma teoria ser refutada ou testada é o critério que define seu *status* científico.

6.2.2 Critério da refutabilidade (solução para o problema da demarcação)

Diferentemente de outras teorias, a teoria da relatividade geral de Einstein permitiu ser refutada em virtude de uma predição arriscada. A astrologia, por exemplo, não permite sequer ser colocada à prova pelo critério da refutabilidade, porque produz profecias e interpretações tão vagas que qualquer caso refutador potencial é aniquilado ou rearranjado para dentro do sistema como uma evidência verificadora irrefutável.

De forma similar, para Popper (1980), o materialismo histórico de Marx adota a mesma prática. A revolução social gerou predições possíveis de serem testadas e, de fato, foram refutadas. Os seguidores de Marx as reinterpretaram de tal modo que os casos refutados foram incorporados ao materialismo histórico, salvando a teoria da refutação e provocando uma **distorção convencionalista**, impossibilitando à teoria qualquer pretensão científica.

As teorias psicanalíticas pertencem a outro grupo, segundo Popper (1980), que são simplesmente não testáveis ou irrefutáveis, pois não existe qualquer comportamento humano capaz de refutá-las. Isso não implica que Freud e Adler estavam errados, implica, sim, não considerar as "observações clínicas", tal como as "observações cotidianas" dos astrólogos, como instâncias confirmadoras das teorias porque não são refutáveis, não se trata de predições arriscadas. Essas teorias descrevem fatos à maneira de "mitos", não "testáveis":

> *Acreditava, portanto, que, se uma teoria passa a ser considerada não científica, ou "metafísica", nem por isso será definida como "absurda" ou sem "sentido". Mas não se poderá afirmar que esteja sustentada por evidência empírica (na acepção científica), embora possa facilmente ser um "resultado da observação" em sentido **lato**.* (Popper, 1980, p. 6, grifo nosso e do original)

Assim, o critério da refutabilidade, para Popper, não tem relação com sentido ou significado, veracidade ou aceitabilidade. O objetivo é traçar uma linha que separe da melhor forma possível as afirmações ou um sistema de informações das ciências empíricas e de todas as outras afirmações (religiosas, metafísicas, pseudocientíficas); este, pois é o **problema da demarcação**. O critério da refutabilidade apresentado anteriormente é a solução para esse problema, pois, para serem classificadas como científicas, as afirmações ou sistemas de afirmações devem ser capazes de ser colocados em conflito com as observações possíveis ou concebíveis.

6.2.3 Crítica à teoria da significação de Wittgenstein

Por incentivo de um colega, por volta de 1920, Popper hesitou em publicar aquilo que a ele pareceu uma resposta um tanto quanto óbvia ao problema da demarcação. Apesar de atribuir certo valor pessoal ao problema, acreditava que bons filósofos e cientistas já haviam se debruçado sobre ele e sugerido respostas semelhantes à sua. Mas, como o próprio Popper colocou, não se trata de uma solução tão simples assim, e 13 anos depois, sob uma crítica ao **critério de significação** de Wittgenstein, publicou suas ideias.

Wittgenstein, em seu *Tractatus logico-philosophicus* (1921), defende que proposições filosóficas ou metafísicas são ou proposições falsas ou pseudoproposições (sem sentido ou significado). Por outro lado, "Toda proposição genuína (ou significativa) deve ser função da verdade de proposição elementar ou 'atomística', que descreva 'fatos atômicos', isto é, fatos que em princípios podem ser verificados pela observação" (Popper, 1980, p. 7). Se uma afirmação é resultante da observação (ou implica de fato uma observação ou menciona algo possível de ser observado), então "toda proposição genuína deve ser função da verdade de afirmativa resultante da observação, e dela dedutível" (Popper, 1980, p. 7).

O contrário disso será uma pseudoproposição, sem significado, um conjunto de palavras desarticuladas e sem sentido.

Esse é o contexto do **critério de significação**; nele, toda ciência natural em oposição à filosofia é uma totalidade de proposições verdadeiras:

> *Isso significa que as proposições pertencentes ao campo de ciência são dedutíveis das afirmações **verdadeiras** derivadas da observação, e podem ser **verificadas** por elas. Se pudéssemos conhecer todas as afirmações verdadeiras derivadas da observação, saberíamos tudo que pode ser afirmado pela ciência natural.* (Popper, 1980, p. 8, grifo do original)

Mesmo que para Popper haja um caso de uma solução grosseira para o problema da demarcação, trata-se de uma coincidência da verificabilidade, do significado e do caráter científico. Uma forma inadequada de demarcação por fiar-se no conceito duvidoso de significado. Esse critério de verificabilidade wittgensteiniano deduz a teoria das afirmações derivadas da observação. Para Popper, esse critério é, ao mesmo tempo, restrito e amplo. Restrito porque exclui da ciência tudo que a caracteriza, ao mesmo tempo que é amplo porque permite incluir a astrologia como ciência. "Nenhuma teoria científica pode ser deduzida de afirmações derivadas da observação, ou descrita como função de verdade nelas contida" (Popper, 1980, p. 8).

6.2.4 Crítica à solução humeana para o problema da indução e à solução via modo lógico

Popper também avaliou o famoso problema proposto por David Hume, o **problema da indução**. Em linhas gerais, ele pode ser explicado como a impossibilidade de a indução ser logicamente justificada. Ora, Hume dizia que não pode haver argumentos lógicos válidos que permitam afirmar algo sobre casos futuros, ainda não experimentados, por semelhança a casos experimentados no passado. Tentar explicar a indução apelando à experiência leva inevitavelmente a um regresso infinito. "Como resultado, podemos dizer que as teorias nunca podem ser inferidas de afirmações derivadas da observação, ou racionalmente justificadas por elas" (Popper, 1980, p. 10).

A explicação de Hume, salienta Popper, é filosoficamente insatisfatória (pertence mais a um campo psicológico) porque procura fornecer uma explicação causal à crença em leis e em assertivas que afirmam a regularidade de certos tipos de eventos conjuntados constantemente por força do hábito ou do costume. Ou, de maneira mais satisfatória, quando se considera a origem da repetição constante, o hábito, do qual se pode afirmar o seguinte: "*nosso hábito de acreditar em leis é produto da repetição frequente* – da observação repetida de que coisas de uma certa natureza associam-se constantemente a coisas de outra natureza" (Popper, 1980, p. 11, grifo do original). Popper estava convencido de que a psicologia de Hume (psicologia popular) estava errada em pelo menos três pontos: "(a) o resultado típico da repetição; (b) a gênese dos hábitos; e, especialmente, (c) o caráter daquelas experiências e tipos de comportamento que podem ser descritos como "acreditar numa lei" ou "esperar uma sucessão ordenada de eventos" (Popper, 1980).

Há, além de fatos que neguem a teoria psicológica, critérios puramente lógicos. A ideia principal de Hume é a repetição fundamentada na semelhança ou na similaridade, usadas, segundo Popper, de maneira pouco crítica. Essa pressuposição só tem efeito sobre um indivíduo e naquilo que ele pode identificar por similaridade como uma repetição. Esse indivíduo reage a situações equivalentes (similares) interpretadas por ele como repetições, antecipando-se a elas. Pode parecer uma crítica puramente psicológica, mas tem uma base lógica que pode ser sintetizada da seguinte forma: as repetições imaginadas por Hume são semelhantes (não perfeitas), considerando-se a interpretação do indivíduo.

Disso, entendemos, por motivos lógicos, que deve haver sempre um ponto de vista (um sistema de expectativas, antecipações, pressuposições ou interesses) anterior a qualquer repetição, e esse ponto de vista não pode ser resultado de uma repetição.

> *vemos a similaridade como o resultado de uma resposta que envolve interpretações (as quais podem não ser adequadas), antecipações e expectativas (que podem nunca se materializar). É impossível portanto explicar antecipações ou expectativas como o resultado de muitas repetições – conforme sugerido por Hume. Com efeito, mesmo a primeira repetição [...] precisa estar baseada naquilo que para nós é similaridade – e portanto expectativa – precisamente o tipo de coisa que queríamos explicar.* (Popper, 1980, p. 13)

E isso nos leva a uma situação de regresso ao infinito. Uma vez que Hume rejeitou a ideia lógica da indução, ele foi obrigado a enfrentar o seguinte problema: Como podemos alcançar o conhecimento de algo (como um fato psicológico) se a indução é um procedimento logicamente inválido e racionalmente injustificável? Popper (1980) oferece duas respostas possíveis: chega-se ao conhecimento por um método não indutivo (compatível com certo racionalismo); ou se chega ao conhecimento por repetição e indução (método inválido e racionalmente injustificável no qual todo o conhecimento não passaria de uma modalidade de crença, baseada no hábito).

> *Ao que parece, Hume nunca considerou seriamente a primeira alternativa. Depois de rejeitar a explicação lógica da indução pela repetição, o filósofo "negociou" com o bom senso permitindo o retorno da ideia de que a indução se baseia na repetição, revestida de explicação psicológica. O que propus foi recusar essa teoria de Hume, explicando a repetição (para nós) como consequência da nossa inclinação para esperar regularidades, da busca de repetições, em vez de explicar tal repetição pelas próprias repetições.* (Popper, 1980, p. 14)

Popper (1980) declara então que foi obrigado a considerar apenas a lógica e a substituir a teoria psicológica da indução (em vez de esperar passivamente que repetições nos imponham regularidades, procuramos impor no mundo, de modo ativo, regularidades) pela identificação de similaridades e interpretações de leis que nós inventamos. Sem premissas, dá-se um salto às conclusões (caso as observações não corroborem, devemos pôr de lado a lei).

Assim, temos uma teoria que se baseia em um processo de tentativas (conjecturas e refutações). Esse, para Popper (1980, p. 14), é um processo que permite "compreender por que nossas tentativas de impor interpretações no mundo vinham, logicamente, antes da observação de similaridades". Popper pensou em empregar esse procedimento para ter uma justificativa lógica também no campo científico, pois as teorias científicas não eram compostas por observações, mas por invenções (conjecturas apresentadas com ousadia), passíveis de serem eliminadas caso não se ajustassem às observações (raramente acidentais, mas coligidas com o propósito de testar uma teoria e, se possível, refutá-la).

6.2.5 Impregnacionismo teórico da observação e crítica às expectativas aprioristicas

Popper (1980) afirma que sofre de uma reação de incredulidade por parte de quem acredita forte e amplamente que a ciência avança da observação à teoria (como se fosse algo que supostamente "ninguém" pudesse negar). Ele defende que é um absurdo a crença de que a ciência começa exclusivamente com observações. O próprio verbo *observar* exige um objeto e é, pois, um verbo relativo, porque precisa de uma tarefa definida, de um ponto de vista, de um interesse especial, de um problema. Para descrever o que se observa é preciso uma linguagem apropriada, o que implica similaridade e classificação, que por seu turno implicam interesses, pontos de vista e problemas.

Popper retoma uma imagem descrita por Katz, a qual se refere a um animal que divide o mundo entre coisas (objetos) comestíveis e não comestíveis, caminhos para fuga e esconderijos; conforme a necessidade e o interesse desse animal, os objetos mudam, pois podem ser classificados, assemelhados e diferenciados de diversos modos. Da mesma forma, diz Popper, podemos transpor aos cientistas uma mesma atitude. Enquanto são as necessidades, os interesses, as expectativas e as tarefas que devem ser cumpridos no momento que fornecem ao animal um ponto de vista, para os cientistas são as teorias aceitas, seus interesses teóricos, o problema a ser investigado, suas conjecturas e antecipações que formam seu quadro de referências (horizonte de expectativas) (Popper, 1980).

Assim, as hipóteses teóricas sempre vêm antes da observação, que, por sua vez, pressupõe a adoção de uma teoria (quadro de referências):

Se as observações "iniciais" têm alguma significação, se provocaram a necessidade de uma explicação, dando origem assim a uma hipótese, é porque não podiam ser explicadas pelo quadro teórico precedente, o antigo horizonte de expectativas. Aqui não corremos o perigo de encontrar um regresso infinito: se recuarmos a teorias e mitos cada vez mais primitivos, chegaremos finalmente a expectativas inconscientes e **inatas**. (Popper, 1980, p. 15, grifo do original)

De acordo com Popper (1980), a teoria das ideias **inatas** é absurda, apesar de aceitar que organismos tenham **reações** ou **respostas** inatas adaptadas a acontecimentos iminentes. Essas respostas podem ainda ser descritas como ***expectativas***, sem que impliquem iminência. Ele aceita a relação estreita entre expectativa e conhecimento, sendo conhecimento **inato** inválido *a priori* e, então, da mesma forma, uma expectativa **inata** pode constituir um equívoco.

Temos, portanto, expectativas com conhecimentos que, embora não sejam válidos *a priori*, são **psicológica** ou **geneticamente apriorísticos** (ou seja, anteriores a toda experiência derivada da observação). Uma importante expectativa é encontrar regularidades (inclinação inata). Essa expectativa "instintiva" de encontrar regularidades (psicologicamente, *a priori*) corresponde de forma estreita à **lei da causalidade**, que Kant considera como parte de nosso aparato mental, válido *a priori*. Para Popper (1980), Kant deixou de distinguir formas de pensar e de agir psicologicamente **aprioristicas** das crenças válidas *a priori*.

> *Não creio, porém, que seu equívoco tenha sido tão elementar – de fato, a expectativa de encontrar regularidades é apriorística não só psicologicamente mas também logicamente; em termos lógicos, é anterior a toda a experiência derivada da observação, precedendo, como vimos, o reconhecimento das semelhanças; e toda observação envolve o reconhecimento do que é semelhante e do que não o é.* (Popper, 1980, p. 16)

Embora a expectativa seja nesse sentido logicamente **apriorística**, não significa que seja para todo *a priori*, porque ela pode falhar. Desse modo, a resposta de Kant a Hume estava quase certa: a diferença entre uma expectativa válida *a priori* e uma expectativa genética e logicamente anterior à observação (sem ser válida *a priori*) é bastante sutil. Popper (1980) afirma que Kant foi longe demais em sua demonstração, cujo objetivo era apresentar as condições de possibilidade do conhecimento. A consequência inevitável de sua teoria foi condenar ao êxito nossa busca pelo conhecimento, o que é, de fato, um erro. Para Kant, nosso intelecto não deriva suas leis da natureza, mas as impõem à natureza, e com isso Popper concorda. Esse último não concorda com a necessidade da verdade dessas leis ou com a necessidade de nosso êxito constante em impô-las à natureza, pois, "Muitas vezes a natureza resiste com êxito, forçando-nos a rejeitar nossas leis – o que não nos impede de tentar outras vezes" (Popper, 1980, p. 17).

Em suma, Popper nos traz uma última crítica à psicologia da indução de Hume sustentada na seguinte hipótese: podemos construir uma máquina da indução. Podemos colocá-la num universo simplificado e pela repetição teríamos condições ou de "aprender" as leis vigentes nesse mundo ou de "formulá-las". Ora, se é possível para uma máquina praticar a indução com base na repetição, não existe razão lógica para que não possamos fazer o mesmo. Esse argumento, apesar de convincente, é falso, pois, para construir uma máquina, é preciso decidir *a priori* em que consiste seu universo, "que coisas devem ser consideradas 'semelhantes' ou 'iguais'; que modalidade de 'leis' desejamos que a máquina 'descubra'" (Popper, 1980, p. 17). Ou melhor, é preciso incorporar à máquina um quadro de referências que determine aquilo que é relevante e importante em seu mundo. A base da máquina serão princípios seletivos **inatos**. Os problemas de similaridade serão solucionados pelos fabricantes dessas máquinas, os quais darão a elas uma "interpretação" do mundo.

6.2.6 *Racionalidade na ciência e atitudes "na prática" científica*

Popper retoma a discussão a respeito de seu problema central (da demarcação) enfatizando que a atitude dogmática está claramente relacionada à tendência que temos de verificar nossas leis e esquemas, numa busca de sempre aplicá-los e confirmá-los até afastar as refutações a eles. Por outro lado, a atitude crítica dispõe-se a modificá-los (testá-los e, se for possível, refutá-los). Isso sugere uma identificação da atitude crítica com a científica e a atitude dogmática com a pseudocientífica. Popper aproxima a atitude pseudocientífica a algo primitivo, anterior à atitude científica e, portanto, acaba por sugerir que ela seja uma atitude pré-científica, considerando que tal precedência apresenta um caráter lógico. Já a atitude crítica não se opõe diametralmente à atitude dogmática, mas se sobrepõe a ela, pois dirige-se contra crenças dogmáticas ao requerê-las como "matéria-prima".

A ciência, então, não se origina numa coleção de observações ou na invenção de experimentos, e sim na discussão crítica dos mitos, das técnicas e das práticas "mágicas". "A tradição científica se distingue da tradição pré-científica por apresentar dois estratos; como esta última, ela lega suas teorias, mas lega também [,] com elas, uma atitude crítica com relação a essas teorias" (Popper, 1980, p. 19). Assim, as teorias são acompanhadas de um desafio para que sejam discutidas e aperfeiçoadas, se possível. A atitude crítica é razoável e racional, por ser uma tradição de livre debate sobre as teorias para identificar os pontos fracos destas e para combatê-los. O método crítico foi desenvolvido pelos gregos (tradição helênica que remonta a Tales) e de início provocou a falsa esperança de que levaria os filósofos à solução de todos os problemas, de que abriria caminhos para o conhecimento verdadeiro, ajudando na prova e na justificação das teorias. Mas não passou de um resíduo de uma mentalidade dogmática. Fora do campo da lógica e da matemática, não existem provas. Exigir-se provas racionais para o conhecimento científico revela uma falha na distinção (que deveria ter sido mantida) entre a ampla região da racionalidade e o campo estreito da certeza racional (exigência que não pode ser atendida).

Contudo, o argumento lógico (raciocínio lógico-dedutivo) continua com uma função importante para a abordagem crítica, não pela prova ou pela inferência de observações, mas pela impossibilidade de se chegar às implicações de teorias pelo emprego exclusivo da dedução. A atitude crítica, como vimos, procura identificar os pontos fracos das teorias, os quais em geral são encontrados em suas consequências lógicas mais remotas, e é nesse momento que o raciocínio puramente lógico desempenha seu importante valor.

Popper (1980) considera que Hume tinha razão ao declarar que teorias não podiam ser validamente inferidas a partir do que conhecemos por verdadeiro (nem de observações). Nossa crença em teorias, para Hume, segundo Popper (1980), é irracional. Ele tinha razão, se entendermos por "crença" a "incapacidade de pôr em dúvida as leis naturais e a constância das regularidades que a natureza nos oferece" (Popper, 1980, p. 19). Mas, por outro lado, se "crença" for a nossa aceitação crítica das teorias científicas (como tentativa de aceitar teorias com a possibilidade de revê-las caso sejam refutadas), então Hume está errado. Não há, com efeito, nada de errado na aceitação irracional de uma teoria (sejam elas bem testadas ou não). Se forem bem testadas, então não existe um comportamento mais racional que esse.

> *Vamos admitir que aceitamos deliberadamente a tarefa de viver neste mundo desconhecido, ajustando-nos a ele tanto quanto possível, aproveitando as oportunidades que [ele] nos oferece; e que queremos explicá-lo,* **se possível** *(não será preciso presumir esta possibilidade) e na medida de nossa possibilidade, com a ajuda de leis e de teorias explicativas.* **Se essa** *é nossa tarefa, o procedimento mais racional é o método das tentativas – da conjectura e da refutação. Precisamos propor teorias, ousadamente; tentar refutá-las; aceitá-las tentativamente, se fracassarmos.* (Popper, 1980, p. 20, grifo do original)

Desse ponto de vista, todas as teorias e leis são, em essência, tentativas conjecturais e hipotéticas (mesmo se não for mais possível pô-las em dúvida). Antes de refutar qualquer teoria, não temos como saber como elas têm de ser modificadas. O método das tentativas não se identifica com o método crítico (científico), processo de conjecturas e refutações. O primeiro deles é empregado por todos, sem exceção (do mais inteligente dos seres ao micro-organismo mais diminuto). A diferença está na atitude crítica e construtiva assumida perante os erros, não nas tentativas.

"Erros que o cientista procura eliminar, consciente e cuidadosamente, na tentativa de refutar suas teorias com argumentos penetrantes – inclusive [com] o apelo aos testes experimentais mais severos que suas teorias e engenho lhe permitem preparar" (Popper, 1980, p. 20).

Assim, a atitude crítica, nas palavras de Popper (1980), é a tentativa consciente de submeter nossas teorias e conjecturas à "luta pela sobrevivência", em que as mais aptas triunfam. Ela possibilita desde a sobrevivência de uma teoria até a eliminação de uma hipótese inadequada. "Adotamos assim a teoria mais apta a nosso alcance, eliminando as que são menos aptas. [...] Na minha opinião, este procedimento nada tem de irracional, nem precisa de maior justificação racional" (Popper, 1980, p. 20).

Síntese

Começamos este capítulo com uma breve justificação para a escolha de nosso objeto de estudo, tratando especificamente da filosofia popperiana, por ela ser clara na apresentação de sua prática (teste lógico-dedutivo) para conferir racionalidade à ciência.

A motivação de Popper para a resposta à sua versão do problema da demarcação foi a abundante verificabilidade das teorias de Marx, Freud e Adler em comparação com a predição arriscada, passível de ser falseada, da teoria da relatividade geral de Einstein. Esse critério de refutabilidade é o que confere cientificidade a uma teoria, diferentemente da teoria da significação wittgensteiniana, a qual foi refutada como critério para a demarcação por ser contrária ao impregnacionismo teórico. Por fim, vimos que a atitude crítica é suficientemente racional para sustentar uma teoria.

Atividades de autoavaliação

1. Para Popper (1980), uma teoria é comprovadamente científica quando:
    a) as observações são abundantemente verificadas.
    b) é irrefutável.
    c) gera predições arriscadas, possíveis de serem falseadas.
    d) é falseada, por apresentar reinterpretações *ad hoc*.

2. *Distorções convencionalistas* são, para Popper, (1980):
    a) reinterpretações *ad hoc* que tornam as teorias irrefutáveis.
    b) modificações austeras em teorias para torná-las mais científicas.
    c) considerações pseudocientíficas.
    d) efeitos de experimentos ópticos.

3. No que se fundamenta o *critério de significação* de Wittgenstein?
   a) Na dedução lógica de proposições atômicas.
   b) Em conjecturas e refutações.
   c) Em mitos e práticas "mágicas".
   d) Na verificação observacional verdadeira de proposições elementares.

4. O processo de conjecturas e refutações permite, segundo Popper (1980):
   a) impor leis naturais por meio do princípio da causalidade.
   b) compreender, por uma justificativa lógica, as interpretações do mundo.
   c) extrair proposições elementares puramente observacionais.
   d) retroceder ao método e identificar falhas de ordem psicológica.

5. A tese do impregnacionismo de Popper pressupõe:
   a) a adoção de uma teoria (quadro de referências) antes da observação.
   b) um método indutivo posterior à observação.
   c) a observação impregnada por uma lógica-indutiva.
   d) condicionantes empírico-dedutivos.

Atividades de aprendizagem

Questões para reflexão

1. A exemplo da relatividade geral de Einstein, pesquise outra teoria de uma das ciências naturais e deduza dela uma predição considerada arriscada.
2. Procure por uma previsão astrológica e justifique, utilizando os argumentos de Popper, por que tal previsão não pode ser considerada um resultado da ciência.

Atividade aplicada: prática

Prepare uma ficha comparativa das quatro teorias mencionadas por Popper, salientado as características científicas da relatividade geral de Einstein em detrimento das características não científicas do materialismo histórico de Marx, da psicanálise de Freud e da psicologia individual de Adler.

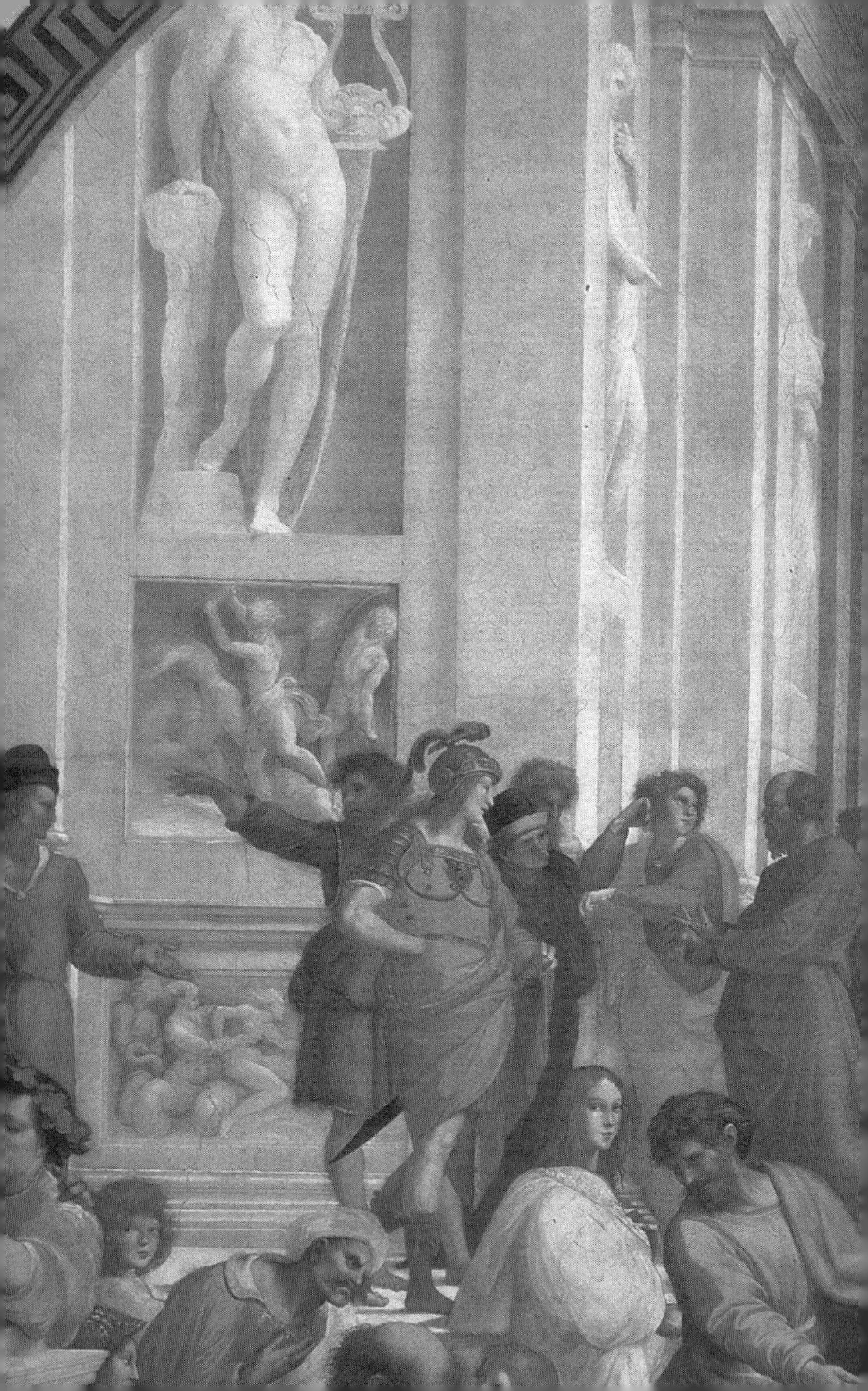

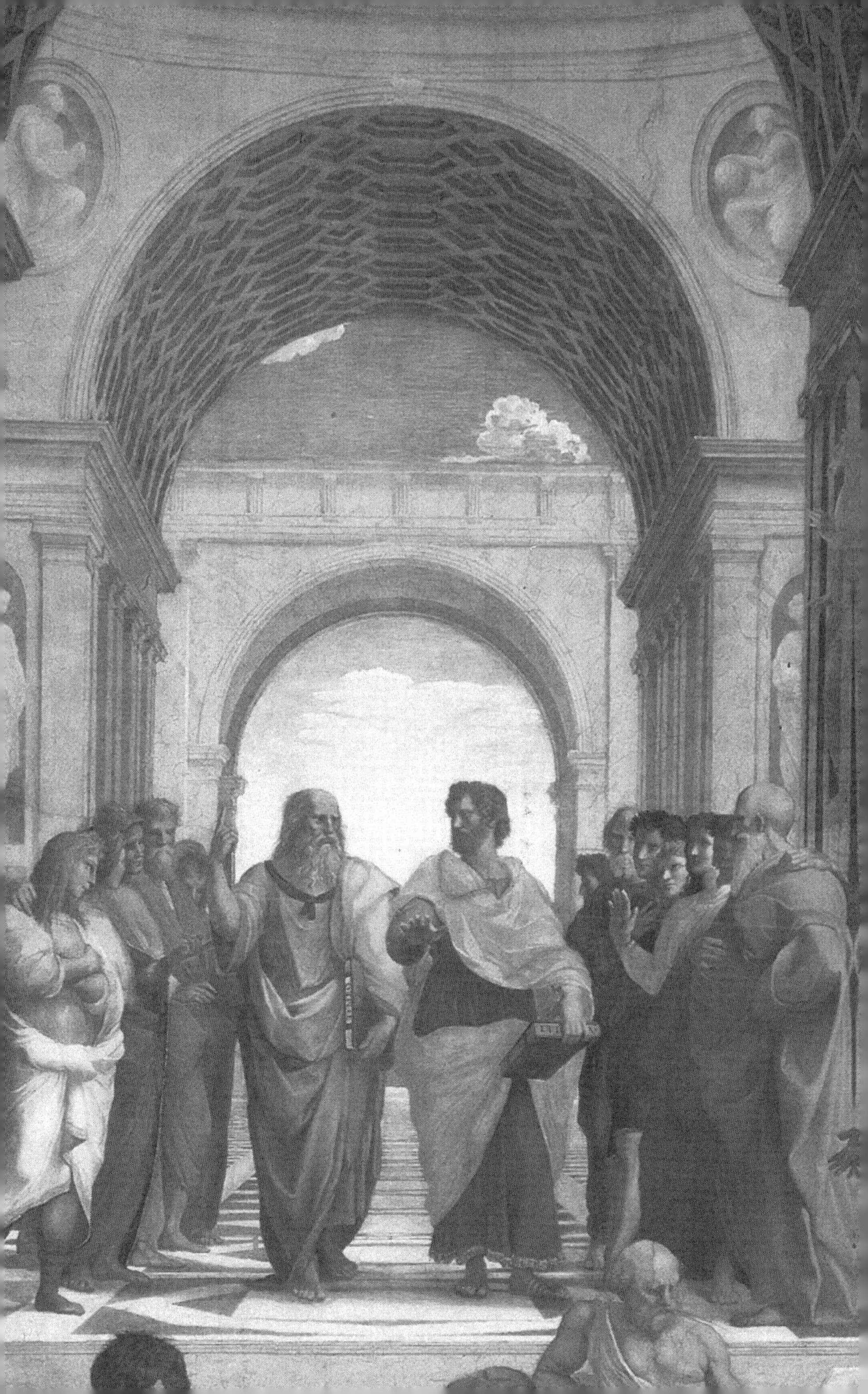

7

*A ciência e
o processo
do pensar*

Quando discutimos o tema da filosofia da ciência, não podemos nos esquecer de abordar um filósofo cujos estudos são de grande relevo nessa área: Gaston Bachelard (1884-1962). Com ele, trazemos ao debate uma importante escola da filosofia da ciência, a francesa.

Como Popper e Kuhn, Bachelard apresenta uma via para o já desgastado empirismo lógico que sofrerá com Quine, tal como vimos, seu golpe final. Um grande crítico do ensino e um entusiasta da física moderna e da física-matemática, Bachelard incorporou à filosofia tópicos científicos de maneira pungente. Sua busca, pelo menos em relação ao processo de pensar e à ciência, foi por desenvolver uma espécie de "teorema fundamental do cálculo" para a filosofia das ciências (como ele próprio denominou). Isso quer dizer que, com recursos de uma filosofia (ou metafísica) diferencial dos cientistas e de uma filosofia integral dos filósofos, o filósofo da ciência rompe uma passagem dialética entre ambos, sempre com o cuidado metodológico de voltar-se para a ciência, estar próximo (ou mesmo dentro) dela.

7.1
Pensamento filosófico e espírito científico

"*A utilização dos* sistemas filosóficos em domínios afastados de sua origem espiritual é sempre uma operação delicada, muitas vezes uma operação falaciosa" (Bachelard, 1978, p. 3). Esse é o cuidado metodológico que Bachelard nos apresenta logo no início do prefácio de seu importantíssimo livro, *A filosofia do não* (Bachelard, 1978). Na obra, o autor aponta os novos rumos da filosofia das ciências diante de uma física moderna e desafiadora aos padrões e aos conceitos filosóficos (metafísicos) até então estabelecidos. Um desses desafios está expresso no primeiro capítulo do livro de Bachelard, no qual ele trata das mudanças no conceito de massa e atribui cada conceito a uma abordagem filosófica específica. Por exemplo, o filósofo diz ser a atitude de um pensamento filosófico a de estar junto ao espírito científico.

Para Bachelard, é fundamental e necessário que se aplique o que ele chamou de *filosofia finalista fechada* a um pensamento científico aberto. Se o filósofo assim não proceder, o risco para a filosofia é tornar-se estéril e enganadora, é de perder sua eficácia e coerência, justamente as qualidades que oferecem a ela força e clareza. Por isso, ele afirma com todas as letras que se trata de uma operação falaciosa a utilização de sistemas filosóficos afastados de seus domínios originais. Se tratamos da filosofia da ciência, então a filosofia deve ir até a ciência com a finalidade de lá operar com sua máxima força para atingir clareza.

Bachelard (1978) aponta uma possível consequência para esse pensamento filosófico. Ele pode não agradar nem aos cientistas, nem aos filósofos, nem mesmo aos historiadores. Não agradará aos primeiros porque, para eles, é inútil qualquer preparação metafísica à ciência. Para os cientistas, lições de experiência e princípios de evidência operam, respectivamente, nas ciências experimentais e na matemática. Eles consideram que o trabalho efetivo das ciências vem antes da filosofia das ciências, que se limita a reunir fatos importantes e a resumir resultados gerais do pensamento científico. Mas, uma vez que a ciência é uma empresa inacabada, a filosofia, para os cientistas, será, portanto, sempre eclética, aberta e precária. Para Bachelard, a ciência por si só pode transmitir um espírito científico em detrimento de uma unidade filosófica, mesmo com resultados científicos positivos deficientemente coordenados. "Para o cientista, a filosofia da ciência está ainda no reino dos fatos" (Bachelard, 1978, p. 3).

O método de Bachelard para a filosofia atingir a ciência pode não agradar aos filósofos porque estes consideram suficiente uma meditação do pensamento coordenado (das funções espirituais), sem se aterem ao pluralismo e à variedade dos fatos. Para eles, a tarefa primordial do filósofo é reformular conscientemente as condições de síntese do saber em determinado momento da reflexão, da coerência e da unidade do pensamento. Eis, pois, o *locus* do problema geral do conhecimento! Para Bachelard, a ciência oferece particularmente uma conjunção rica de conhecimentos articulados, a qual a filosofia se dispõe, antes da ciência, a analisar. "Deste modo, os exemplos científicos são sempre evocados e nunca desenvolvidos" (Bachelard, 1978, p. 4). Ocorre que os exemplos científicos suscitam aos filósofos metáforas, analogias e generalizações, princípios normalmente não científicos. Assim, é inevitável que a hipótese se degenere em suposição, e o axioma, em verdade primeira – por exemplo, no discurso filosófico, a relatividade de Einstein se degenera em relativismo. Distante do espírito científico, o filósofo pensa que a filosofia da ciência se limita aos princípios da ciência (aos temas gerais) e, assim, conjectura que aquela objetiva articular os princípios desta com os princípios do pensamento puro. "Para o filósofo, a filosofia da ciência nunca está totalmente no reino dos fatos" (Bachelard, 1978, p. 4).

Portanto, a filosofia das ciências fica entre dois extremos do saber: os princípios muito gerais dos filósofos e os estudos particulares dos cientistas. Ela se enfraquece diante de dois obstáculos epistemológicos contrários entre si, entre o geral e o imediato, entre o *a priori* e o *a posteriori*, entre valores racionais e valores experimentais.

7.2
Filosofia da ciência física e o racionalismo aplicado

Para Bachelard, então, temos uma filosofia das ciências que não mostra em que condições (ao mesmo tempo subjetivas e objetivas) princípios gerais conduzem a resultados particulares e vice-versa.

> *Se pudéssemos então traduzir filosoficamente o duplo movimento que atualmente anima o pensamento científico, aperceber-nos-íamos de que a alternância do **a priori** e do **a posteriori** é obrigatória, que o empirismo e o racionalismo estão ligados, no pensamento científico, por um estranho laço, tão forte como [o] que une o prazer à dor.* (Bachelard, 1978, p. 4, grifo do original)

Um deles se sobrepõe ao outro:

o empirismo precisa de ser compreendido; o racionalismo precisa de ser aplicado. Um empirismo sem leis claras, sem leis coordenadas, sem leis dedutivas não podem [sic] ser pensado nem ensinado; um racionalismo sem provas palpáveis, sem aplicação à realidade imediata não pode convencer plenamente. O valor de uma lei empírica prova-se fazendo dela a base de um raciocínio. Legítima-se um raciocínio fazendo dele a base de uma experiência. (Bachelard, 1978, p. 4-5)

A ciência necessita dos dois polos (provas/experiência, regras/leis, evidências/fatos) de um desenvolvimento dialético, porque cada noção se complementa e nisso se esclarecem segundo dois pontos de vista filosóficos distintos. Bachelard não está reduzindo a filosofia da ciência a um dualismo:

Pelo contrário, a polaridade epistemológica é para nós a prova de que cada uma das doutrinas filosóficas que esquematizamos pelos nomes de empirismo e racionalismo é o complemento efetivo da outra. Uma acaba a outra. Pensar cientificamente é colocar-se no campo epistemológico intermediário entre teoria e prática, entre matemática e experiência. Conhecer cientificamente uma lei natural, [sic] é conhecê-la simultaneamente como fenômeno e como número. (Bachelard, 1978, p. 5)

O filósofo afirma que uma dessas duas direções metafísicas deve ser supervalorizada: justamente a que vai do racionalismo à experiência. O esforço de Bachelard é de interpretar no sentido do racionalismo e da supremacia da física-matemática, e é por meio desse movimento epistemológico que ele tenta caracterizar a filosofia da ciência contemporânea. Esse racionalismo aplicado (prospector ou matemático), tal como Bachelar o caracteriza,

que retoma os ensinamentos fornecidos pela realidade para os traduzir em programa de realização, goza aliás, segundo pensamos, de um privilégio recente. Para este racionalismo prospetor, muito diferente por isso do racionalismo tradicional, a aplicação não é uma mutilação; a ação científica guiada pelo racionalismo matemático não é uma transigência aos princípios. (Bachelard, 1978, p. 5)

Bachelard expõe esse racionalismo nas seguintes palavras:

o fenômeno ordenado é mais rico que o fenômeno natural [...] A ciência física contemporânea é uma construção racional: ela elimina a irracionalidade dos seus materiais de construção. O fenômeno realizado deve ser protegido contra toda a perturbação irracional. O racionalismo que nós defendemos fará assim face à polêmica que se apoia no irracionalismo insondável do fenômeno para afirmar uma realidade. Para o racionalismo científico, a aplicação não é uma derrota, um compromisso. Ele quer aplicar-se. Se [o racionalismo científico] se aplica mal, modifica-se. Não nega por isso os seus princípios, dialetiza-os. Finalmente, a filosofia da ciência física é talvez a única filosofia que se aplica determinando uma superação dos seus princípios.
(Bachelard, 1978, p. 5)

Em suma, de acordo com a subseção precedente, diríamos que a filosofia da ciência física é aberta – diferentemente de qualquer outra filosofia que coloca seus princípios como intocáveis e suas verdades primeiras como acabadas e totais, ou seja, que se glorifica por seu caráter fechado.

7.3
O pensamento científico e a ruptura empírico-teórica

Mas como uma filosofia que pretende ser verdadeiramente adequada ao pensamento científico em evolução constante pretende lidar com o efeito reativo dos conhecimentos científicos sobre a estrutura espiritual? Essa é a pergunta que Bachelard pretende responder, e ele busca fazê-lo dividindo-a em dois problemas, de estrutura e de evolução de espírito. Disso, ele desdobra outra problemática, no caso, de abordagem: "o cientista pensa a partir de um espírito sem estrutura, sem conhecimento; o filósofo apresenta a maior parte das vezes um espírito constituído, dotado de todas as categorias indispensáveis para a compreensão do real" (Bachelard, 1978, p. 6).

Bachelard entende que, para o cientista, o conhecimento sai da ignorância, sendo essa última um tecido de erros positivos (tenazes e solidários). O cientista "Não vê que as trevas espirituais têm uma estrutura e que, nestas condições, toda experiência objetiva correta deve implicar sempre a correção de um erro subjetivo" (Bachelard, 1978, p. 6). Mas não é uma tarefa simples dissolver esses erros um a um porque eles são coordenados. A solução de nosso filósofo é que só se pode construir o espírito científico destruindo o espírito não científico. O cientista entrega-se muitas vezes a uma pedagogia fracionada, enquanto o espírito científico deve ter em vista uma reforma subjetiva total. "Todo o progresso real no pensamento científico necessita de uma conversão. Os progressos do pensamento científico contemporâneo determinam transformações nos próprios princípios do conhecimento" (Bachelard, 1978, p. 6).

Para o filósofo, que se esforça em encontrar em si verdades primeiras, objetiva confirmar princípios gerais, e quando os toma em bloco, o faz sem dificuldades, as flutuações, as variações e as perturbações não o inquietam, pois, ou ele as despreza como detalhes inúteis, ou as junta para convencer-se da irracionalidade fundamental dos dados. Para qualquer um dos casos, ele está preparado para desenvolver uma filosofia da ciência clara rápida e fácil, mas que permanece uma filosofia para filósofos. Dessa forma, basta uma verdade para abandonarmos a dúvida, a ignorância, o irracionalismo. Como diz Bachelard (1978), ela é suficiente para iluminar a alma e a sua evidência reflete-se sem fim, numa luz única, e como tal, o espírito a vive e não tenta criar para si outras verdades.

> *A identidade do espírito no **eu penso** é tão clara que a ciência desta consciência clara é imediatamente a consciência de uma ciência, a certeza de fundar uma filosofia do saber. A consciência da identidade do espírito nestes conhecimentos diversos dá-lhe, a ela e só a ela, a garantia de um método permanente, fundamental, definitivo.* (Bachelard, 1978, p. 6, grifo do original)

Diante desse sucesso todo, como colocar no espírito a necessidade de modificar e de buscar novos conhecimentos? Para o filósofo, as diferentes e dinâmicas metodologias das ciências dependem ainda de uma metodologia geral que forma o saber em geral e trata todos objetos da mesma maneira. Bachelard então conclui que teses como a dele, que consideram o conhecimento uma evolução do espírito, que aceitam variações e que respeitam a unidade e a perenidade do *eu penso* devem inquietar o filósofo.

A conclusão a que chega Bachelard para definir uma filosofia do conhecimento científico como uma filosofia aberta é esta: "a consciência de um espírito que se funda trabalhando sobre o desconhecido, procurando no real aquilo que contradiz conhecimentos anteriores." (Bachelard, 1978, p. 7). Ele entende que

> *a experiência nova diz **não** à experiência antiga; se isso não acontecer, não se trata, evidentemente, de uma experiência nova. Mas este **não** nunca é definitivo para um espírito que sabe dialetizar os seus princípios, constituir em si novas espécies de evidência, enriquecer o seu corpo de explicação sem dar nenhum privilégio àquilo que seria um corpo de explicação natural preparado para explicar tudo.* (Bachelard, 1978, p. 7, grifo do original)

Bachelard nos apresenta um exemplo, retirado do campo da empiria (segundo ele, domínio mais desfavorável à sua tese), da passagem dessa ciência instrumentada para uma transcendência experimental (ou transcendência da ciência de observação natural), ou o rompimento entre o conhecimento sensível e o conhecimento científico. O exemplo, pois, desse rompimento, é o da leitura da temperatura num termômetro. Sua afirmação é que, sem a teoria, não é possível saber se a sensação (no caso, de "quente" ou "frio") corresponde ao fenômeno. Então, ele se opõe à abordagem reducionista de experimentação como uma série de leituras de índice – aqui, de certa forma, Bachelard está muito mais próximo de Popper e Kuhn que do Círculo de Viena. A alternativa dele a essa abordagem reducionista é que a leitura de índice objetiva-se, designando-se como objeto ao pensamento e assim se verifica. Desse modo, "o realismo da função matemática substitui-se rapidamente à realidade da curva experimental" (Bachelard, 1978, p. 7).

Em favor da compreensão dessa tese (instrumento como uma extensão além do órgão sensorial), Bachelard usa a microfísica para provar a postulação de um objeto para além dos objetos usuais. Existe para ele pelo menos um rompimento na objetividade e, por isso, há razões para afirmar que experiências nas ciências físicas têm um além, uma transcendência, impossibilitando um estado fechado em si:

> Portanto o racionalismo que informa esta experiência deve aceitar uma **abertura** correlativa desta transcendência empírica. A filosofia criticista, de que sublinharemos a solidez, deve ser modificada em função dessa abertura. Mais simplesmente, dado que os quadros do entendimento devem ser tornados flexíveis e alargados, a psicologia do espírito científico deve ser construída em novas bases. A cultura científica deve determinar modificações profundas do pensamento. (Bachelard, 1978, p. 7, grifo do original)

Eis, portanto, as consequências apontadas por Bachelard para esse rompimento transcendental do empírico para o teórico: o alargamento e a flexibilização dos quadros do entendimento e, em função disso, a construção em novas bases da psicologia do espírito científico e a determinação pela cultura científica das modificações profundas no pensamento.

7.4
O método bachelardiano e a filosofia do não

Bachelard deseja encontrar os limites da filosofia da ciência. Para essa árdua tarefa, como ele próprio a qualifica, pede aos filósofos o direito de se servir de elementos filosóficos desligados de suas origens. Em específico, ele pretende usar a epistemologia kantiana na filosofia das ciências e, sob esse olhar, deslocado do ecletismo dos fins para o ecletismo dos meios, deseja enfrentar todas as tarefas do pensamento científico (diferentes tipos de teoria, de alcance de aplicações, de processos de descoberta). Também pede aos filósofos que acabem com a ambição de um único ponto de vista para ajuizar o conjunto de uma ciência (como a física). Sob o desejo de caracterizar a filosofia das ciências, Bachelard admite considerar um pluralismo filosófico, o "único capaz de informar os elementos tão diversos da experiência e da teoria, elementos estes tão diferentes no seu grau de maturidade filosófica" (Bachelard, 1978, p. 8). Assim, ele define a filosofia das ciências como uma filosofia dispersa, distribuída. O pensamento científico servirá como um "método de dispersão bem ordenado, como um método de análise aprofundada, para os diversos filosofemos [sic] maciçamente agrupados nos sistemas filosóficos" (Bachelard, 1978, p. 8).

Aos cientistas, Bachelard pede o direito de desviar por um instante a ciência de seu trabalho positivo, da sua vontade de objetividade, para buscar o que permanece de subjetivo nos métodos, mesmo os mais severos. Ele se propõe a "colocar aos cientistas questões de caráter aparentemente psicológico e, a pouco e pouco, provar-lhes-emos que toda a psicologia é solidária de postulados metafísicos. O espírito pode mudar de metafísica; o que não pode é passar sem a metafísica." (Bachelard, 1978, p. 8). O seguinte interrogatório de Bachelard exprime o modo pelo qual ele pensa extrair aspectos subjetivos do cientista:

> *como pensais, quais são as vossas tentativas, os vossos ensaios, os vossos erros? Quais são as motivações que vos levam a mudar de opinião? Por que razão vocês se exprímem tão sucintamente quando falam das condições psicológicas de uma nova investigação? Transmiti-nos sobretudo as vossas ideias vagas, as vossas contradições, as vossas ideias*

*fixas, as vossas convicções não confirmadas. Dizem que sois realistas. Será certo que esta filosofia maciça, sem articulações, sem dualidade, sem hierarquia, corresponde à variedade do vosso pensamento, à liberdade das vossas hipóteses? Dizei-nos o que pensais, não **ao sair** do laboratório, mas sim nas horas em que deixais a vida comum para **entrar** na vida científica. Daí-nos não o vosso empirismo da tarde, mas sim o vosso vigoroso racionalismo da manhã, o **a priori** do vosso sonho matemático, o entusiasmo dos vossos projetos, as vossas intuições inconfessadas.* (Bachelard, 1978, p. 8, grifo do original)

Bachelard pretende alargar sua investigação também em pesquisas psicológicas porque o espírito científico surgirá de uma dispersão psicológica e, consequentemente, filosófica, "dado que toda a raiz filosófica nasce num pensamento" (Bachelard, 1978, p. 8).

*Os diferentes problemas do pensamento científico deveriam pois receber diferentes coeficientes filosóficos. Em particular, o grau de realismo e de racionalismo não seria o mesmo para todas as noções. É pois ao nível de cada noção que, em nossa opinião, se colocariam as tarefas precisas da filosofia das ciências. Cada hipótese, cada problema, cada experiência, cada equação reclamaria sua filosofia. Dever-se-ia criar uma filosofia do pormenor epistemológico, uma filosofia científica **diferencial** que contrabalançaria a filosofia integral dos filósofos. Esta filosofia diferencial estaria encarregada de analisar o devir de um pensamento. Em linhas gerais, o devir de um pensamento científico corresponderia a uma normalização, à transformação da forma realista em forma racionalista. Esta transformação nunca é total. Nem todas as noções estão no mesmo estádio das suas transformações metafísicas. Meditando filosoficamente sobre cada noção, ver-se-ia também mais claramente o caráter polêmico da definição adotada, tudo o que esta definição distingue, delimita, recusa. As condições dialéticas de uma definição científica diferente da definição usual surgiriam então mais claramente e compreender-se-ia, no pormenor das noções, aquilo a que chamaremos a filosofia do não.* (Bachelard, 1978, p. 8-9, grifo do original)

As condições dialéticas de uma definição científica diferente da usual surgiriam mais claramente, e na compreensão dos pormenores dessas noções surgiria a filosofia do não:

> A **filosofia do não** surgirá pois não como uma atitude de recusa, toma [sic] como uma atitude de conciliação. De uma forma mais precisa, a noção de substância [por exemplo], tão duramente contraditória quando captada na sua informação realista por um lado e na sua informação kantiana por outro, será claramente transitiva na nova doutrina do não-substancialismo. A **filosofia do não** permitirá resumir, simultaneamente, toda a experiência e todo o pensamento da determinação de uma substância. Uma vez a categoria **aberta**, ela será capaz de reunir todos os matizes da filosofia [sic] química contemporânea. [...] Com efeito, é necessário relembrar repetidas vezes que a **filosofia do não** não é psicologicamente um negativismo e que ela não conduz, face à natureza, a um niilismo. Pelo contrário, ela procede, em nós e fora de nós, de uma atividade construtiva. Ela afirma que o espírito é, no seu trabalho, um fator de evolução. Pensar corretamente o real é aproveitar as suas ambiguidades para modificar e alertar o pensamento. Dialetizar o pensamento é aumentar a garantia de criar cientificamente **fenômenos** completos, de regenerar todas as variáveis degeneradas ou suprimidas que a ciência, como o pensamento ingênuo, havia desprezado no seu primeiro estudo. (Bachelard, 1978, p. 9-10, grifo nosso e do original)

Bachelard trata a filosofia das ciências por meio de um olhar interno à ciência; esse é o cuidado metodológico do qual ele nos adverte no início do seu texto. Assim, ele retira consequências por meio de sua **filosofia do não** para a filosofia das ciências, que, ao mesmo tempo, é usuária da psicologia e adepta de uma dialética da filosofia diferencial científica e de uma filosofia integral dos filósofos. É nesse "teorema fundamental" da filosofia de Bachelard que ele expõe o seu racionalismo aplicado e o seu novo espírito científico.

Síntese

Bachelard, filósofo francês de formação científica (matemática, química e física), fez importantes reflexões a respeito da ciência e do pensar. Propôs um novo espírito científico diante de um pensamento filosófico neokantiano. Para ele, o racionalismo aplicado e a experiência empírica são faces de uma mesma moeda.

Segundo Bachelard, cabe ao filósofo da ciência, com sua base voltada aos domínios da ciência, romper com a divisão imaginada entre a teoria e a prática para buscar uma máxima racionalidade e uma eliminação da irracionalidade para o fenômeno. E sua via de acesso é o que Bachelard chamou de **filosofia do não**.

Atividades de autoavaliação

1. Qual o risco para a filosofia das ciências, segundo Bachelard, se ela não se portar de forma finalista e fechada diante de um pensamento científico aberto?
    a) O risco de não existir mais uma filosofia.
    b) O risco de a filosofia tornar-se estéril e enganadora.
    c) O risco de uma fusão entre a filosofia e a ciência.
    d) O risco de a ciência suplantar a filosofia.

2. Segundo o método de Bachelard para a filosofia das ciências:
    a) A utilização de sistemas filosóficos em domínios afastados de sua origem espiritual é sempre uma operação delicada e muitas vezes uma operação falaciosa.
    b) A utilização de sistemas filosóficos em domínios próximos de sua origem espiritual é sempre uma operação delicada e muitas vezes uma operação falaciosa.

c) A utilização de sistemas filosóficos em domínios afastados de sua origem espiritual é sempre uma operação grosseira e muitas vezes uma operação falaciosa.

d) A utilização de sistemas filosóficos em domínios afastados de sua origem espiritual é sempre uma operação delicada e sempre uma operação verdadeira.

3. De acordo com o texto, complete a seguinte oração:
"Provamos o valor de uma _____ tomando-a como base de um raciocínio e legitimamos um raciocínio tomando-o como _____".
   a) base de uma experiência; lei empírica.
   b) lei da razão; base empírica.
   c) lei racional; base de um raciocínio.
   d) lei empírica; base de uma experiência.

4. O racionalismo aplicado, para Bachelard:
   a) elimina a irracionalidade do fenômeno e dialetiza os seus princípios.
   b) elimina a racionalidade do fenômeno e fundamenta os seus princípios.
   c) insere irracionalidade no fenômeno e organiza os seus princípios.
   d) aplica ordem no fenômeno e adquire progresso científico.

5. Para Bachelard, quais são as consequências do rompimento transcendental do empírico para o teórico?
   a) O alargamento e a flexibilização dos conceitos da razão, a construção em novas bases da psicanálise do indivíduo científico e a determinação pela cultura racional das modificações profundas no pensamento.

b) O encurtamento e a fixação dos conceitos da razão, a desconstrução das novas bases da psicanálise do indivíduo científico e a indeterminação pela cultura racional das modificações superficiais no pensamento.

c) O alargamento e a flexibilização dos quadros do entendimento, a construção em novas bases da psicologia do espírito científico e a determinação pela cultura científica das modificações profundas no pensamento.

d) O encurtamento e a fixação dos quadros do entendimento, a desconstrução em novas bases da psicologia do espírito científico e a indeterminação pela cultura científica das modificações profundas no pensamento.

Atividades de aprendizagem

Questões para reflexão

1. Use uma experiência de seu cotidiano para exemplificar um momento em que você, diante de uma situação como a indicada pela *filosofia do não*, teve de reorganizar sua noção a respeito daquele fenômeno.

2. Utilize a sua resposta à questão anterior como um exemplo para exercitar os passos do movimento dialético empírico-teórico de Bachelard, a saber:

   1º) Não da experiência;
   2º) uma estruturação dos princípios racionais;
   3º) imposição da racionalidade;
   4º) a eliminação da irracionalidade do fenômeno.

Preencha o quadro a seguir:

Fenômeno	Passo 1	Passo 2	Passo 3	Passo 4
(...)	*Não* da experiência	Mudanças na base racional	Imposição da racionalidade	Eliminação da irracionalidade
	(...)	(...)	(...)	(...)

Atividade aplicada: prática

Quanto à oposição de Bachelard ao reducionismo da experimentação a uma série de leitura e índice, por que é legítimo afirmar que ele se aproxima de Popper e de Kuhn e se distancia do Círculo de Viena? Para entendermos melhor isso, indique, em um esquema comparativo, uma possível aproximação desse posicionamento de Bachelard com a tese do impregnacionismo de Popper e um possível distanciamento com relação às proposições de observação de Carnap.

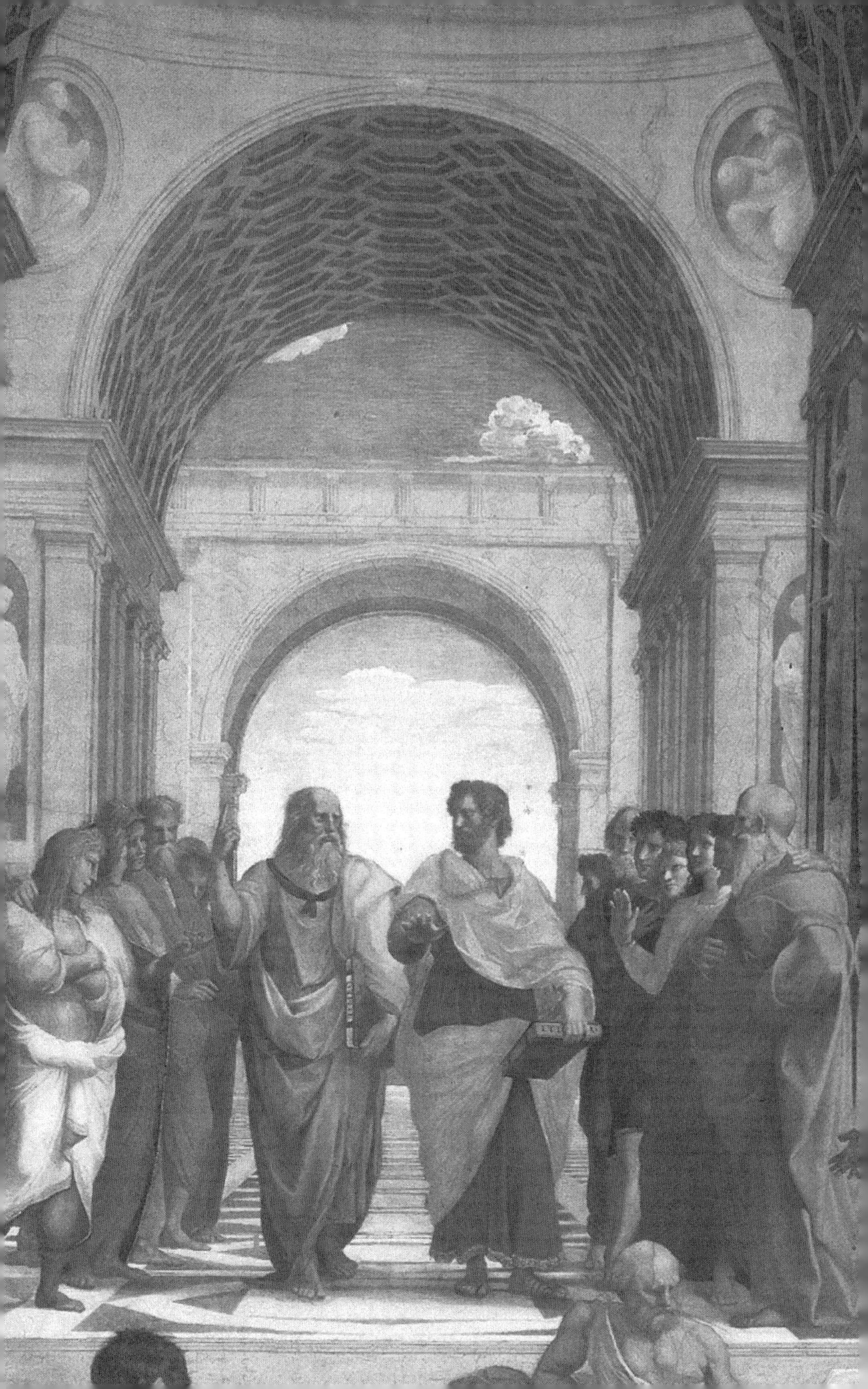

8

Técnica e razão

Alberto Oscar Cupani, professor do departamento de filosofia da Universidade Federal da Santa Catarina (UFSC), em seu artigo "A tecnologia como problema filosófico: três enfoques" (Cupani, 2004), aborda magistralmente três enfoques sobre a tecnologia como problema filosófico. São eles: analítico, fenomenológico e da teoria crítica da Escola de Frankfurt.

Cupani apresenta os três enfoques de acordo com a interpretação dada por Mario Bunge, Albert Borgmann e Andrew Feenberg, respectivamente. Contudo, ele não se coloca à parte dessa discussão investigativa, pois apresenta sua própria crítica a respeito dela.

A escolha desse artigo para compor este capítulo baseia-se na clara apresentação de Cupani acerca da técnica, da tecnologia, da filosofia e da representatividade dessas três áreas na filosofia brasileira. Cupani é referência para estudos em filosofia da tecnologia no Brasil e, portanto, nada mais justo do que apresentar seu trabalho como guia para nosso estudo.

8.1
Três enfoques sobre a tecnologia como problema filosófico

A *filosofia das* ciências, como bem diz Cupani (2004), é um campo de estudos mais heterogêneo do que se supõe. Em primeiro lugar, porque seu objeto não é unânime; em segundo lugar, a diferença entre a técnica (de épocas e culturas passadas) e a tecnologia contemporânea (na presença da ciência experimental) não se resume à ciência aplicada e à continuidade. Sobre essa indeterminação, recaem diferentes estilos de pensamento. Mas existe uma unidade nessas diferenças marcantes no que diz respeito à filosofia da tecnologia? Para Cupani (2004), sim, existe, e encontra-se na impossibilidade de ignorá-la devido à sua presença, particularmente marcante, na sociedade contemporânea, como uma "atividade eficiente, racionalmente regrada, no que diz respeito às suas motivações, desenvolvimento, alcance e consequências." (Cupani, 2004, p. 494).

Lembra Cupani (2004, p. 494) que a técnica, "capacidade humana de modificar deliberadamente materiais, objetos e eventos", produzindo elementos novos não existentes na natureza, "define o ser humano como *homo faber*" (Cupani, 2004, p. 494, grifo do original). O fazer, ou melhor ainda, o *saber fazer*, difere-se de outras capacidades humanas como contemplar, agir, experimentar sentimentos e expressar-se em linguagem articulada, em especial a enunciativa. Segundo nosso autor, "Esse caráter da técnica deve ser levado em consideração ao entender a tecnologia como modo de vida, sobretudo na medida em que esse modo de vida afeta outros modos em que podem prevalecer aquelas outras capacidades humanas antes mencionadas" (Cupani, 2004, p. 494).

8.1.1 A perspectiva analítica de Mario Bunge

Bunge entende *técnica* como controle ou transformação da natureza pelo homem por meio de conhecimentos pré-científicos, e *tecnologia*, como técnica de base científica. Cupani (2004) salienta que essa distinção adotada por Bunge foi originalmente concebida pelo historiador Lewis Mumford.

O que está em questão, ressalta o autor, é a produção de um "arte-fato" (Cupani, 2004, p. 495), algo artificial. Não precisa ser necessariamente uma coisa, pode ser também uma modificação do estado de um sistema (natural ou não). Os exemplos de Cupani (2004) são: a mudança do curso de um rio (sistema natural) e o ato de se ensinar alguém a ler (sistema não natural). Em todos os casos, a ação técnica (trabalho) ou bem usa de recursos naturais e os transforma ou reúne-os para originar algo inédito. Cupani retoma dois conceitos de **artefatos** bungeanos:

> *toda coisa, estado ou processo controlado ou feito deliberadamente com a ajuda de algum conhecimento apreendido, e utilizável por outros [...] [e] um sistema concreto (material) é um **artefato** se, e somente se, cada um de seus estados depende de estados prévios ou concomitantes de algum ser racional.* (Bunge, citado por Cupani, 2004, p. 495, grifo do original)

Em especial, *artefato* pode eventualmente ser um serviço (a cura de uma doença) ou algo julgado como negativo (as armas de extermínio em massa).

Enquanto o artefato é antecipadamente concebido, procuram-se formas para produzi-lo. A técnica e a tecnologia, por outro lado, supõem conhecimentos estabelecidos ou novos. Aquela primeira depende de um saber vulgar, e esta última recorre a um conhecimento científico. Nesse sentido, técnica e tecnologia comutam de um plano comum. Além dessa semelhança, a produção técnica e tecnológica implica valores, uma vez que ela é vista como um recurso. Ela apresenta regras sem as quais "nenhum artefato funcionaria ou seria utilizados 'por outros'" (Cupani, 2004, p. 496, grifo do original) de modo universal. As regras são necessárias principalmente porque o objeto artificial precisa ser eficiente e otimamente econômico. Portanto, a ação técnica é essencialmente racional e orientada para garantir o seu próprio sucesso.

> *Se a técnica acompanhou (e possibilitou) o desenvolvimento da humanidade ao longo da maior parte da história, o surgimento da tecnologia foi condição de uma aceleração do progresso humano. Isso se deve a que a inovação é, dentro da técnica pré-científica, um processo dificultado pela inércia da vida tradicional. [...] Desde um ponto de vista sistemático, a tecnologia surge na medida em que, ou bem se indaga a fundamentação teórica das regras técnicas, ou bem se busca aplicar conhecimentos científicos à solução de problemas práticos.* (Cupani, 2004, p. 496)

A tecnologia, segundo o pensamento de Bunge que Cupani traz à luz, é "*o estudo científico do artificial*" (Bunge, citado por Cupani, 2004, p. 496, grifo do original). Agora, como "campo do conhecimento", a tecnologia vai além da aplicação de um saber-fazer: pergunta-se por um **saber teórico**, procura-se um **aperfeiçoamento**. A invenção técnica apresenta um caráter deliberado, reforçado pela tecnologia, que supõe um desenho (ou projeto) tecnológico como uma representação antecipada de um artefato e auxiliado por algum conhecimento científico, com o propósito de criar sistemas funcionais que desempenhem com eficiência e eficácia funções úteis para as pessoas. Ela também supõe uma planificação metódica e tecnológica que articule sequências de tarefas (ou sub-rotinas) "destinadas a alcançar o objetivo proposto" (Cupani, 2004, p. 497), uma modificação introduzida no sistema para que se atinja um estado desejado.

> *Em todo caso, o desenho e a planificação tecnológicos repousam no **conhecimento científico**. Trata-se de leis ou fragmentos de teorias que devem ser traduzidas em "enunciados nomo-pragmáticos", que fundamentam, por sua vez, as regras práticas. Num exemplo simples: a lei ("enunciado monológico") que afirma "A água ferve a 100° Celsius" fundamenta o enunciado nomo-pragmático "Se a água é esquentada a 100° C, então ela ferve", o qual, por sua vez, fundamenta regras tecnológicas tais como: "Para ferver água, esquente-a até 100° C", "Para evitar que a água ferva, mantenha-se sua temperatura abaixo de 100° C" etc.* (Cupani, 2004, p. 497, grifo do original)

Como a tecnologia implica a busca pelo conhecimento científico, pois não se limita apenas a aplicá-lo, disso se originam **teorias tecnológicas**. Elas podem ser predominantemente de dois tipos (embora não seja o caso de uma dicotomia):

1. **substantivas**, pois fornecem conhecimento sobre objetos de ação (por exemplo, a teoria sobre o voo);
2. **operativas**, sobre ações de que dependem o funcionamento de artefatos (por exemplo, uma "teoria das decisões ótimas sobre a distribuição do trânsito aéreo de uma região" (Cupani, 2004, p. 497).

As primeiras são aplicações de teorias científicas a situações reais (por exemplo, a teoria sobre o voo surge da aplicação da dinâmica dos fluidos). As segundas têm um caráter mais tecnológico porque se aplicam desde o início à ação (por exemplo, o complexo homem-máquina em situações aproximativamente reais). Nesses casos, "a tecnologia pode combinar conhecimento ordinário, elementos das ciências formais e certos conhecimentos especializados não científicos (por exemplo, práticas de pilotagem) com algumas das tecnologias que Bunge denomina gerais (como a teoria da decisão)" (Cupani, 2004, p. 497-498). Ambas, tecnologia e ciência, apresentam método ou estratégia geral de pesquisa.

Bunge argumenta, conforme Cupani (2004, p. 498) que, "Quando uma teoria científica é aplicada tecnologicamente ou transformada em teoria tecnológica (por exemplo, a hidrodinâmica transformada em hidráulica), resulta ao mesmo tempo mais rica e mais pobre que quando funciona dentro da ciência".

Ora, é mais rica do ponto de vista prático, pois, em vez de se limitar a previsões em determinadas circunstâncias, averigua o que se deve fazer para modificar o curso dos eventos; e mais pobre do ponto de vista conceitual, porque são menos profundas no seu uso tecnológico eminentemente prático (Cupani, 2004).

"Pela razão antes apontada, entre outras, a tecnologia, para Bunge, não deve ser exaltada às custas da ciência pura" (Cupani, 2004, p. 498). Contudo, a ciência tem grande valor porque a técnica incorpora a ação racional direcionada para garantir seu próprio sucesso, uma concretização – assim deve ser vista – da **ação plenamente racional**. Bunge é reconhecidamente um defensor da tradição iluminista e mostra uma atitude diante da filosofia de proporcionalidade direta entre razão, ações e pensamentos humanos e qualidade de vida. Ele chega a supor a possibilidade de uma "engenharia social", base de políticas sociais progressistas. Esta consistiria em colocar todos os recursos científicos possíveis para solucionar problemas sociais como fome, escassez de recursos, superpopulação, criminalidade etc. Mas, para ela ser efetiva, é preciso ser sistêmica, produzida por equipes interdisciplinares e discutida democraticamente (Cupani, 2004).

Isso pode nos causar uma falsa impressão de que Bunge acredita que a tecnologia é e sempre foi benéfica. Contudo, são visíveis os inúmeros problemas causados pelo desenvolvimento tecnológico, pois até mesmo as invenções tidas como positivas podem comportar, pelas circunstâncias, consequências negativas. A tecnologia, para Bunge tal como nos alerta Cupani (2004), está sujeita aos mais diversos interesses e propósitos porque sua produção e seu controle dependem de nós, seres humanos. Os excessos e extravios da tecnologia, em grande parte, são derivados do código moral nela mesma implícito. Esse código separa o homem do resto da natureza, assim, "autorizando-o a submetê-la e isentando-o de responsabilidades" (Cupani, 2004, p. 499). A noção tão difundida de neutralidade axiológica da tecnologia, para Bunge, é execrável. Agora, para combatê-la, Bunge defende

> uma ética que aponte as responsabilidades naturais e sociais da inovação tecnológica. E, sobretudo, defende a necessidade de uma democracia integral, participativa e cooperativa ("holotecnodemocracia"), em que o desenvolvimento tecnológico pudesse estar verdadeiramente a serviço de todos. (Cupani, 2004, p. 499)

8.1.2 A abordagem fenomenológica de Albert Borgmann

Cupani revela que Borgmann, contrário a Bunge, relaciona a tecnologia a um modo de vida próprio da "Modernidade [...] o modo tipicamente moderno de o homem lidar com o mundo" (Cupani, 2004, p. 499-500), uma característica padrão, um "paradigma" que limita a existência e é intrínseco à vida cotidiana, por isso pouco perceptível (Cupani, 2004). Borgmann considera esse padrão da tecnologia "o evento de maiores consequências do período moderno" (Borgmann, citado por Cupani, 2004, p. 499). Ele se debruça sobre o assunto, sob o ponto de vista fenomenológico, e se dispõe a propor uma solução ao problema que a tecnologia representa (Cupani, 2004).

Cupani (2004) salienta que Borgmann escolheu o enfoque fenomenológico por acreditar que este detecta especificidades da tecnologia não reconhecidas por outros, pois destina-se a **mostrar** o seu objeto. Contudo, esse enfoque precisa ser testado e elaborado em oposição ao trabalho filosófico e, principalmente, sociológico. Se a tecnologia e os seus problemas forem considerados como consequências de fatores sociais, então nunca serão de fato compreendidos. "Deve-se reconhecer na tecnologia um fenômeno básico, que tem sua chave na existência dos *dispositivos* (*devices*) que nos fornecem *produtos* (*commodities*), ou seja, bens e serviços" (Cupani, 2004, p. 500, grifo do original).

As noções de *dispositivo* e *coisa* são diferentes e se opõem. Porém, ambos são paradigmas de "duas formas diferentes de vida humana" (Cupani, 2004, p. 501). É por esse caminho que Borgamnn, segundo Cupani, aspira a mostrar a índole verdadeira da tecnologia. Dispositivos são, em essência, um "*meio* (algo-para)" (Cupani, 2004, p. 501, grifo do original), eles detêm uma maquinaria e desempenham uma função. Esta última o usuário conhece, enquanto a primeira normalmente é por ele incompreendida e, por vezes, incompreensível. A função nos "alivia" de um esforço, resolve dificuldades. Por seu turno, dispositivos, mesmo que diferentes, podem fornecer o mesmo produto, ou equivalentes funcionais. Eles se caracterizam por tornar **disponível** seu produto, ou seja, pronto para ser consumido. A disponibilidade apresenta outras características, como ser descartável (produtos destinados para um único uso apenas), não precisar de cuidados especiais (por exemplo, copos plásticos), sofisticação (que torna impossível o reparo) ou manutenção e facilidade de manuseio (interface homem-máquina "amigável" – que denuncia o hiato crescente entre maquinaria e usuário) (Cupani, 2004).

A meta do empreendimento tecnológico são os consumos e os produtos, que, no início da modernidade, foi primeiramente proposta com a expectativa de o homem dominar a Natureza.

> *No entanto, essa expectativa, convertida em programa anunciado por pensadores como Descartes e Bacon e impulsionado pelo Iluminismo, não surgiu "de um prazer de poder", "de um mero imperialismo humano", mas da aspiração de **libertar** o homem (da fome, da insegurança, da dor, da labuta) e de **enriquecer** sua vida, física e culturalmente. Sem levar em consideração esse afã de libertação não se pode entender o padrão da tecnologia que, à maneira de um molde, foi dando forma à sociedade humana nos países industrialmente desenvolvidos. Não basta, portanto, para entender a tecnologia, atentar para o seu aspecto de natureza dominada, nem à sua associação com a ciência. O avanço científico e a sua aplicação a finalidades práticas são imprescindíveis para que exista a maioria das invenções tecnológicas, mas a ciência, por si mesma, não pode fornecer-lhe um rumo nem explicar por que a tecnologia tem chegado a ser um modo de vida.* (Cupani, 2004, p. 501, grifo do original)

O modo de vida acaba por implicar uma tendência reducionista de quaisquer problemas a uma relação entre meios e fins. Os dispositivos são, como já vimos, meios (sem fins últimos) – uma novidade na história humana. Para Borgmann, mostra Cupani, isso é fundamental para entendermos a diferença entre a técnica tradicional e a tecnologia, pois a relação meio-fim, na técnica, está relacionada a um contexto social, cultural, ecológico; na tecnologia, a uma validade universal, independente de contextos concretos. Enquanto a lareira tradicional tem a função de aquecer uma casa e, dentro das relações humanas, impõe um trabalho de acendê-la e de mantê-la acesa, incentiva a reunião familiar ao seu entorno e o cultivo de costumes, o aquecedor elétrico limita-se a fornecer calor não importa a quem e em quais circunstâncias. Os dispositivos não precisam de contexto, eles são usados para diversos fins e são até combináveis entre si. Por fim, eles são ambíguos: embora os dispositivos nos forneçam sua função irrestrita e universalmente, nossa relação com eles é de **falta de compromisso**.

Este último aspecto é evidenciado pelo constante apelo sistemático e contínuo ao consumo de dispositivos por meio da mídia propagandista. Eles são a nós apresentados em combinações muitas vezes insólitas e isso, para Borgmann, conforme nos mostra Cupani (2004, p. 503, grifo do original), "acentua a *superficialidade* dos dispositivos". Somos tentados continuamente a consumir. Ora, a propaganda acaba por regular e por impor o consumo a nós, em detrimento da criação de uma cultura em consumir.

A promessa da tecnologia tem sua realização decisivamente no consumo universal. "O sonho de uma vida humana menos penosa e mais rica tem-se transformado em uma cultura que visa apenas o lazer derivado de consumir cada vez mais produtos tecnológicos. A vida dentro do 'paradigma da tecnologia' resulta sem rumo e, no entanto, impositiva" (Cupani, 2004, p. 503).

As coisas práticas e focais centram nossa existência e, quando consideradas, sobressaltam todas as características descritas anteriormente sobre a vida no "paradigma do dispositivo". O exemplo de Borgmann, trazido por Cupani, é mais uma vez a lareira, que não só se situava no centro das casas de gregos e romanos na Antiguidade, mas, também, no centro das relações familiares (refeições, casamentos, nascimentos e enterros). Atualmente, não existem mais, circundando a lareira das casas, figuras de deuses, e muito menos lhes oferecemos sacrifícios.

Há, no lugar disso, fotografias de familiares e de entes queridos, ou símbolos importantes para a família (brasões, por exemplo), e, por vezes, um relógio marcando o tempo. Certamente, a funcionalidade da lareira na casa moderna não é mais suficiente apenas para manter a casa aquecida, pois as dimensões (significativas ou simbólicas) e as necessidades mudaram. Contudo, a força ancestral dela reaviva-se na irradiação da chama e na fragrância do fogo consumindo a lenha. O tocar de um instrumento, o caminhar pela natureza, o pescar são outros exemplos de **práticas focais**. Remetem a um contexto social, cultural, ecológico e reservam em si um propósito próprio (um fim em si mesmo) com o qual nos comprometemos profundamente e cujos traços são, em sua maioria, significativos. Nós as respeitamos e as reconhecemos "em seu próprio direito" (Cupani, 2004, p. 503).

Mas tudo isso sempre pode ser tratado como mero meio, pois, se pusermos as lentes tecnológicas, veremos a lareira antiga (pré-tecnológica) destituída dos traços que a tornam mais do que apenas uma coisa fornecedora de calor. O restante, todo ele, fará parte da maquinaria, sujeito à **lei da eficiência**, dependente e indefinidamente mutável. Eis a atitude tecnológica,

> *em que o universo humano perde cada vez mais coisas e práticas "focais", para passar a ser constituído apenas por dispositivos que se produzem, que se usam ou se consomem. Um universo em que não apenas os objetos naturais (como uma planta) ou artificiais (como um ventilador), mas também os objetos sociais e culturais, como o governo ou a educação, são levados em consideração tão somente como meios para fins circunstanciais. Esse universo esta dividido em dois âmbitos: o do labor (**labor**) e o do lazer, uma divisão que espelha aquela entre a maquinaria do artifício e o produto que ele fornece.* (Cupani, 2004, p. 504, grifo do original)

O trabalho técnico inserido cultural e socialmente, significativo a um trabalhador orientado à natureza, à cultura e à sociedade, difere-se do trabalho tecnológico, da "produção e manutenção de maquinarias que fornecem os artifícios" ou da "produção de artifícios como meios de lazer" (Cupani, 2004, p. 504). O prazer que enobrece a vida humana reduz-se ao consumo desenfreado de produtos tecnológicos e, por fim, distancia-se de qualquer preocupação com a excelência da vida pessoal (Cupani, 2004).

O paradigma tecnológico tem um *glamour* que explica parcialmente sua propagação, além de prometer um alívio das tarefas penosas e alimentar a esperança de termos uma relação mais rica com o mundo por influência de dispositivos – esperança que "responde à nossa impaciência com coisas que exigem cuidado e reparação, ao nosso desejo de fornecermos aos nossos filhos o melhor desenvolvimento, e à vontade de nos afirmarmos na existência adquirindo bens que inspiram respeito" (Cupani, 2004, p. 504). Contudo, isso é acompanhado por um sentimento de perda, de pena e de traição a um outro tipo de vida, porque as relações, que antes representavam libertação, parecem continuar mesmo com a procura da comodidade fútil. Há também uma sensação de impotência, pois é como se os instrumentos definissem os fins (por exemplo, a necessidade de se comunicar torna-se o desejo por um *smartphone*).

Cupani (2004) levanta a possibilidade de Borgmann esboçar um ser humano sutilmente preso ao mundo tecnológico. Essa é uma impressão errada, pois, na verdade, ele defende uma **cumplicidade** (ou **implicação**) do homem com a tecnologia:

> Com outras palavras: temos **responsabilidade** pela manutenção do modo de vida tecnológico, que nos fascina em razão do **glamour** antes mencionado. É verdade que as circunstâncias sociais favorecem a manutenção e o progresso da tecnologia como

paradigma: a desigualdade social os favorece porque cada um aspira a ter o que outros já têm. Mas é verdade, aponta Borgmann, que nem sequer a riqueza dá ao homem poder sobre a tecnologia, pois esta constitui uma cultura, um horizonte em função do qual são tomadas todas as decisões e, nesse sentido, os mais abastados estão tão sujeitos a seu padrão quanto os mais pobres. Nada disso implica para Borgmann a crença de que a tecnologia constitua uma fatalidade. (Cupani, 2004, p. 505, grifo do original)

Borgmann defende que as tentativas de diagnóstico e de correção dos rumos de uma sociedade tecnológica sofrem dos mesmos males por pressuporem aquilo que desejam emendar. A **promessa de tecnologia** está em conformidade com os ideais de liberdade, de igualdade e de autorrealização da democracia liberal, conquistada de acordo com o paradigma tecnológico. Cupani (2004) relata que, para Borgmann, a política é um **metadispositivo** da sociedade tecnológica.

Borgmann propõe uma reforma da tecnologia com base no reconhecimento do **paradigma da tecnologia** e da importância das perdas, **coisas práticas e focais**, mediante a submissão a esse paradigma (Cupani, 2004). Cupani alerta que a argumentação em favor dessa reforma deve ser *dêitica* e ostensiva (podendo ser contestada, conforme tradição fenomenológica) e baseia-se "naquelas experiências de coisas que têm valor e direito de existir em si mesmas (e não como meros meios) e no testemunho que se pode dar delas" (Cupani, 2004, p. 506). Borgmann deseja despertar em seu leitor as lembranças e os desejos próprios das **coisas práticas e focais** como força argumentativa para colocá-los em oposição à tendência do universo tecnológico.

Ele quer restabelecer a importância da questão da "vida boa" que aparentemente a tecnologia eliminou, ou resolveu ao seu modo, e contornou pelas teorias éticas liberais:

*nobreza, dignidade, excelência à vida humana, não há, segundo Borgmann, possibilidade de justificar qualquer ação face ao império da tecnologia. Se este último é o âmbito da extensão indefinida dos meros meios, do labor que conduz ao consumo, da relação não engajada com os artifícios, a reforma deve orientar-se pelo restabelecimento daquelas experiências que podem constituir-se em **fins em si mesmas** para as pessoas e comunidades.* (Cupani, 2004, p. 506, grifo do original)

"Essa recuperação não significa rejeitar de forma genérica a tecnologia (coisa, por outro lado, impossível), mas reduzi-la a *condição* das práticas 'focais'" (Cupani, 2004, p. 506, grifo do original). Cupani resume a intervenção de Borgmann da seguinte forma:

*O princípio da reforma proposta por Borgmann consiste, pois, em elevar os assuntos de interesse focal a fins em relação aos quais todos os recursos tecnológicos são meios. Isso pode e deve fazer-se não apenas em nível pessoal e familiar, mas também em nível da comunidade nacional, e em função de conceber a "vida boa" como uma vida de excelência definida, não pela posse de dispositivos ou o consumo de produtos (em resumo, pelo "padrão de vida"), mas pela **qualidade de vida**. Esta última não se mede pela afluência material, mas pela **riqueza de engajamento** de que os seres humanos sejam capazes. Em nível social, a proposta de Borgmann inclui sugestões de reformas econômicas que fomentem a indústria de pequeno porte, "labor-intensiva" (a qual permitiria recuperar a função dignificadora do trabalho), remodelação das cidades, resgatando espaços para usos "focais", bem como a expectativa de que, se a sua mensagem for compreendida, os cidadãos irão se sensibilizar para a questão da justiça social. Isto significa que a redução do consumo por parte daqueles empenhados em levar uma vida orientada pelas coisas e não pelos artifícios tecnológicos, iria acompanhada pela vontade de que a situação material da classe baixa (e dos povos mais pobres) fosse melhorada, a fim de que todos pudessem ter a oportunidade de viver uma vida com sentido.* (Cupani, 2004, p. 507, grifo do original)

8.1.3 A perspectiva crítica de Andrew Feenberg

Cupani nos apresenta mais um enfoque, o de Feenberg, que, apesar de ter semelhanças com a abordagem de Borgmann, rejeita as visões instrumentalistas e substancialistas deste último. Feenberg continua a análise da Escola de Frankfurt, em especial a de Marcuse, a qual aspira a "reconstruir a ideia de socialismo com base numa radical filosofia da tecnologia" (Cupani, 2004, p. 508).

Para Feenberg, nos lembra Cupani (2004, p. 508), a tecnologia é um fenômeno típico da modernidade e constitui sua "estrutura material" (Cupani, 2004, p. 508). Contudo, não se trata de um instrumento neutro porque, devido a uma vinculação com o capitalismo, está imbuída de valores antidemocráticos e manifestos numa cultura empresarial que visa ao controle, à eficiência e aos recursos. As classes dominantes inscrevem seus valores e seus interesses nas decisões que os originam e os mantêm no próprio esboço de máquinas e de procedimentos. A conquista da natureza começa com o domínio social, indissociável do controle do homem pelo homem, traduzível em outros fenômenos, também típicos de nossa época, como a degradação do meio ambiente, do trabalho e da educação. A tecnologia não pode ser modificada, por exemplo, por reformas morais, porque é uma manifestação de **racionalidade política**. É preciso uma modificação **cultural** proveniente de **avanços democráticos**. A posição de Feenberg é "não determinista", cujas teses são:

> *1. O desenvolvimento tecnológico está sobredeterminado tanto por critérios técnicos quanto sociais de progresso, podendo, por conseguinte, bifurcar-se em qualquer uma de diversas direções, conforme a hegemonia que prevalecer.*
> *2. Enquanto as instituições se adaptam ao desenvolvimento tecnológico, o processo de adaptação é recíproco, e a tecnologia muda em resposta às condições em que se encontra tanto quanto ela as influencia.* (Feenberg, citado por Cupani, 2004, p. 508)

Reconhecer a diferença básica entre quem manda e quem obedece nesta civilização tecnológica, na qual o poder tecnológico é a sua maior **forma de poder**, acaba por constituir um elemento crucial para se apreender uma mudança da tecnologia. Ora, exerce-se poder pela administração e pelo controle estratégico das atividades pessoais e sociais. Cupani (2004) salienta o conceito feenbergniano de **autonomia operacional** de administradores (capitalistas e tecnocratas), qual seja, "liberdade para tomar decisões independentes sem considerar os interesses dos agentes subordinados nem da comunidade, ignorando também as consequências ambientais" (Cupani, 2004, p. 509). O metaobjetivo da autonomia operacional de administradores é a sua preservação indefinida, garantida por sua **racionalidade**, intrínseca à tecnologia, amparada pelo caráter aparentemente absoluto da justificação pela **eficiência** (Cupani, 2004).

A eficiência, valor característico dessa dimensão humana, parece centralizar as decisões tecnológicas. Mas não basta para determinar o desenvolvimento da tecnologia, porque ela pode ser definida conforme interesses sociais. "Os objetivos técnicos são também objetivos sociais", sendo que o desenvolvimento tecnológico "é um cenário de luta social" (Feenberg, citado por Cupani, 2004, p. 509). Como se o desenvolvimento tecnológico fosse semelhante à linguagem, em que a "gramática condiciona o significado, mas não decide o propósito" (Cupani, 2004, p. 510). Assim, afirma Feenberg (citado por Cupani, 2004), existe um **código social** da tecnologia que associa eficiência e propósito.

A mais importante medida da eficiência é, sob o código do capitalismo, o lucro, adquirido pela venda de mercadorias. Ele subjuga quaisquer outras considerações e ignora preocupações outras (por exemplo, qualidade de vida, educação etc.), pois as reduz a meras "externalidades". Por seu turno, eficiência pode ser concebida por outro código social, "que respondesse a exigências da vida humana hoje não realizadas e que aparecem em forma de reinvindicações econômicas e morais" (Cupani, 2004, p. 510). Procedimentos e artefatos eficientes precisam fazer abstração apenas ao que se refere a lucro, poder e "padrão de vida" (Cupani, 2004).

Cupani evidencia a opinião de Feenberg de que o capitalismo, bem como o socialismo burocrático, incentiva realizações tecnológicas que reforçam estruturas sociais hierarquizadas e centralizadas; de modo geral, ele controla desde o início todos os setores da vida humana (trabalho, educação, saúde, comunicação etc.).

> *Existe, em resumo, uma "mediação técnica generalizada", ao serviço de interesses privilegiados, que reduz em todas as partes, em nome da eficiência, as possibilidades humanas, impondo em todo lugar, como medidas óbvias, a disciplina, a vigilância, a padronização. Reciprocamente, a mediação de determinados interesses sociais faz que as realizações tecnológicas sejam atualmente **abstratas** e **descontextualizadas**. Trata-se de objetos e procedimentos que não parecem pertencer a nenhum mundo cultural em especial, e de sujeitos que se compreendem a si mesmos pela sua função e se acreditam livres de responsabilidade quanto às consequências das suas atividades. São esses, argumenta Feenberg, "momentos" típicos da **reificAção** social que a tecnologia representa.* (Cupani, 2004, p. 510, grifo do original)

Contudo, a percepção dessas limitações e deformações pode estimular movimentos políticos transformadores. Tal esperança de Feenberg, segundo Cupani (2004), está fundamentada na impossibilidade da hegemonia do "código técnico" de impedir iniciativas contrárias (margem de manobra).

No entanto, ocorre a possibilidade de haver táticas contestadoras, devido à falta de controle absoluto da evolução tecnológica, e seus resultados tampouco podem ser previstos; ou

> *os resultados das táticas dos dominados são reabsorvidos pela lógica dominante. Outras vezes, no entanto, as modificações podem se estabelecer. A contestação do rumo autoritário da tecnologia não seria possível, no entanto, se a tecnologia não fosse **ambivalente**, podendo ser instrumentalizada em função de diferentes projetos políticos. Como argumenta Feenberg, "a tecnologia é em grande medida um produto cultural e, assim, toda ordem tecnológica é um ponto de partida potencial para desenvolvimentos divergentes, conforme o ambiente cultural que lhe dá forma". Mais ainda, para ele, é possível perceber na tecnologia uma "dupla instrumentalização" que sugere a possibilidade de que ela venha a ter um diferente rumo. A tecnologia constitui basicamente uma atitude ou **orientação** com relação à realidade ("instrumentalização primária"). No entanto, ela é também um modo de ação ou realização no mundo social.* (Cupani, 2004, p. 511, grifo do original)

"A 'essência da tecnologia' reside na união (dialética) entre ambos níveis de instrumentalização" (Feenberg, citado por Cupani, 2004, p. 511).

Feenberg, conforme apresenta Cupani (2004), resgata da "tradição humanista" os critérios de progresso em direção da realização humana que a mudança social sugerida precisa, pois ele entende que, à medida que aumenta a capacidade das pessoas em assumir responsabilidade política, permite-se a liberdade de pensamento, respeita-se a individualidade, estimula-se a criatividade e a sociedade progride.

Conforme Cupani (2004), a seguinte pergunta se faz necessária: *Para que tipo de sociedade estaria orientada essa transformação?* Uma vez que Feenberg reconhece o fracasso histórico dos sistemas comunistas (em termos econômicos e democráticos) e a desconfiança de economistas em relação à economia de mercado, ele propõe "uma nova ação do socialismo como meta de uma *transformação cultural*" (Cupani, 2004, p. 512, grifo do original), e retoma de forma crítica as ideias de Marx e da Escola de Frankfurt. Sua proposta é interpretar o socialismo como uma **transição** gradual para um outro tipo de civilização, em que determinadas potencialidades humanas hoje negadas sejam desenvolvidas. Assim, o socialismo se tornaria "uma sociedade que privilegia bens específicos que não são de mercado e emprega uma regulação e uma propriedade públicas substancialmente mais extensas que as existentes nas sociedades capitalistas para obtê-los" (Feenberg, citado por Cupani, 2004, p. 512). Esse socialismo não estaria "em imediata oposição" ao capitalismo, mas poderia representar uma evolução "a partir dos atuais estados de bem-estar social" (Cupani, 2004, p. 512).

A transição para o socialismo pode ser identificada pela presença de fenômenos que, tomados separadamente, parecem economicamente irracionais ou administrativamente não efetivos desde o ponto de vista da racionalidade tecnológica capitalista, mas que juntos iniciam um processo de mudança civilizatória. (Feenberg, citado por Cupani, 2004, p. 512)

Feenberg, como mostra Cupani, sugere alguns exemplos de medidas que serviriam de índice de avanço social para além do capitalismo atual. As medidas que poderiam colocar em movimento tal processo seriam, por exemplo:

a extensão da propriedade pública, a democratização da administração, a ampliação do tempo de vida dedicado à aprendizagem para além das necessidades imediatas da economia, e a transformação das técnicas e do treinamento profissional para incluir um leque cada vez maior de necessidades humanas no código técnico. (Cupani, 2004, p. 513)

Esse é um processo que, alerta Feenberg, não é simples, talvez sequer provável. Mas se trata de um horizonte possível para um socialismo em circunstâncias favoráveis, fruto de uma heurírstica que visa romper a ilusão de necessidade com a qual o mundo está recoberto (Cupani, 2004).

8.2
Reflexões de Alberto Cupani

Cupani, portanto, tece algumas considerações a respeito das três abordagens para a filosofia da tecnologia (de Bunge, de Borgmann e de Feenberg, vistas anteriormente). Ele justifica sua intervenção, pois acredita que a filosofia é de difícil compreensão e nós devemos entendê-la como uma atitude consistente em pensar de maneira crítica e rigorosa para vivermos mais responsavelmente.

Cupani critica o otimismo de Bunge no que tange à sua falta de percepção em relação à desestruturação que a tecnologia causa em culturas nas quais é introduzida. "Bunge parte da pressuposição, típica do Iluminismo, de que toda tradição equivale a atraso e de que toda cultura não científica é de algum modo defeituosa" (Cupani, 2004, p. 514). Desse modo, afirma Cupani (2004), com plena confiança nos ideais Iluministas, Bunge está aparentemente impedido de apreciar ou imaginar aspectos que não sejam negativos nas culturas, bem como de perceber as limitações do Iluminismo.

Com relação a Borgmann, Cupani afirma ser difícil evitar a aparente falta de considerar os pesos dos fatores e das circunstâncias sociais, principalmente a rejeição da visão marxista da tecnologia. A fraqueza dos argumentos de Borgamnn se apresenta de maneira mais intensa quando o lemos sob o ponto de vista de países em que os benefícios e os prejuízos da tecnologia estão mais vinculados à desigualdade social (como em países em desenvolvimento), e em lugares em que "a possibilidade de boa parte da população alterar sua relação com a tecnologia de que chega a dispor é nula" (Cupani, 2004, p. 516). É em países como o Brasil que os **interesses focais** são ainda mais comuns do que em países industrializados. Afirma Cupani que a exortação de Borgmann chega a ser supérflua para nós e inócua para países como o dele:

> *Somos levados a pensar que há uma boa dose de ingenuidade em sua expectativa de que o cultivo de "interesses focais" e o entusiasmo dos que o façam irá propagar-se pelo resto de uma sociedade próspera como a dele, provocando inclusive o desejo de que a igualdade social se realize nas outras regiões do mundo. Borgmann comete o erro de esperar de um enfoque (o fenomenológico) destinado a permitir compreender as vivências, que sirva para explicá-las e para mudar as estruturas sociais de que derivam. Por princípio, isso não é possível.* (Cupani, 2004, p. 516)

Finalmente, a crítica de Cupani à abordagem de Feenberg já foi, de certa forma, adiantada. A transição ao socialismo sugerida por Feenberg apoia-se sobremaneira em reformas que visam à democratização da administração, em todas as ordens da vida, e à eliminação da diferença social entre trabalho manual e intelectual. Elas implicam um ataque generalizado à hegemonia tecnocrática, "pois todas as instituições estão hoje tecnologicamente mediadas e conduzidas autoritariamente" (Cupani, 2004, p. 517). Só pode ocorrer uma mudança, mesmo que lenta, caso as elites profissionais queiram colaborar, sem violência ou decisão administrativa (Cupani, 2004).

Para Cupani, a função heurística de romper a ilusão com a qual o mundo está recoberto cabe não só à abordagem de Feenberg, mas também à de Bunge e à de Borgmann. Isso, embora pareça pouco diante dos desafios que a tecnologia nos coloca, o filósofo sustenta ser indispensável para a busca de um mundo melhor (Cupani, 2004).

Síntese

Por meio dos três enfoques apresentados, Cupani traça um panorama da **filosofia da tecnologia**, com o objetivo de desenhar um contexto teórico para essa área ainda incipiente da filosofia.

Com o enfoque analítico de Bunge, Cupani apresenta definições para técnica e tecnologia, maquinaria e função, teorias tecnológicas operativas e substanciais. Embora para Bunge a tecnologia esteja sujeita a interesses, ele defende uma ética que aponta para responsabilidades naturais e sociais da inovação tecnológica. A fragilidade do argumento de Bunge, para Cupani, está no excesso de confiança que ele dá aos preceitos iluministas para a tecnologia.

Borgmann, com sua abordagem fenomenológica, defende as **práticas focais** como um resgate das relações sociais em que estamos envolvidos com a tecnologia, na contramão da superficialidade dos **dispositivos**. Cupani crê que Borgmann não considera a desigualdade social como fator que desequilibra as ações provenientes de uma cultura de consumo.

Por fim, Feenberg considera a tecnologia uma transição social circunstancial capaz de constituir uma sociedade menos opressora. O problema está nessa transição, argumenta Cupani, pois ela se apoia sobremaneira em reformas que visam à democratização da administração e à eliminação da diferença social entre trabalho manual e intelectual.

Atividades de autoavaliação

1. O que, para Cupani, revela uma unidade na filosofia da tecnologia?

   a) A presença marcante da técnica na sociedade contemporânea como uma atividade eficaz e racionalmente determinada quanto às suas intenções, ao seu desenvolvimento, ao seu alcance e às suas causas.

   b) A presença indeterminada da tecnologia na sociedade como uma atividade social e racionalmente vinculada às suas motivações, ao seu desenvolvimento, ao seu alcance e às suas consequências.

   c) A presença marcante da técnica na sociedade pré-contemporânea como uma atividade insipiente e irracionalmente ordenada por suas motivações, por suas intenções, por seu alcance e por suas considerações.

   d) A presença marcante da tecnologia na sociedade contemporânea como uma atividade eficiente e racionalmente regrada quanto às suas motivações, ao seu desenvolvimento, ao seu alcance e às suas consequências.

2. Relacione as duas colunas segundo a abordagem analítica de Mario Bunge e, em seguida, marque a alternativa que apresenta a sequência correta:

1. Técnica	a) Depende de um conhecimento científico.
2. Tecnologia	b) Depende de um saber vulgar.
3. Artefato	c) Depende de estados de um ser racional.

   a) 1-a, 2-c, 3-b.
   b) 1-c, 2-a, 3-b.
   c) 1-b, 2-a, 3-c.
   d) 1-a, 2-b, 3-c.

3. Com relação à abordagem fenomenológica da filosofia da tecnologia de Albert Borgmann, marque V para verdadeiro e F para falso:

( ) "Dispositivos não são, em essência, um *meio* ("algo-para"), eles possuem uma maquinaria e desempenham uma função".
( ) "A função nos 'alivia' de um esforço, resolve dificuldades".
( ) Dispositivos tornam disponíveis funções, prontas para serem manipuladas.
( ) O usuário reconhece a função, porém normalmente não reconhece a maquinaria.

Marque a alternativa que corresponde à sequência correta:
a) V, V, V, F.
b) F, V, F, V.
c) V, F, V, F.
d) F, V, V, F.

4. De acordo com o texto da subseção sobre a abordagem da escola crítica de Andrew Feenberg sobre a filosofia da tecnologia, complete a oração:

"A conquista da natureza começa com o _____, indissociável do controle _____, traduzível em outros fenômenos, também típicos de nossa época, como a _____ do meio ambiente, do trabalho e da educação".

a) domínio social; do homem pelo homem; degradação.
b) domínio social; da máquina; valorização.
c) contrato social; do homem pelo homem; regeneração.
d) contrato social; da máquina; consolidação.

5. Relacione as duas colunas segundo as críticas de Cupani (2004) acerca das três abordagens da filosofia da tecnologia e, em seguida, marque a alternativa que apresenta a sequência correta:

1. Bunge	a) "_____ está aparentemente impedido de apreciar ou imaginar aspectos que não sejam negativos nas culturas, bem como de perceber as limitações do Iluminismo".
2. Borgmann	b) "A fraqueza dos argumentos de _____ se apresenta de maneira mais intensa quando o lemos sob o ponto de vista de países em que os benefícios e os prejuízos da tecnologia estão mais vinculados à desigualdade social".
3. Feenberg	c) "A transição ao socialismo sugerida por _____ apoia-se sobremaneira em reformas que visam à democratização da administração, em todas as ordens da vida, e à eliminação da diferença social entre trabalho manual e intelectual".

a) 1-a, 2-c, 3-b.
b) 1-c, 2-a, 3-b.
c) 1-b, 2-a, 3-c.
d) 1-a, 2-b, 3-c.

Atividades de aprendizagem

Questões para reflexão

1. Releia a subseção sobre a abordagem analítica da filosofia da tecnologia de Mario Bunge e crie um enunciado nomopragmático com base em uma lei ou em um fragmento de teoria e, utilizando esse enunciado, construa uma regra tecnológica.

Exemplo
Lei: A água ferve a 100 °C.
Enunciado nomopragmático: Se a água for esquentada a 100 °C, então ferve.
Regra tecnológica: Para ferver água, esquente-a até 100 °C.

2. No contexto da abordagem fenomenológica de Albert Borgmann, retome o conceito de **coisas práticas e focais**. Em seguida, com base no exemplo da lareira, desenvolva outra situação como exemplo de **práticas focais**, ressaltando os diferentes comportamentos sociais quando essas práticas estão presentes e quando elas estão ausentes.

Atividade aplicada: prática

Com base no conceito de Feenberg, apresentado a seguir, encontre em jornais ou revistas (eletrônicas ou não) um exemplo de uma situação concreta atual dessa autonomia operacional de administradores: *Autonomia operacional de administradores* (capitalistas e tecnocratas) é a "liberdade para tomar decisões independentes sem considerar os interesses dos agentes subordinados nem da comunidade, ignorando também as consequências ambientais" (Cupani, 2004, p. 509).

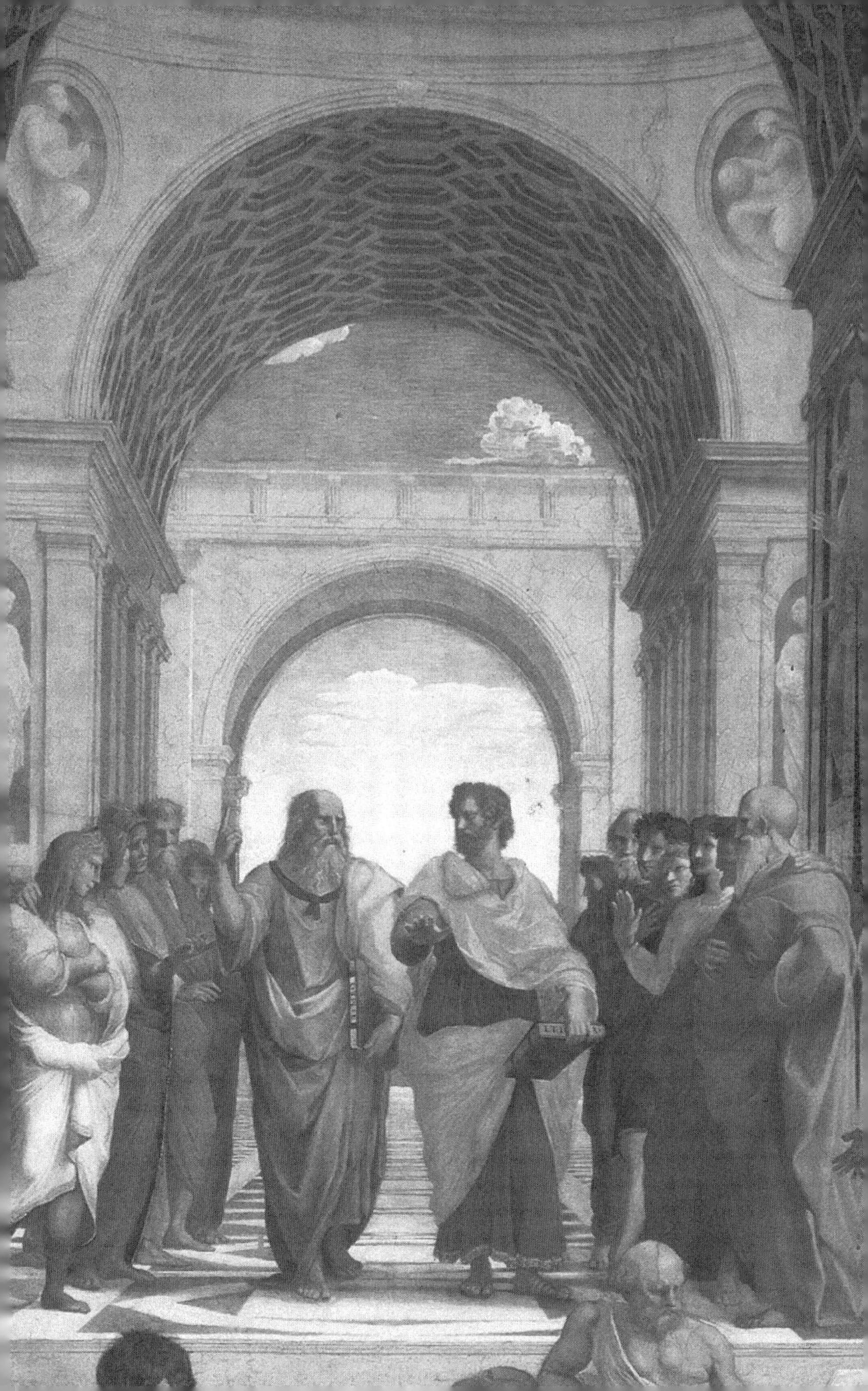

*Reflexão
das ciências*

Telmo H. Caría é professor associado de Ciências Sociais da Universidade de Trás-os-Montes e Alto Douro (Utad) e pesquisador do Centro de Investigação e Intervenções Educativas da Faculdade de Psicologia e Ciências da Educação do Porto (Fpceup), em Portugal. Caria nos agraciou com uma resenha crítica (Caria, 2007) do famoso livro de Pierre Bourdieu, Science de la science et réflexivité *(Bourdieu, 2002), que trata da prática científica e da razão (social e cognitiva) e da crença reflexiva desta na ciência. Caria, em sua resenha, pretende compreender melhor as concepções de ciência de Bourdieu com o objetivo de superar e criticar os limites de sua posição, a fim de "encontrar uma orientação epistemológica complementar que melhor enfatize as virtualidades (cognitiva e social) do método etnográfico para a reflexividade em Ciências Sociais" (Caria, 2007, p. 129).*

9.1
Science de la science *de Pierre Bourdieu: uma interrogação racionalista sobre a ciência*

Bourdieu, segundo Caria, deseja realizar o propósito do título desta subseção, qual seja, "afrontar explicitamente a atitude escolástica dos filósofos e de vários cientistas sociais que se centram apenas nos textos e nos discursos científicos e que tomam a teoria científica formal como equivalente da prática científica" (Caria, 2007, p. 129), assumindo um ponto de vista racionalista histórico. Com essa postura, é preciso acreditar na razão científica e defender a pretensão de desenvolver um conhecimento universal com base em uma prática e em uma história que lhe autonomizaram e lhe deram características sociais e cognitivas à parte de outros campos simbólicos. Para o filósofo francês, as virtualidades da ciência existem como forma de conhecimento porque foram produzidas historicamente e incorporadas no inconsciente coletivo dos cientistas (*habitus* científico) (Caria, 2007).

Contudo, Bourdieu reivindica a defesa do poder científico na sociedade moderna ocidental como local e como uma construção social, com a particularidade de ter alcançado a universalidade de sua verdade. Dessa forma, enfatiza Caria (2007), Bourdieu não pretende esquecer o dogmatismo científico nem ignorar a razão da ciência. Com base nisso, a questão central do livro de Bourdieu é: "como é possível uma atividade situada historicamente, em um tempo e lugar social particulares, produzir verdade para além do seu local enquanto conhecimento universal?" (Caria, 2007, p. 131). A sua resposta considera que a construção social se torna realidade, e não uma mera interpretação, pois tem a capacidade de gerar efeitos sociais em longo prazo, com consequências prático-históricas, para além de si própria e de condições pontuais (Caria, 2007).

Caria salienta que tal pergunta é típica de um racionalismo socioconstrutivista. Essa postura histórica tende a mais bem defender-se do relativismo epistemológico e do idealismo filosófico. Mas, pergunta Caria: Será ela a única alternativa? Ele, como propriamente afirma, não apresenta essa resposta. Apesar disso, pretende contribuir com a temática.

9.1.1 *A prática e o poder da ciência*

Bourdieu, para Caria, aceita as conclusões da nova sociologia da ciência por estas trazerem importantes contribuições empíricas para evidenciar que a ciência não é um conhecimento dogmático, porque tem "uma história de institucionalização que evidencia a gênese social da sua razão e [...] tem um mundo social e conflitual próprio" (Caria, 2007, p. 132), no qual disputas evidenciam interesses e poderes sociais desiguais entre cientistas na ciência. Por esse ponto de vista, tais aspectos são um avanço científico em relação à visão consensualista e anistórica de Robert Merton. Contudo, por um viés relativista, conforme salienta Caria, Bourdieu critica uma outra coleção de conclusões da nova sociologia da ciência (principalmente os trabalhos de Bloor, Latour e Wollgar). A crítica do filósofo francês recai sobre três aspectos de tais conclusões reducionistas da dinâmica do jogo científico: "(1) não dão conta da dinâmica interna e histórica própria do campo científico; (2) referem-se apenas a disputas locais em laboratórios; (3) concentram-se em demasia nas práticas e nos produtos escritos." (Caria, 2007, p. 132). Como alternativa, por um lado, Bourdieu se coloca contra esses reducionismos, no seguinte sentido: "ao tomar-se por objeto o laboratório de investigação científica", não se deve considerá-lo "fechado em si próprio" (Caria, 2007, p. 132). É preciso considerar uma posição coletiva e individual – em relação aos cientistas que trabalham nesse laboratório em específico e em relação a outros cientistas de outros locais. Por outro lado, é necessário considerar "a totalidade das práticas que produzem realidade, e não apenas as práticas da escrita" (Caria, 2007, p. 132).

Bourdieu, para Caria, propõe um local de produção científico coletivo (podendo ser um laboratório), que seja tomado como um campo ou subcampo científico "naquilo que tem de autônomo como recurso capitalizável para reproduzir um poder científico dentro de um jogo que é sempre conflitual e polêmico e que está para além (embora não à parte) dos textos e dos discursos racionalizadores da prática científica (das convenções sociolinguísticas)" (Caria, 2007, p. 133).

Para Caria, a possibilidade de pensar um local de poder como um campo social é uma novidade apresentada por Bourdieu, embora tal hipótese pareça pertinente apenas a locais centrais do campo científico. Ainda com relação à releitura de Bourdieu acerca dos "trabalhos relativistas", Caria (2007, p. 133) considera que ele desmistifica "o artificialismo da realidade científica e o interesse próprio do cientista na descoberta da verdade". Com relação a essa desmistificação, ele chama atenção a três tipos de erro:

> *(1) os relativistas são a inversão lógica do positivismo, porque supõem, em sua crítica à ciência, que só há ciência positivista (supostamente todos os cientistas acreditariam que a realidade é um dado com sentido em si próprio); (2) os relativistas, apesar de poderem praticar o método etnográfico, não chegam a evidenciar que compreendem o olhar positivista do cientista – que seria a cultura nativa do laboratório –, preferindo antes se entregar apressadamente a seus objetivos exclusivamente político-filosóficos de denúncia e descrença no/do conhecimento científico [...]; (3) os relativistas participam nos limites de uma visão escolástica do conhecimento porque, ao desqualificarem o interesse egoísta do cientista na procura da verdade, podem alimentar perversamente a ideia de que alguma vez foi ou será possível haver uma razão humana pura e neutra, exterior aos interesses sociais existentes.* (Caria, 2007, p. 133-134)

Bourdieu considera que esses três erros ocorrem porque se pressupõe não haver, no campo científico, alguma autonomia em relação ao campo político. Todas as lutas simbólicas, científicas ou filosóficas, incluindo a dos relativistas contra os racionalistas, serão analisadas sempre como lutas políticas com base em convenções e artifícios de linguagem, apenas. Segundo Caria, afirmar que a realidade é uma construção social e se desenvolve com base em interesses egoístas não acrescenta algo de novo àqueles que, como Bourdieu, adotam o posicionamento bachelardiano e racionalista-histórico na ciência. Caria suporta que Bourdieu se recusa a adotar o pressuposto de que a ciência é autônoma diante da política ou mesmo diante da arte:

O autor convoca-nos a pensar e a ver a realidade da ciência como uma forma de conhecimento que se pratica (de modo desigual conforme os tempos, os territórios e os espaços sociais) com uma especificidade própria e que, portanto, nos pode trazer um olhar (é apenas uma possibilidade histórica e não uma essência) que não é (não tem propriedades de sentido) equivalente a qualquer outro olhar, comum ou erudito. É essa especificidade, de prática e de história, que se mostra capaz de validar um conhecimento local como conhecimento universal: produzir ciência sem ceder seu ponto de vista a outros campos simbólicos (arte, política, filosofia etc.). (Caria, 2007, p. 134)

Assim, segundo Caria, fica clara a recusa do autor de **estar na moda pós-moderna**, ou seja, de desenvolver um ponto de vista intermediário (*intercampos*, um gênero de conhecimento híbrido). Ele se dedica propriamente a desenvolver o ponto de vista científico dentro de limites específicos.

A razão científica defendida por Bourdieu é submetida à teoria que desenvolve para o campo científico: sua razão é histórica (portanto, histórica) e é uma tomada de posição dentro do próprio campo científico, em coerência com a prática que desenvolve (tem um propósito de poder fazer ciência, de poder científico) e em luta contra outras epistemologias. (Caria, 2007, p. 135)

Portanto, essa razão científica submete-se, como afirma Caria, à crítica com base em seus próprios instrumentos de pensamento (autorreflexiva). Caria faz um alerta em relação ao tipo de reflexividade proposto por Bourdieu, pois ele pode ser compreendido como uma forma de etnocentrismo epistemológico, uma vez que sua perspectiva considera a teoria dos campos sociais como único padrão de avaliação para as demais correntes teóricas, em detrimento de complementaridades e de diversas contribuições, mesmo que em princípios e regras relativamente contraditórios na prática sociológica.

Em outras palavras, Bourdieu defende que "sua teoria social (a teoria dos campos sociais) pode constituir-se uma reflexão plenamente científica [...] (o sujeito da objetivação)" (Caria, 2007, p. 135). Somente sua teoria, segundo Caria, permite uma autorreflexividade científica, porque "só ela é capaz de ser crítica do modo escolástico de pensamento relativo ao etnocentrismo epistêmico-filosófico, de inspiração positivista ou inspiração semiológica" (Caria, 2007, p. 135). Portanto, os demais modos de reflexão científica que não objetivam o sujeito da objetivação (que não usam a teoria dos campos como padrão de análise) são considerados por Bourdieu, segundo Caria, como *reflexividades subjetivas*. Essas últimas cedem à filosofia, nas lutas simbólicas, por meio de cumplicidades com a escolástica ou com o relativismo epistemológico (Caria, 2007).

Para finalizar, Bourdieu reconhece várias teorias científicas sobre o mundo social. Para ele, nenhuma conseguiu objetivar a subjetividade porque, sem exceção, todas elas cedem lugar à filosofia na reflexão acerca do conhecimento científico. Por seu turno, a sua prática e a "sua reflexão fazem (podem fazer?) [indagação feita pelo próprio Caria] ciência da ciência e não filosofia da ciência" (Caria, 2007, p. 136).

9.1.2 Uma reflexividade científica de centro

Bourdieu, como nos apresenta Caria, dedica-se a esclarecer seu ponto de vista sobre a ciência, principalmente o que diz respeito aos conceitos de prática, *habitus*, campo, capital e estrutura. Ele objetiva mostrar a pertinência desses conceitos para a análise sociológica da ciência e para a autorreflexividade do sujeito científico. Sob essa descrição, Bourdieu identifica as características sociocognitivas da ciência e explica por que para ele essa forma de conhecer não é local e, sim, universal.

A existência histórica de uma autonomia científica "é a qualificação da ciência como socialmente autônoma (um campo próprio) que permite afirmá-la como um conhecimento universal" (Caria, 2007, p. 136). Para essa qualificação da ciência se tornar historicamente possível, Bourdieu retomou o modo como a ciência no passado "se constitui e institucionalizou nas principais universidades dos países centrais do sistema capitalista mundial" (Caria, 2007, p. 136). Caria (2007) nos alerta que Bordieu não esclarece esse referencial social, contudo, é dele que parte para desenvolver sua teoria.

Para Caria, não há interesse por parte de Bourdieu fora do mundo simbólico de agentes privilegiados, ou seja, das instituições universitárias mais prestigiadas internacionalmente e dos cientistas – os lugares e o usuários da ciência. Além dos modos e das lógicas da ciência global descentralizados (ou que não passam pela hegemonia das universidades) não fazerem parte da análise, são considerados "como práticas exteriores ou parcialmente exteriores ao campo científico, de acordo com a teoria dos campos sociais" (Caria, 2007, p. 137).

De acordo com Caria (2007, p. 137): "Explica-se, por isso, implicitamente, que todo uso social da ciência fora deste mundo simbólico de privilegiados é uma forma social incompleta e subdesenvolvida de conhecer que, supõe-se, para ter plena dignidade cultural, terá de replicar o modelo central e universitário de ciência".

Para o conceito de campo científico, de Bourdieu, operar com autonomia, "é preciso que seus agentes (cientistas) cultivem uma disposição de envolvimento e implicação nas suas atividades que os leve a crer (a cultivar a crença prática, o *illusio*) que o jogo científico é uma atividade séria (para ser levada a sério)" (Caria, 2007, p. 137, grifo do original). Portanto, supõe competências, realizações, produtos e polêmicas que, diferentemente de outros jogos*, são avaliados e desenvolvidos pelas qualidades e por critérios prático-científicos. As práticas e disputas científicas supõem realizações de regras do fazer científico, incorporadas em um *habitus* e necessárias ao jogo social em que o agente está envolvido. Disso, tem-se por consequência a importância de seriedade no jogo social (no interesse prático pela teorização do mundo), e as recompensas aparecem a quem crê suficientemente nessa atividade.

> *A existência de recompensas sociais dentro das instituições científicas para práticos descrentes (que encenam e fazem de conta) no jogo científico leva necessariamente a que os critérios de desenvolvimento e avaliação dos desempenhos supostamente científicos não o sejam de fato e que, portanto, as instituições intituladas científicas deem direito de acesso ao papel social de cientista a agentes que não têm as disposições para saber-estar nessa condição social.* (Caria, 2007, p. 137)

Bourdieu, na visão de Caria, compreende que toda a relativização da razão científica gerará e reproduzirá descrentes e céticos "que não levam a sério a atividade porque deixam de viver 'encantados' com a ciência" (Caria, 2007, p. 138). A relativização histórica da ciência pode

---

* Por exemplo, jogos "políticos da política, econômico-materiais, midiático-comunicacionais, pedagógico-didáticos, simbólico-filosóficos, comunitário-domésticos etc." (Caria, 2007, p. 137).

introduzir lucidez suficiente no jogo científico, a fim de mostrar que todas as construções científicas são transitórias, sem perder a crença em sua verdade. Assim, essas construções merecem ser desencantadas para que não sejam consideradas em sua totalidade desinteressadas e puras. Portanto, "é preciso promover uma reflexividade científica que desencante o mundo científico (contra a escolástica da razão pura, fixa e ortodoxa) sem destruir suas virtudes sociocognitivas: a produção de uma verdade universal" (Caria, 2007, p. 138).

Bourdieu nos traz, na descrição de Caria, o conceito das virtudes sociocognitivas do mundo científico. Elas advêm de um funcionamento social em círculo fechado, no qual "os destinatários primeiros dos produtos científicos são os próprios cientistas, isto é, os avaliadores do jogo são ao mesmo tempo jogadores do mesmo jogo" (Caria, 2007, p. 138). Disso, percebemos que, para poder sobreviver e vencer ortodoxias, as discordâncias e as divergências teóricas mais acentuadas precisam pôr em campo as regras do jogo e os jogadores (aos mesmo tempo juízes do cumprimento das regras). É preciso pôr em campo parte das regras práticas de fazer ciência e também o poder dos avaliadores. Caria apresenta consequências necessárias e potenciais para esse fechamento do campo científico. As consequências necessárias são, em primeiro lugar, a aferição do preço e do valor relativo dos produtos científicos em um mercado de bens não simbólicos de agentes e instituições exclusivamente científicos; em segundo lugar, a denominação central de arbitragem como o critério da realidade para polêmicas e divergências teórico-científicas (Caria, 2007).

Este critério faz com que não possa haver argumento válido que não se expresse por meio de uma linguagem que produza realidade: uma linguagem que, enquanto construção social e científica, toma por referência fatos elaborados por vias teóricas, evidenciando-os como exteriores à consciência individual de cada cientista e, por isso, passíveis de serem corroborados, completados ou refutados por outros cientistas que usem dispositivos teórico-metodológicos que estejam contextualizados no mesmo paradigma de ciência. (Caria, 2007, p. 138-139)

A consequência potencial é o fato de a divergência teórica no campo científico não ser imediatamente considerada uma diferença a excluir, pois os agentes desse campo "cultivaram o *gosto pela distinção*, enquanto parte[m] de uma disposição geral das classes sociais superiores nas relações com a cultura" (Caria, 2007, p. 139, grifo do original). Aquele que não quer se distinguir não corre o risco de a diferença ser confirmada negativamente e, assim, mostra que não apresenta uma **disposição distinta** necessária ao *habitus* científico. Ou seja, "um gosto para cultivar um estilo diferente de uso do conhecimento (contestando em parte as regras do estilo legítimo), indissociável de um poder simbólico que permita que essa diferença não corra o risco de gerar a exclusão de seu autor" (Caria, 2007, p. 139).

9.1.3 Um sujeito histórico coletivo

A autonomia da ciência, para Bourdieu, tal como Caria nos relata, pode ser limitada pelo Estado e, por isso, é relativa, uma vez que, no âmbito dos territórios nacionais centrais ao sistema capitalista mundial, ela está dependente do Estado e, em parte, dependente também financeiramente deste. Nesse sentido, para uma plena realização do poder científico em uma sociedade, espera-se dele uma associação a cargos políticos em organizações científicas. Esses cargos, então, reforçariam e confirmariam simbolicamente "o capital de competência científica possuído por aqueles que ocupam essas posições" (Caria, 2007, p. 139-140). Diante disso, o capital científico, para o filósofo francês, divide-se em duas modalidades: incorporado e simbólico. A primeira modalidade é "decorrente das competências práticas de fazer e pensar, que permitem saber ser e ter uma autoridade científica legítima" (Caria, 2007, p. 139-140). Nessa primeira modalidade, permite-se "a entrada e a integração neste universo simbólico sancionadas pelos pares mais velhos" (Caria, 2007, p. 139-140). A segunda modalidade "decide quem está em condições, pelo prestígio possuído, de participar e tomar posição nas lutas científicas" (Caria, 2007, p. 139-140). Nessa segunda modalidade, tem-se "poder para decidir em cada momento histórico o que é ciência, como se faz e para quem se faz" (Caria, 2007, p. 139-140).

Com base na confluência dessas duas modalidades de capital científico, Bourdieu admite a possibilidade de condições para esse capital ser convertido em capital político. Desse modo, os cientistas, "como cidadãos cientistas e não cidadãos políticos" (Caria, 2007, p. 139-140), seriam um dos protagonistas nas decisões políticas. Segundo o diagnóstico de Bourdieu, na França, durante a década de 1990, se as duas modalidades se apartassem, "a hierarquia de autoridade de fazer ciência (competência científica) [...] [se tornaria] paralela à hierarquia simbólica das instituições científicas" (Caria, 2007, p. 140). Logo, "o campo científico [...] [perderia] autonomia, tornando-se mais permeável às pressões políticas da política" (Caria, 2007, p. 140).

Caria tece duas críticas a Bourdieu acerca do conceito de capital científico. Em primeiro lugar, não há qualquer explicação do porquê remeter "a regulação da autoridade/competência científica aos processos de globalização da ciência", ao passo que "o poder simbólico e [o] prestígio na ciência permaneceriam na dependência dos estados nacionais" (Caria, 2007, p. 140). Com relação ao poder simbólico global da ciência na sociedade, Bourdieu falha ao não explicar como ocorreu tal transformação do âmbito nacional para o internacional. Por isso, não tem como compreender o modo como Bourdieu "concebe a dinâmica do mercado de bens simbólicos científicos globais e sua articulação com os mercados nacionais" (Caria, 2007, p. 141). Caria considera que permanece uma certa ambiguidade nessa questão, pois verifica em Bourdieu uma positividade acerca da globalização científica com fins de esquivar-se de pressões políticas e midiáticas em escala nacional sobre a ciência. Contudo, isso leva na verdade a uma negatividade, "porque [a globalização científica] ficaria mais exposta às pressões mercantis do capital econômico global" (Caria, 2007, p. 141). Em segundo lugar, Bourdieu desconsidera a possibilidade de uma coincidência entre duas espécies de capital científico, a "competência prática e [o] prestígio institucional" (Caria, 2007, p. 141), ter condições de gerar um conservadorismo na estrutura das relações de poder – "poderes paternalistas e de patrocinatos, que excluiriam, incorretamente, jogadores sérios mas heterodoxos, do campo científico" (Caria, 2007, 141).

Caria considera que Bourdieu não formula essa hipótese porque seu modo de descrever a teoria na prática científica o conduz a considerar que:

> *(1) a mudança em ciência faz-se na interseção interdisciplinar, valorizando-se a erosão das fronteiras entre ciências e o hibridismo teórico-metodológico; (2) no campo científico (contrariamente ao que acontece nos processos de reprodução em outros campos sociais) nem sempre a estrutura de posições sociais ocupadas no campo determina as competências práticas (o **habitus**) e as tomadas de posição (lutas simbólicas e prestígio no campo).* (Caria, 2007, p. 141, grifo do original)

Na ciência, poderia ocorrer um descompasso entre as posições sociais obtidas (estruturas simbólicas passadas) e as tomadas de posição (disputas simbólicas presentes) por intermédio do *habitus*, como resultado da dependência entre o reconhecimento da competência e o valor distintivo da originalidade do conhecimento (Caria, 2007).

Caria considera que o modo particular como Bourdieu caracteriza a manifestação do *habitus* está relacionado, à luz dos trabalhos de Kuhn, única forma de garantir a despersonalização e a desparticularização da ciência" (Caria, 2007, p. 142-143).

Essa ética prática, segundo Caria, está próxima dos princípios normativos de funcionamento da instituição científica formulados por Merton. Contudo, ele ressalta que esse caso contém uma configuração mais histórica:

> um ceticismo organizado que parte de um interesse desinteressado (sem ser interesseiro e sem ser dissimulado) em que regras características (tal qual as regras jurídicas) estão acima das pessoas concretas e, portanto, das formas de autoridade carismática em espaços sociais domésticos. (Caria, 2007, p. 143)

Caria duvida que tal disposição ética seja compatível com as evidentes estratégias práticas de monopolização do poder típicas das obras de Bourdieu, principalmente quando se refere aos agentes sociais que ocupam posições de dominação nos campos sociais. Agora, com relação ao interior da razão científica (racionalista e universalista) de Bourdieu, Caria afirma ter descoberto outras racionalidades, estética e ética, interiores à ciência, necessárias para o desenvolvimento sócio-histórico da ciência. Desse modo, Caria diz ficar claro que,

> para se desenvolver uma ciência com aspirações a gerar centralidade (a disputar posições centrais no campo) é necessário cultivar, junto aos aprendizes da ciência, o gosto por um conhecimento lúdico (levar a sério o jogo da exterioridade diante das urgências do real), por um conhecimento inovador (que dê distinção de si) e por um conhecimento autolimitado (um avaliador que negocie e aceite transgredir, por acordo intersubjetivo com os pares, parte das regras do jogo que defende). (Caria, 2007, p. 143-144)

a uma mudança científica. Ou seja, uma mudança das regras do fazer científico e das relações de poder no âmbito da ciência que ocorre, primeiramente, dentro do mesmo paradigma, e não fora dele. Essa é uma visão que considera uma capacidade autorreguladora no campo científico das sociedades capitalistas centrais, sem a necessidade de revoluções científicas, uma vez que há sempre, "explícita ou implicitamente, [...] permanente luta científica sobre as regras do fazer ciência" (Caria, 2007, p. 142).

> *O próprio campo científico transforma-se, como menciona, em* **sujeito histórico** *[...]. No entanto, uma pergunta fica em aberto: será que esta capacidade autorreformadora da ciência é compatível com a descrição deste campo social (e de qualquer outro na teoria de Bourdieu), em que os agentes dominantes buscam, na luta simbólica, o monopólio do poder científico?* (Caria, 2007, p. 142, grifo do original)

9.1.4 Ficar pelo inconsciente científico?

As conclusões a que chega Caria, segundo ele próprio, vão além do pensamento de Bourdieu. Para a razão científica produzir verdade universal, supõem-se duas outras disposições práticas no *habitus* científico, além da crença prática no jogo científico, ou seja, participar seriamente na atividade científica. Uma delas é a "disposição estética para a distinção que permita recompensar simbolicamente a diferença sociocognitiva (a originalidade científica)" (Caria, 2007, p. 142). A outra é a "disposição ética (um *ethos*) para a arbitragem impessoal do capital científico, por meio da construção de evidências realistas (fatos científicos) de prova e refutação" (Caria, 2007, p. 142, grifo do original). Isso é consequência dos juízes científicos (cientistas com maior parte do poder simbólico) autolimitarem-se (em seu capital de competência e autoridade científica). Aceitam "discutir e negociar parte das regras do jogo científico como

Caria, entretanto, assim indaga em relação a essa educação:

*Será, porém, esta educação de gosto científico sempre uma atividade inconsciente e regulada apenas pelo **habitus**?*

Será que ela se manifesta de modo tão exclusivo, para não dizer elitista, que somente a podem ter os que a aprendem de modo prático e incorporado?

*Em um contexto histórico e social em que a ciência social não ganhou (ainda?) suficiente autonomia científica, deixar que nas aprendizagens, nas interações sociais e nos contextos institucionais funcionem apenas os processos prático-inconscientes do **habitus** não será condenar-se à condição e ao destino social de permanecer periférico?*

(Caria, 2007, p. 144, grifo do original)

Sobre essas questões, Caria (2007) acredita que a relativização da razão científica (ou até a histórica) terá como consequência destruir a possível geração de poder científico autônomo, salientando que a reflexividade proposta por Bourdieu gera somente consequências sociais relevantes enquanto o campo científico estiver constituído autonomamente (produzindo previamente o encantamento e a fé social "moderna" na razão científica).

Concluindo, está justificada a necessidade de fazer apelo (enquanto estratégia projetada e não como estratégia prática) a um outro modo (menos inconsciente e menos psicanalítico) de aprender a usar (e a refletir com) a ciência na ciência que permita, agindo sobre a estrutura da relação social com o conhecimento, contrariar e minimizar a produção de cientistas ilegítimos: docentes universitários sem gosto pela ciência, em virtude de não terem as três disposições identificadas necessárias à afirmação de um poder científico autônomo e central. (Caria, 2007, p. 144)

Síntese

O lívro de Bourdieu, *Science de la science et réflexivité* (Bourdieu, 2002), é uma edição de seu curso sobre poder e reflexividade em ciência, ministrado no Collège de France, em Paris, entre os anos de 2000 e 2001.

No proêmio dessa obra, Bourdieu defende a autonomia da ciência contra a ação da economia, da política e de todos os campos simbólicos, em especial do campo da filosofia, por ele considerado dominante na reflexão epistemológica sobre ciência. De fato, Bourdieu quer enfrentar uma atitude filosófica centrada nos textos e nos discursos científicos, uma atitude que considera a teoria científica equivalente à sua prática. Disso emergem concepções e significações irracionais (contracientíficas), "um perigo para os avanços históricos que a razão científica permitiu." (Caria, 2007, p. 130).

Bourdieu reage duramente contra abordagens que pretendem relativizar a ciência ou tornar evidente a especificidade das ciências sociais. Ele "entende que todos os relativismos de inspiração pós-moderna visam, em seus efeitos, destruir ou desacreditar o poder da ciência" (Caria, 2007, p. 130). Portanto, o relativismo dá mais importância ao econômico e ao político, ainda que vise explicitar apenas uma "luta simbólica pelo monopólio da verdade sobre o mundo social" (Caria, 2007, p. 130).

Atividades de autoavaliação

1. Como pretende Bourdieu enfrentar uma atitude filosófica centrada nos textos e nos discursos científicos?
   a) Assumindo um ponto de vista idealista.
   b) Assumindo um ponto de vista racionalista histórico.
   c) Assumindo um ponto de vista transcendental.
   d) Assumindo um ponto de vista empirista.

2. Marque 1 nas afirmações em que Bourdieu concorda com a nova sociologia da ciência e 2 nas afirmações em que ele discorda dela.
   ( ) A ciência tem uma história de institucionalização que evidencia a gênese total de sua razão.
   ( ) A ciência tem um mundo social e conflitual próprio em que disputas evidenciam interesses e poderes sociais desiguais entre cientistas na ciência.
   ( ) A institucionalização e o mundo social conflitual são suficientes para se explicar a dinâmica interna própria do campo científico.
   ( ) A prática de laboratório e o produto escrito dessa prática já são capazes por si e em si para explicar sociologicamente a ciência.

   Assinale a alternativa que apresenta a sequência correta:
   a) 1, 1, 2, 2.
   b) 1, 2, 1, 2.
   c) 2, 1, 2, 1.
   d) 2, 2, 1, 1.

3. De acordo com o texto, quais os termos que preenchem corretamente as lacunas da seguinte oração?

"Bourdieu defende que a _____ pode construir uma _____ plenamente científica" (Caria, 2007).
   a) relação social; teoria dos campos reflexivos.
   b) teoria dos campos reflexivos; relação social.
   c) teoria dos campos sociais; reflexão.
   d) reflexão; teoria dos campos sociais.

4. Qual o campo social científico central para Bourdieu?
   a) A conjuntura social estabelecida entre ciência central e agentes externos.
   b) O saber científico que se faz socialmente entre religião, sociedade e ciência.
   c) Os principais sistemas capitalistas centrais em universidades mundialmente renomadas.
   d) As principais universidades dos países centrais do sistema capitalista mundial.

5. Segundo Bourdieu, quais são os modos de capital científico?
   a) Incorporado (competências práticas) e simbólico (participação nas lutas científicas).
   b) Simbólico (competências práticas) e incorporado (participação nas lutas científicas).
   c) Incorporado (participação nas lutas científicas) e simbólico (competências práticas).
   d) Capacitado (competências práticas) e revolucionário (participação nas lutas científicas).

Atividades de aprendizagem

Questões para reflexão

1. De acordo com a subseção 9.1.1, "A prática e o poder da ciência", crie um quadro como o do exemplo a seguir, selecionando adequadamente os erros apontados por Caria em relação à "desmistificação do artificialismo da realidade científica" (na coluna da esquerda) e à sua explicação para esses erros (na coluna da direita).

Erros da desmistificação	Razões para os erros
(...)	(...)

2. Com os conceitos de campo e *habitus* desenvolvidos na subseção 9.1.2, "Uma reflexividade científica de centro", desenvolva um exemplo de campo científico e de uma prática incorporada no *habitus* científico.

Atividade aplicada: prática

Considere o seguinte trecho do texto:

Caria (2007) considera que o modo particular como Bourdieu caracteriza a manifestação do *habitus* está relacionada, à luz dos trabalhos de Kuhn, à mudança científica. Ou seja, uma mudança das regras do fazer científico e das relações de poder dentro da ciência que ocorre, por primeiro, dentro do mesmo paradigma, e não fora dele. Segundo essa perspectiva, "essa é uma visão que considera uma capacidade autorreguladora no campo científico das sociedades capitalistas centrais, sem a necessidade de revoluções científicas".

Considere o que já sabemos sobre Kuhn e Bourdieu e explique por que, na interpretação de Caria (2007), com a capacidade de autorregulação não há revoluções científicas. Em seguida, pesquise por que para Kuhn não há revoluções em ciências sociais e trace um paralelo com o conceito de Bourdieu.

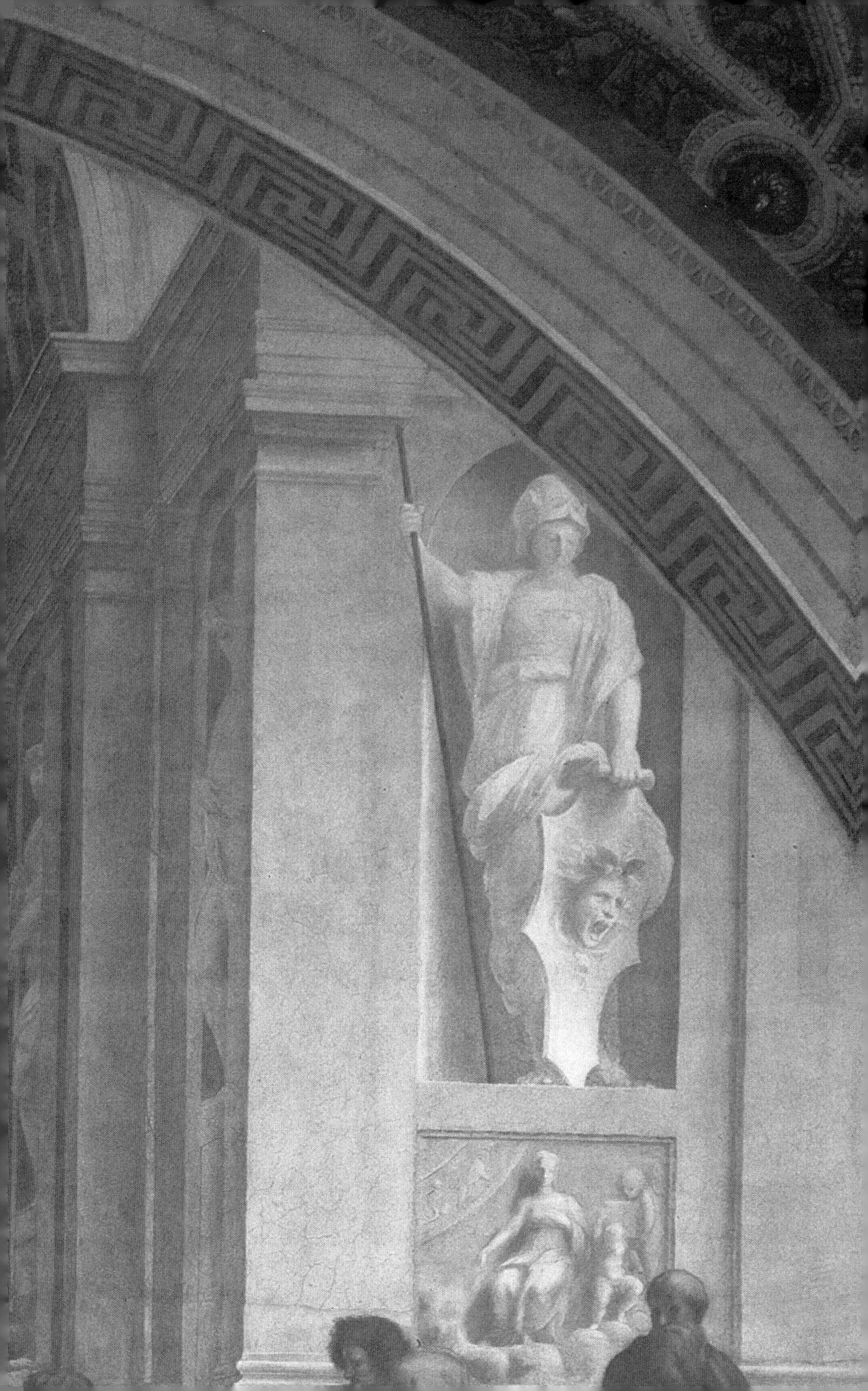

considerações finais

E*sta obra foi* criada com a finalidade de conceber uma introdução à filosofia das ciências que é, ao mesmo tempo, um guia de apresentação do tema, mesmo que particular. Isso não implica num resultado que seja necessariamente completo, ou seja, que abarque a completude do assunto, o que é impossível, pois, uma vez que se escolha um modo de apresentação do que seja a filosofia das ciências, inexoravelmente adjunto a ele fazemos escolhas que, por sua vez, privilegiam certos conteúdos em detrimento de outros, certas formas em detrimento de outras.

Admitimos a incompletude desta obra, mas reconhecemos também a importância que ela tem. Ora, se toda obra fosse completa, haveria poucos exemplares sobre o assunto tratado nela e, além disso, tais exemplares contribuiriam para poucas visões de mundo. Sofreríamos, portanto, de uma pobreza intelectual. Assim, àqueles que desejam alçar voos mais amplos, sugerimos a leitura de clássicos da história das ciências, como Alexandre Koyré, Ernst Mach ou John Desmond Bernal. Ou, melhor do que indicar mais historiadores da ciência ou filósofos, preferimos recomendar a você uma técnica para abranger um universo maior de leitura. Essa técnica foi ensinada por um professor de Metodologia Científica, que a chamou de *leitura bola de neve*. Consiste em procurar nas referências de um livro outros títulos que lhe interessem. Uma vez que você faça isso em cadeia, a quantidade de livros interessantes sobre o tema que você pretende estudar aumentará tal como uma bola de neve aumenta quando laçada montanha abaixo. Então, por que não começar pelas referências deste livro?

Desejamos sinceramente a você, leitor, boas-vindas ao universo da **filosofia das ciências**. Bons estudos!

referências

ABBAGNANO, N. **Dicionário de filosofia**. Tradução coordenada por Alfredo Bosi. 3. ed. rev. e ampl. São Paulo: M. Fontes, 1998.

ALLUNTIS, F.; WOLTER, A. B. **God and Criatures**: the Quodlibetal Questions. Princeton: Princeton University Press, 1975.

ARISTÓTELES. **De anima**. Apresentação, tradução e notas de Maria Cecília Gomes dos Reis. São Paulo: Editora 34, 2006. Livros I, II e III.

ARISTÓTELES. **Segundos analíticos**. Tradução de Lucas Angioni. Campinas: IFCH/Unicamp, 2004. Livro I. (Clássicos da Filosofia: Cadernos de Tradução n. 7).

ARISTOTLE. **Metaphysics**. Books I-IX. Translated by Hugh Tredennick. Cambridge: Harvard University Press, 2003. v. 1. (Loeb Classical Library, v. 271).

AST, G. A. F. **Grundlinien der Grammatik, Hermeneutik und Kritik**. Landshut: Jos, Thomann, Buchdrucker und Buchhändler, 1808.

AUGUSTINE. **Confessions**. BOOKS 1-8. Edited and translated by Carolyn J. and B. Hammond. London: Willian Heinemann; New York: The MacMillian Co., 1912. v. 1. (Loeb Classical Library, v. 26).

BACHELARD, G. **A filosofia do não**: o novo espírito científico – a poética do espaço. Tradução de Joaquim José Moura Ramos, Remberto Francisco Kuhnen, Antônio da Costa Leal e Lídia do Valle dos Santos Leal. São Paulo: Abril Cultural, 1978. (Coleção Os Pensadores).

BACON, F. **Novum organum**. Edited by Joseph Devey. New York: Collier, 1902.

BERRYMAN, S. Democritus. In: **The Stanford Encyclopedia of Philosophy Archive**. 2010. Disponível em: <http://plato.stanford.edu/entries/democritus/#Bib>. Acesso em: 3 ago. 2016.

BOURDIEU, P. **Meditações pascalianas**. Tradução de Sergio Miceli. Rio de Janeiro: Bertrand Brasil, 2001.

BOURDIEU, P. **Science de la science et réflexivité**: Cours du Collège de France (2000-2001). Paris: Raisons d'Agir, 2002.

BRÉHIER, É. **Histoire de la philosophie**: l'Antiquité et le Moyen âge. Chicoutimi: Ucaq, 2005. Tome premier.

CARIA, T. H. Poder e reflexividade em ciência: revisão crítica do "Science de la Science" de Pierre Bourdieu. **Educação & Linguagem**, Porto, v. 10, n. 16, p. 127-146, jul./dez. 2007. Disponível em: <http://www.bibliotekevirtual.org/revistas/Metodista-SP/EL/v10n16/v10n16a08.pdf>. Acesso em: 3 ago. 2016.

CARNAP, R. The Elimination of Metaphysics Through Logical Analysis of Language. Tradução de William Steinle. **Cognitio**, São Paulo, v. 10, n. 2, p. 293-309, jul./dez. 2009.

CHALMERS, A. F. **O que é ciência afinal?** Tradução de Raul Fiker. São Paulo: Brasiliense, 2010.

CHAPPELL, S. G. Plato on Knowledge in the Theaetetus. In: **The Stanford Encyclopedia of Philosophy Archive**. 2013. Disponível em: <http://plato.stanford.edu/entries/plato-theaetetus/>. Acesso em: 3 ago. 2016.

CHAUI, M. **Convite à filosofia**. São Paulo: Ática, 1994.

CÍCERO, M. T. **De oratore**. Books 1-2. Translated by E. W. Sutton, B. C. L. and M. A. London: William Heinemann; Cambridge: Harvard University Press, 1967. v. 1. (Loeb Classical Library, v. 348).

CUPANI, A. A tecnologia como problema filosófico: três enfoques. **Scientiae Studia**, São Paulo, v. 2, n. 4, p. 493-518, 2004. Disponível em: <http://www.scielo.br/pdf/ss/v2n4/a02v2n4.pdf>. Acesso em: 3 ago. 2016.

DESCARTES, R. **Discurso sobre o método**. Tradução de Alan Neil Ditchfield. 2. ed. Petrópolis: Vozes, 2011. (Coleção Textos Filosóficos).

DESCARTES, R. **Meditações**. Objeções e respostas. Cartas. Tradução de J. Guinsburg e Bento Prado Júnior. 4. ed. São Paulo: Nova Cultural, 1988a. v. 1. (Coleção Os Pensadores).

DESCARTES, R. **Meditações**. Tradução de J. Guinsburg e Bento Prado Júnior. 4. ed. São Paulo: Nova Cultural, 1988b. v. 2. (Coleção Os Pensadores).

DESCARTES, R. **O mundo ou tratado da luz e o homem**. Tradução de César Augusto Battisti e Marisa Carneiro de Oliveira Franco Donatelli. Campinas: Ed. da Unicamp, 2009. (Coleção Multilíngues de Filosofia Unicamp).

DESCARTES, R. **Princípios de filosofia**. Tradução de João Gama. Rev. Joaquim Alberto Ferreira Gomes e José Manuel de Magalhães Teixeira. Lisboa: Edições 70, 1997. (Colecção Textos Filosóficos).

DESCARTES, R. **Regras para a direcção do espírito**. Tradução de João Gama. Lisboa: Edições 70, 2002. (Colecção Textos Filosóficos).

DESCARTES, R. **Regras para a orientação do espírito**. Tradução de Maria Ermantina de Almeida Prado Galvão. 3. ed. São Paulo: M. Fontes, 2012. (Coleção Clássicos WMF).

DIELS, H.; KRANZ, W. **Die Fragmente der Vorsokratiker**. Berlin: Weidmann, 1951.

FEYERABEND, P. **Against the Method**. London/New York: Verso, 1993.

FØLLESDAL, D. Hermeneutics and the Hypothetico-Deductive Method. In: MARTIN, M.; McINTYRE, L. (Ed.). **Readings in the Philosophy of Social Science**. Cambridge: The MIT Press, 1994.

GADAMER, H. G. **Wahrheit und Methode**: Grundzüge einer Philosophischen Hermeneutik. Tübingen: Mohr Siebeck Verlag, 1990.

GHINS, M. **Uma introdução à metafísica da natureza**: representação, realismo e leis científicas. Curitiba: Ed. da UFPR, 2012.

HABERMAS, J. **Erkenntnis und Interesse**: Mit dem Nachwort. Frankfurt am Main: Suhrkamp Verlag, 2003.

HEELAN, P. A. Why a Hermeneutical Philosophy of the Natural Sciences? **Man and World**, v. 30, Issue 3, p. 271-298, 1997. Disponível em: <http://link.springer.com/article/10.1023%2F A%3A1004203402228>. Acesso em: 3 ago. 2016.

HEIDEGGER, M. **Sein und Zeit**. 10. ed. Tübingen: Max Niemeyer Verlag, 1963.

HESSEN, J. **Teoria do conhecimento**. 2. ed. São Paulo: M. Fontes, 2003.

HOUSER, R. E.; NOONE, T. Saint Bonaventure. In: **The Stanford Encyclopedia of Philosophy Archive**. 2013. Disponível em: <http://plato.stanford.edu/entries/bonaventure/#5.1>. Acesso em: 3 ago. 2016.

HUME, D. **Investigações sobre o entendimento humano e sobre os princípios da moral**. Tradução de José Oscar de Almeida Marques. São Paulo: Ed. da Unesp, 2004.

JAPIASSÚ, H.; MARCONDES, D. **Dicionário básico de filosofia**. 5. ed. Rio de Janeiro: J. Zahar, 2008.

KANT, I. **Crítica da razão pura**. Tradução de Valério Rohden e Udo Baldur Moosburger. São Paulo: Nova Cultural, 1999. (Coleção Os Pensadores).

KANT, I. **Crítica da razão pura**. Tradução de Manuela Pinto dos Santos e Alexandre Fradique Morujão. 7. ed. Lisboa: Fundação Calouste Gulbenkian, 2010.

KENNY, A. **História concisa da filosofia ocidental**. Tradução de Desidério Murcho, Fernando Martinho, Maria José

Figueiredo, Pedro Santos e Rui Cabral. Lisboa: Temas e Debates – Actividades Editoriais, 1999.

KENNY, A. **Uma nova história da filosofia ocidental**: filosofia antiga. 2. ed. Tradução de Carlos Alberto Bárbaro. São Paulo: Loyola, 2009a. v. 1.

KENNY, A. **Uma nova história da filosofia ocidental**: filosofia medieval. 2. ed. Tradução de Carlos Alberto Bárbaro. São Paulo: Loyola, 2009b. v. 2.

KENNY, A. **Uma nova história da filosofia ocidental**: o despertar da filosofia moderna. 2. ed. Tradução de Carlos Alberto Bárbaro. São Paulo: Loyola, 2009c. v. 3.

KENNY, A. **Uma nova história da filosofia ocidental**: filosofia no mundo moderno. 2. ed. Tradução de Carlos Alberto Bárbaro. São Paulo: Loyola, 2009d. v. 4.

KLEIN, J. Francis Bacon. In: **The Stanford Encyclopedia of Philosophy Archive**. 2012. Disponível em: <http://plato.stanford.edu/entries/francis-bacon/#Ido>. Acesso em: 3 ago. 2016.

KOCHIRAS, H. Locke's Philosophy of Science. In: **The Stanford Encyclopedia of Philosophy Archive**. 2013. Disponível em: <http://plato.stanford.edu/entries/locke-philosophy-science/#HisRooSci>. Acesso em: 3 ago. 2016.

KUHN, T. S. **A função do dogma na investigação científica**. Tradução de Jorge Dias de Deus. Organização de Eduardo Salles Oliveira Barra. Curitiba: Ed. da UFPR, 2012.

LAKATOS, I. Falsification and the Methodology of Science Research Programmes. In: LAKATOS, I.; MUSGRAVE, A. (Ed.). **Criticism and the Growth of Knowledge**. Cambridge: Cambridge University press, 1974. p. 140-154.

LEE, M.-K.; TAYLOR, C. C. W. The Sophists. In: **The Stanford Encyclopedia of Philosophy Archive**. 2015. Disponível em: <http://plato.stanford.edu/entries/sophists/#Pro>. Acesso em: 3 ago. 2016.

LOCKE, J. **Ensaio acerca do entendimento humano**. Tradução de Anoar Aiex. São Paulo: Nova Cultural, 1999. (Coleção Os Pensadores).

MACHADO, A. N. O que é filosofia? **Problemas filosóficos**, 2010. Parte 2. Disponível em: <http://problemasfilosoficos.blogspot.com.br/2010/04/o-que-e-filosofia-parte-2.html>.Acesso em: 3 ago. 2013.

MANTZAVINOS, C. **Naturalistic Hermeneutics**. Cambridge: Cambridge University Press, 2005.

MARTIN, M. Taylor on Interpretation and the Sciences of Man. In: MARTIN, M.; MCINTYRE, L. (Ed.). **Readings in the Philosophy of Social Science**. Cambridge: The MIT Press, 1994.

MIRANDA, L. F. S. de. De Aristóteles a Descartes: método e a certeza na matemática, da Renascença ao início do séc. XVII. In: SEMINÁRIO NACIONAL DE HISTÓRIA DA CIÊNCIA E DA TECNOLOGIA, 14., 2014, Belo Horizonte. **Anais**... Belo Horizonte: UFMG, 2014. Disponível em: <http://www.14snhct.sbhc.org.br/arquivo/download?ID_ARQUIVO=1804>. Acesso em: 3 ago. 2016.

PALMER, J. Parmenides. In: **The Stanford Encyclopedia of Philosophy Archive**. 2016. Disponível em: <http://plato.stanford.edu/entries/parmenides/>. Acesso em: 3 ago. 2016.

PARMÊNIDES. **Da natureza**. Tradução de José Gabriel Trindade Santos. São Paulo: Loyola, 2002.

PASNAU, R. Divine Ilumination. In: **The Stanford Encyclopedia of Philosophy Archive**. 2015. Disponível em: <http://plato.stanford.edu/entries/illumination/#ThoAqu>. Acesso em: 3 ago. 2016.

PESSANHA, J. A. M. Descartes: vida e obra. In: DESCARTES, R. **Meditações**. Objeções e respostas. Cartas. Tradução de J. Guinsburg e Bento Prado Júnior. 4. ed. São Paulo: Nova Cultural, 1988. v. 1. (Coleção Os Pensadores).

PLATÃO. **Teeteto**. Tradução de A. M. Nogueira e M. Boeri. 3. ed. Lisboa: Fundação Calouste Gulbenkian, 2010.

POPPER, K. **A lógica da pesquisa científica**. São Paulo: Cultrix, 1993.

POPPER, K. **Conjecturas e refutações**: o progresso do conhecimento científico. Tradução de Sérgio Bath. Brasília: Ed. da UnB, 1980.

PORTA, M. A. G. **A filosofia a partir de seus problemas**. 3. ed. São Paulo: Loyola, 2007.

QUINE, W. V. O. **Dois dogmas do empirismo**. Tradução de Marcelo Guimarães da Silva Lima. São Paulo: Abril Cultural, 1975. (Coleção Os Pensadores).

ROVIGHI, S. V. **História da filosofia moderna**: da revolução científica a Hegel. Tradução de Marcos Bagno e Silvana Cobucci Leite. São Paulo: Loyola, 1999.

ROVIGHI, S. V. **Storia della filosofia moderna**: dalla rivoluzione scientifica a Hegel. Con la collaborazione di Adriano Bausola, Marco Paolinelli, Angelo Pupi, Mario Sina e Leonardo Verga. Brescia: La Scuola, 1976.

SCHLEIERMACHER, F. **Hermeneutik und Kritik**. Frankfurt: Suhrkamp, 1977.

SILVA, R. S. da. O círculo hermenêutico e a distinção entre ciências humanas e ciências naturais. **Ekstasis**, Rio de Janeiro, v. 1, n. 2, p. 54-72, 2012.

SOUZA, L. F. **Platão**: Crátilo – estudo e tradução. 2010b. 200 f. Dissertação (Mestrado em Letras) – Faculdade de Filosofia, Letras e Ciências Humanas, Universidade de São Paulo, São Paulo, 2010.

TAYLOR, C. **Interpretation and the Sciences of a Man**. Cambridge: Cambridge University Press, 1985.

THORNTON, S. Karl Popper. In: **The Stanford Encyclopedia of Philosophy Archive**. 2013. Disponível em: <http://plato.stanford.edu/archives/sum2014/entries/popper/>. Acesso em: 3 ago. 2016.

TOZZINI, D. L. **Filosofia da ciência de Thomas Kuhn**: conceitos de racionalidade científica. São Paulo: Atlas, 2014. v. 1.

UEBEL, T. Vienna Circle. In: **The Stanford Encyclopedia of Philosophy Archive**. 2011. Disponível em: <http://plato.stanford.edu/archives/spr2014/entries/vienna-circle/>. Acesso em: 3 ago. 2016.

WARNKE, G. **Gadamer**: Hermeneutics, Tradition and Reason. Cambridge: Polity Press, 1994.

WITTGENSTEIN, L. **Tractatus logico-philosophicus**. Tradução e apresentação de José Arthur Giannotti. São Paulo: Ed. da USP, 1961. (Biblioteca Universitária, v. 10).

bibliografia comentada

ABBAGNANO, N. **Dicionário de filosofia**. Tradução coordenada por Alfredo Bosi. 3. ed. rev. e ampl. São Paulo: M. Fontes, 1998.
Trata-se de um dicionário de termos recorrentes na filosofia, muito usado para auxiliar na compreensão adequada dos textos filosóficos.

BERRYMAN, S. Democritus. In: **The Stanford Encyclopedia of Philosophy Archive**. 2010. Disponível em: <http://plato.stanford.edu/entries/democritus/#Bib>. Acesso em: 3 ago. 2016.

A The Stanford Encyclopedia of Philosophy Archive é uma ferramenta indispensável ao estudante de Filosofia. Trata-se de um enciclopédia digital *on-line* cujos verbetes foram escritos pelos mais renomados filósofos atuais. As vantagens dessa ferramenta são o imediatismo na consulta, a abrangência de uso e a extensão de conteúdo escrito por autores renomados da filosofia atual. A única desvantagem é a língua, para quem ainda não domina o inglês.

BRÉHIER, É. **Histoire de la philosophie**: l'Antiquité et le Moyen âge. Chicoutimi: Ucaq, 2005. Tome premier.

Clássico da história da filosofia em língua francesa, essa obra é indispensável em qualquer biblioteca e para quaisquer consultas acerca de períodos e escolas, bem como de filósofos "clássicos" (da Antiguidade pré-socrática à contemporaneidade).

CHALMERS, A. F. **O que é ciência afinal?** Tradução de Raul Fiker. São Paulo: Brasiliense, 2010.

Esse livro esclarece as principais correntes da filosofia da ciência, abordando os conceitos fundamentais para esse ramo da filosofia. É, assim, indispensável a quem deseja entrar na discussão sobre filosofia da ciência. Os primeiros oito capítulos se encarregam de explicar o indutivismo, o positivismo lógico, o falseacionismo e a estrutura científica. Na sequência, o autor trata dos conceitos de racionalismo, de relativismo e de objetivismo em seus pontos fortes e fracos, não deixando de mencionar Feyerabend com sua teoria anarquista do conhecimento. Chalmers (2010, p. 21) finaliza com dois capítulos que, segundo o próprio autor, "lidam com a questão de até onde nossas teorias podem ser construídas como uma busca de descrições 'verdadeiras' do que o mundo 'realmente' parece".

CHAUI, M. **Convite à filosofia**. São Paulo: Ática, 1994.
Famoso livro de formação introdutória à filosofia geral. Marilena Chaui é uma autora reconhecida não somente por sua pesquisa filosófica, mas também por sua dedicação ao ensino de filosofia.

GHINS, M. **Uma introdução à metafísica da natureza**: representação, realismo e leis científicas. Curitiba: Ed. da UFPR, 2012.
Esse livro foi composto pelas notas de apresentação de um curso que Michel Ghins ministrou na primeira edição da Escola Paranaense de História de Filosofia da Ciência (evento organizado pelo Grupo de estudos em História e Filosofia da Ciência da Universidade Federal do Paraná (UFPR), coordenado pelo Prof. Dr. Eduardo Salles de Oliveira Barra) em 2011. É um livro que apresenta os debates atuais em filosofia da ciência, ou seja, trata das questões epistemológicas dos conhecimentos científicos e das metafísicas das entidades postuladas em teorias científicas. A obra convida o leitor a refletir acerca da concepção realista sobre as teorias científicas.

HESSEN, J. **Teoria do conhecimento**. 2. ed. São Paulo: M. Fontes, 2003.
Trata-se uma obra introdutória à filosofia do conhecimento, muito clara e sucinta. É um excelente livro para quem deseja compreender o conhecimento como objeto de estudo da filosofia e seus limites. Hessen apresenta cuidadosamente as principais linhas da epistemologia e caracteriza-as ao leitor.

JAPIASSÚ, H.; Marcondes, D. **Dicionário básico de filosofia**. 5. ed. Rio de Janeiro: J.v Zahar, 2008.
Esse é um dicionário de filosofia muito rico e completo. Trata-se de uma importante fonte de consulta para o estudante de filosofia.

KENNY, A. **História concisa da filosofia ocidental**. Tradução de Desidério Murcho, Fernando Martinho, Maria José Figueiredo, Pedro Santos e Rui Cabral. Lisboa: Temas e Debates – Actividades Editoriais, 1999.

É um livro para uma rápida consulta sobre filósofos, escolas filosóficas e períodos dentro da filosofia. Não chega a apresentar muitos detalhes, contudo, para uma primeira apreciação acerca de algum tema da história da filosofia, é excelente.

KENNY, A. **Uma nova história da filosofia ocidental**: filosofia antiga. 2. ed. Tradução de Carlos Alberto Bárbaro. São Paulo: Loyola, 2009. v. 1.

KENNY, A. **Uma nova história da filosofia ocidental**: filosofia medieval. 2. ed. Tradução de Carlos Alberto Bárbaro. São Paulo: Loyola, 2009. v. 2.

KENNY, A. **Uma nova história da filosofia ocidental**: o despertar da filosofia moderna. 2. ed. Tradução de Carlos Alberto Bárbaro. São Paulo: Loyola, 2009. v. 3.

KENNY, A. **Uma nova história da filosofia ocidental**: filosofia no mundo moderno. 2. ed. Tradução de Carlos Alberto Bárbaro. São Paulo: Loyola, 2009. v. 4.

Essa é uma coleção de quatro livros do mesmo autor da *História concisa da filosofia ocidental*. Nela, Kenny estende seu trabalho de apresentação da história da filosofia, narrando-a de modo mais completo. A abrangência dessa coleção vai desde a filosofia antiga até a contemporânea. Trata-se de uma fonte de consulta e pesquisa importante para qualquer estudante de filosofia.

MACHADO, A. N. O que é filosofia? **Problemas filosóficos**, 2010. Parte 2. Disponível em: <http://problemasfilosoficos.blogspot.com.br/2010/04/o-que-e-filosofia-parte-2.html>. Acesso em: 3 ago. 2016.

Alexandre Machado é professor do Departamento de Filosofia da Universidade Federal do Paraná (UFPR). É o criador e o mantenedor do blog *Problemas filosóficos*. Nele, Alexandre trata de diversos temas da filosofia, principalmente da analítica. Seus textos são muito acessíveis, além de manterem o rigor de que todo texto filosófico argumentativo precisa. Trata-se de uma fonte constantemente atualizada de problemas filosóficos "clássicos" e atuais.

MIRANDA, L. F. de. De Aristóteles a Descartes: método e a certeza na matemática, da Renascença ao início do séc. XVII. In: SEMINÁRIO NACIONAL DE HISTÓRIA DA CIÊNCIA E DA TECNOLOGIA, 14., 2014, Belo Horizonte. **Anais**... Belo Horizonte: UFMG, 2014. Disponível em: <http://www.14snhct.sbhc.org.br/arquivo/download?ID_ARQUIVO=1804>. Acesso em: 3 ago. 2016.

Trata-se da íntegra de um artigo publicado nos anais eletrônicos do 14º Seminário Nacional de História da Ciência e da Tecnologia em 2014, realizado na Universidade Federal de Minas Gerais (UFMG). Nesse artigo, Miranda aborda o que ele chamou de *virada metodológica da matemática* entre o fim do período medieval (cânone aristotélico) e o início do período moderno (cânone cartesiano).

PORTA, M. A. G. **A filosofia a partir de seus problemas**. 3. ed. São Paulo: Loyola, 2007.

Esse livro trata de uma das abordagens que a filosofia apresenta a partir de problemas tidos como *filosóficos*. O autor desenvolve uma maneira de demonstrar como se pode, metodologicamente, desenvolver estudos filosóficos por meio de problemas. Além de apresentar o que são problemas filosóficos e como abordar a filosofia por meio deles, o autor complementa seu livro com diversos exemplos de textos de filósofos consagrados.

ROVIGHI, S. V. **História da filosofia moderna**: da revolução científica a Hegel. Tradução de Marcos Bagno e Silvana Cobucci Leite. São Paulo: Loyola, 1999.

Esse é um livro que circunda a história da filosofia durante o período moderno. Trata-se de uma obra básica, principalmente para aqueles que se interessam por esse período em específico. Rovighi trabalha, além da história da filosofia, os problemas filosóficos típicos do período moderno. Por isso, o livro acaba por cumprir duas funções: ser uma referência histórica e apresentar com detalhes problemas da filosofia moderna.

TOZZINI, D. L. **Filosofia da ciência de Thomas Kuhn**: conceitos de racionalidade científica. São Paulo: Atlas, 2014. v. 1.

Trata-se da adaptação da dissertação de Tozzini, pesquisador da filosofia e da sociologia da ciência. O autor é especialista nessas áreas, com destaque para Thomas Kuhn e para o Programa Forte em Sociologia da Ciência*. Seu livro aborda a racionalidade científica em Kuhn por meio das diversas críticas que este sofreu de seus contemporâneos. Não se trata de um livro básico (introdutório) à filosofia da ciência, pois demanda algum conhecimento prévio. Contudo, a explanação de Tozzini acerca de seu tema é clara e pode ser acessível mesmo a quem não está habituado à filosofia.

---

* Trata-se de um programa de pesquisa encabeçado por David Bloor e Barry Barnes, ambos da Universidade de Edimburgo, iniciado nos anos de 1970. O objetivo desse programa era tratar a ciência com base em um enfoque sociológico.

respostas

Capítulo 1
1. b
2. a
3. c
4. a
5. c
6. d

Capítulo 2
1. a
2. b
3. d
4. c
5. d

Capítulo 3
1. a
2. d
3. b
4. c
5. b
6. a
7. c
8. e
9. d
10. a
11. b

Capítulo 4
1. c
2. d
3. d
4. a
5. c
6. b
7. d
8. b
9. a

Capítulo 5
1. a
2. c
3. b
4. b
5. d

Capítulo 6
1. c
2. a
3. d
4. b
5. a

Capítulo 7
1. b
2. a
3. d
4. a
5. c

Capítulo 8
1. d
2. c
3. b
4. a
5. d

Capítulo 9
1. b
2. a
3. c
4. d
5. a

sobre o autor

Luiz Felipe Sigwalt de Miranda tem doutorado em Filosofia, na linha de Epistemologia e Metafísica, com pesquisa dedicada à filosofia da prática matemática; contribui para a educação nas áreas de matemática, física e filosofia como professor; é autor de livros e materiais didáticos, consultor e gestor educacional e atua na formação de professores.

323

SANZIO, R. *A Escola de Atenas (Scuola di Atene)*.
1509-1510. 500 cm × 770 cm; color.
Stanza della Segnatura, Palácio Apostólico:
Cidade do Vaticano.

Impressão:
Maio/2023